国外
马克思主义
研究
文库

黑龙江大学出版社
HEILONGJIANG UNIVERSITY PRESS

▶ 国家出版基金项目
▶ 国家"十二五"重点图书出版规划项目
▶ 国家哲学社会科学基金重点项目，10AKS005
▶ 黑龙江省社科重大委托项目，08A-002

◀◀ Reconstructing Aesthetics:

Writings of the Budapest School

东欧新马克思主义译丛

国家出版基金项目
NATIONAL PUBLICATION FOUNDATION

衣俊卿 主编

美学的重建
——布达佩斯学派论文集

[匈牙利] 阿格妮丝·赫勒 费伦茨·费赫尔 编 ● 傅其林 译

黑龙江大学出版社
HEILONGJIANG UNIVERSITY PRESS

黑版贸审字 08 - 2012 - 023

图书在版编目（CIP）数据

美学的重建：布达佩斯学派论文集／（匈）赫勒，
（匈）费赫尔编；傅其林译. -- 哈尔滨：黑龙江大学出
版社，2014.10（2021.7 重印）
（东欧新马克思主义译丛／衣俊卿主编）
ISBN 978 - 7 - 81129 - 814 - 7

Ⅰ. ①美… Ⅱ. ①赫… ②费… ③傅… Ⅲ. ①马克思
主义美学 - 文集 Ⅳ. ①B83 - 53

中国版本图书馆 CIP 数据核字（2014）第 231124 号

RECONSTRUCTING AESTHETICS：WRITINGS OF THE BUDAPEST SCHOOL，
UK：Basil Blackwell Ltd，1986
Copyright© Agnes Heller
MEIXUE DE CHONGJIAN—BUDAPEISI XUEPAI LUNWENJI
is published by arrangement with Agnes Heller
ALL RIGHTS RESERVED

美学的重建——布达佩斯学派论文集
MEIXUE DE CHONGJIAN——BUDAPEISI XUEPAI LUNWENJI
［匈］赫勒　［匈］费赫尔　编
傅其林　译

责任编辑　杜红艳　戚增媚
出版发行　黑龙江大学出版社
地　　址　哈尔滨市南岗区学府路 74 号
印　　刷　三河市春园印刷有限公司
开　　本　720 毫米 × 1000 毫米　1/16
印　　张　21
字　　数　273 千
版　　次　2014 年 10 月第 1 版
印　　次　2021 年 7 月第 2 次印刷
书　　号　ISBN 978 - 7 - 81129 - 814 - 7
定　　价　58.00 元

本书如有印装错误请与本社联系更换。

目　　录

1

全面开启国外马克思主义研究的一个新领域

衣俊卿

经过较长时间的准备,黑龙江大学出版社从 2010 年起陆续推出"东欧新马克思主义译丛"和"东欧新马克思主义理论研究"丛书。作为主编,我从一开始就赋予这两套丛书以重要的学术使命:在我国学术界全面开启国外马克思主义研究的一个新领域,即东欧新马克思主义研究。

我自知,由于自身学术水平和研究能力的限制,以及所组织的翻译队伍和研究队伍等方面的原因,我们对这两套丛书不能抱过高的学术期待。实际上,我对这两套丛书的定位不是"结果"而是"开端":自觉地、系统地"开启"对东欧新马克思主义的全面研究。

策划这两部关于东欧新马克思主义的大部头丛书,并非我一时心血来潮。可以说,系统地研究东欧新马克思主义是我过去二十多年一直无法释怀的,甚至是最大的学术夙愿。这里还要说的一点是,之所以如此强调开展东欧新马克思主义研究的重要性,并非我个人的某种学术偏好,而是东欧新马克思主义自身的理论地位使然。在某种意义上可以说,全面系统地开展东欧新马克思主义研究,应当是新世纪中国学术界不容忽视的重大学术任务。基于此,我想为这两套丛书写一个较长的总序,为的是给读者和研究者提供某些参考。

一、丛书的由来

我对东欧新马克思主义的兴趣和研究始于20世纪80年代初,也即在北京大学哲学系就读期间。那时的我虽对南斯拉夫实践派产生了很大的兴趣,但苦于语言与资料的障碍,无法深入探讨。之后,适逢有机会去南斯拉夫贝尔格莱德大学哲学系进修并攻读博士学位,这样就为了却自己的这桩心愿创造了条件。1984年至1986年间,在导师穆尼什奇(Zdravko Munišić)教授的指导下,我直接接触了十几位实践派代表人物以及其他哲学家,从第一手资料到观点方面得到了他们热情而真挚的帮助和指导,用塞尔维亚文完成了博士论文《第二次世界大战后南斯拉夫哲学家建立人道主义马克思主义的尝试》。在此期间,我同时开始了对东欧新马克思主义其他代表人物的初步研究。回国后,我又断断续续地进行东欧新马克思主义研究,并有幸同移居纽约的赫勒教授建立了通信关系,在她真诚的帮助与指导下,翻译出版了她的《日常生活》一书。此外,我还陆续发表了一些关于东欧新马克思主义的研究成果,但主要是进行初步评介的工作。①

纵观国内学界,特别是国外马克思主义研究界,虽然除了本人

① 如衣俊卿:《实践派的探索与实践哲学的述评》,(台湾)森大图书有限公司1990年版;衣俊卿:《东欧的新马克思主义》,(台湾)唐山出版社1993年版;衣俊卿:《人道主义批判理论——东欧新马克思主义述评》,中国人民大学出版社2005年版;衣俊卿、陈树林主编:《当代学者视野中的马克思主义哲学·东欧和苏联学者卷》(上、下),北京师范大学出版社2008年版,以及关于科西克、赫勒、南斯拉夫实践派等的系列论文。

以外,还有一些学者较早地涉及东欧新马克思主义的某几个代表人物,发表了一些研究成果,并把东欧新马克思主义一些代表人物的部分著作陆续翻译成中文①,但是,总体上看,这些研究成果只涉及几位东欧新马克思主义代表人物,并没有建构起一个相对独立的研究领域,人们常常把关于赫勒、科西克等人的研究作为关于某一理论家的个案研究,并没有把他们置于东欧新马克思主义的历史背景和理论视野中加以把握。可以说,东欧新马克思主义研究在我国尚处于起步阶段和自发研究阶段。

我认为,目前我国的东欧新马克思主义研究状况与东欧新马克思主义在 20 世纪哲学社会科学,特别是在马克思主义发展中所具有的重要地位和影响力是不相称的;同时,关于东欧新马克思主义研究的缺位对于我们在全球化背景下发展具有中国特色和世界眼光的马克思主义的理论战略,也是不利的。应当说,过去 30 年,特别是新世纪开始的头十年,国外马克思主义研究在我国学术界已经成为最重要、最受关注的研究领域之一,不仅这一领域本身的学科建设和理论建设取得了长足的进步,而且在一定程度上还引起了哲学社会科学研究范式的改变。正是由于国外马克思主义的研究进展,使得哲学的不同分支学科之间、社会科学的不同学科之间,乃至世界问题和中国问题、世界视野和中国视野之间,开始出现相互融合和相互渗透的趋势。但是,我们必须看到,国外马克思主义研究

---

① 例如,沙夫:《人的哲学》,林波等译,三联书店 1963 年版;沙夫:《论共产主义运动的若干问题》,奚戚等译,人民出版社 1983 年版;赫勒:《日常生活》,衣俊卿译,重庆出版社 1990 年版;赫勒:《现代性理论》,李瑞华译,商务印书馆 2005 年版;马尔科维奇、彼德洛维奇编:《南斯拉夫"实践派"的历史和理论》,郑一明、曲跃厚译,重庆出版社 1994 年版;柯拉柯夫斯基:《形而上学的恐怖》,唐少杰等译,三联书店 1999 年版;柯拉柯夫斯基:《宗教:如果没有上帝……》,杨德友译,三联书店 1997 年版等,以及黄继锋:《东欧新马克思主义》,中央编译出版社 2002 年版;张一兵、刘怀玉、傅其林、潘宇鹏等关于科西克、赫勒等人的研究文章。

还处于初始阶段，无论在广度上还是深度上都有很大的拓展空间。

我一直认为，在20世纪世界马克思主义研究的总体格局中，从对马克思思想的当代阐发和对当代社会的全方位批判两个方面衡量，真正能够称之为"新马克思主义"的主要有三个领域：一是我们通常所说的西方马克思主义，主要包括以卢卡奇、科尔施、葛兰西、布洛赫为代表的早期西方马克思主义，以霍克海默、阿多诺、马尔库塞、弗洛姆、哈贝马斯等为代表的法兰克福学派，以及萨特的存在主义马克思主义、阿尔都塞的结构主义马克思主义等；二是20世纪70年代之后的新马克思主义流派，主要包括分析的马克思主义、生态学马克思主义、女权主义马克思主义、文化的马克思主义、发展理论的马克思主义、后马克思主义等；三是以南斯拉夫实践派、匈牙利布达佩斯学派、波兰和捷克斯洛伐克等国的新马克思主义者为代表的东欧新马克思主义。就这一基本格局而言，由于学术视野和其他因素的局限，我国的国外马克思主义研究呈现出发展不平衡的状态：大多数研究集中于对卢卡奇、科尔施和葛兰西等人开创的西方马克思主义流派和以生态学马克思主义、女权主义马克思主义等为代表的20世纪70、80年代之后的欧美新马克思主义流派的研究，而对于同样具有重要地位的东欧新马克思主义以及其他一些国外新马克思主义流派则较少关注。由此，东欧新马克思主义研究已经成为我国学术界关于世界马克思主义研究中的一个比较严重的"短板"。有鉴于此，我以黑龙江大学文化哲学研究中心、马克思主义哲学专业和国外马克思主义研究专业的研究人员为主，广泛吸纳国内相关领域的专家学者，组织了一个翻译、研究东欧新马克思主义的学术团队，以期在东欧新马克思主义的译介、研究方面做一些开创性的工作，填补国内学界的这一空白。2010—2015年，"译丛"预计出版40种，"理论研究"

丛书预计出版 20 种,整个翻译和研究工程将历时多年。

以下,我根据多年来的学习、研究,就东欧新马克思主义的界定、历史沿革、理论建树、学术影响等作一简单介绍,以便丛书读者能对东欧新马克思主义有一个整体的了解。

二、东欧新马克思主义的界定

对东欧新马克思主义的范围和主要代表人物作一个基本划界,并非轻而易举的事情。与其他一些在某一国度形成的具体的哲学社会科学理论流派相比,东欧新马克思主义要显得更为复杂,范围更为广泛。西方学术界的一些研究者或理论家从 20 世纪 60 年代后期就已经开始关注东欧新马克思主义的一些流派或理论家,并陆续对"实践派"、"布达佩斯学派",以及其他东欧新马克思主义代表人物作了不同的研究,分别出版了其中的某一流派、某一理论家的论文集或对他们进行专题研究。但是,在对东欧新马克思主义的总体梳理和划界上,西方学术界也没有形成公认的观点,而且在对东欧新马克思主义及其代表人物的界定上存在不少差异,在称谓上也各有不同,例如,"东欧的新马克思主义"、"人道主义马克思主义"、"改革主义者"、"异端理论家"、"左翼理论家"等。

近年来,我在使用"东欧新马克思主义"范畴时,特别强调其特定的内涵和规定性。我认为,不能用"东欧新马克思主义"来泛指第二次世界大战后东欧的各种马克思主义研究,我们在划定东欧新马克思主义的范围时,必须严格选取那些从基本理论取向到具体学术活动都基本符合 20 世纪"新马克思主义"范畴的流派和理论家。具体说来,我认为,最具代表性的东欧新马克思主义理论家应当是:南斯拉夫实践派的彼得洛维奇(Gajo Petrović, 1927—1993)、马尔科维奇(Mihailo Marković, 1923—2010)、弗兰尼茨基(Predrag Vranickić,

1922—2002）、坎格尔加（Milan Kangrga,1923—2008）和斯托扬诺维奇（Svetozar Stojanović,1931—2010）等；匈牙利布达佩斯学派的赫勒（Agnes Heller,1929—　）、费赫尔（Ferenc Feher,1933—1994）、马尔库什（György Markus,1934—　）和瓦伊达（Mihaly Vajda,1935—　）等；波兰的新马克思主义代表人物沙夫（Adam Schaff,1913—2006）、科拉科夫斯基（Leszak Kolakowski,1927—2009）等；捷克斯洛伐克的科西克（Karel Kosik,1926—2003）、斯维塔克（Ivan Svitak,1925—1994）等。应当说,我们可以通过上述理论家的主要理论建树,大体上建立起东欧新马克思主义的研究领域。

除了上述十几位理论家构成了东欧新马克思主义的中坚力量外,还有许多理论家也为东欧新马克思主义的发展作出了重要贡献。例如,南斯拉夫实践派的考拉奇（Veljko Korać,1914—1991）、日沃基奇（Miladin Životić, 1930—1997）、哥鲁波维奇（Zagorka Golubović, 1930—　）、达迪奇（Ljubomir Tadić, 1925—2013）、波什尼雅克（Branko Bošnjak,1923—1996）、苏佩克（Rudi Supek,1913—1993）、格尔里奇（Danko Grlić,1923—1984）、苏特里奇（Vanja Sutlić,1925—1989）、达米尼扬诺维奇（Milan Damnjanović,1924—1994）等,匈牙利布达佩斯学派的女社会学家马尔库什（Maria Markus,1936—　）、赫格居什（András Hegedüs,1922—1999）、吉什（Janos Kis,1943—　）、塞勒尼（Ivan Szelenyi,1938—　）、康拉德（Ceorg Konrad,1933—　）、作家哈尔兹提（Miklos Harszti,1945—　）等,以及捷克斯洛伐克的人道主义马克思主义理论家马霍韦茨（Milan Machovec,1925—2003）等。考虑到其理论活跃度、国际学术影响力和参与度等因素,也考虑到目前关于东欧新马克思主义研究力量的限度,我们一般没有把他们列入东欧新马克思主义的主要研究对象。

这些哲学家分属不同的国度,各有不同的研究领域,但是,共同的历史背景、共同的理论渊源、共同的文化境遇以及共同的学术活动形成了他们共同的学术追求和理论定位,使他们形成了一个以人道主义批判理论为基本特征的新马克思主义学术群体。

首先,东欧新马克思主义产生于第二次世界大战后东欧各国的社会主义改革进程中,他们在某种意义上都是改革的理论家和积极支持者。众所周知,第二次世界大战后,东欧各国普遍经历了"斯大林化"进程,普遍确立了以高度的计划经济和中央集权体制为特征的苏联社会主义模式或斯大林的社会主义模式,而20世纪五六十年代东欧一些国家的社会主义改革从根本上都是要冲破苏联社会主义模式的束缚,强调社会主义的人道主义和民主的特征,以及工人自治的要求。在这种意义上,东欧新马克思主义主要产生于南斯拉夫、匈牙利、波兰和捷克斯洛伐克四国,就不是偶然的事情了。因为,1948年至1968年的20年间,标志着东欧社会主义改革艰巨历程的苏南冲突、波兹南事件、匈牙利事件、"布拉格之春"几个重大的世界性历史事件刚好在这四个国家中发生,上述东欧新马克思主义者都是这一改革进程中的重要理论家,他们从青年马克思的人道主义实践哲学立场出发,反思和批判苏联高度集权的社会主义模式,强调社会主义改革的必要性。

其次,东欧新马克思主义都具有比较深厚的马克思思想理论传统和开阔的现时代的批判视野。通常我们在使用"东欧新马克思主义"的范畴时是有严格限定条件的,只有那些既具有马克思的思想理论传统,在新的历史条件下对马克思关于人和世界的理论进行新的解释和拓展,同时又具有马克思理论的实践本性和批判维度,对当代社会进程进行深刻反思和批判的理论流派或学说,才能冠之以"新马克思主义"。可以肯定地说,我们上述开列的南斯拉夫、匈牙利、波兰和捷克斯洛伐克四国的十几位著名理论家符合这两个方面的要件。一方面，这些理论家都具有深厚的马克思主义思想传统，特别是青年马克思的实践哲学或者批判的人本主义思想对他们影响很大，例如，实践派的兴起与马克思《1844年经济学哲学手稿》的塞尔维亚文版1953年在南斯拉夫出版有直接的关系。另一方面，绝大多数东欧新马克思主义理论家都直接或间接地受卢卡奇、布洛赫、列菲伏尔、马尔库塞、弗洛姆、哥德曼等人带有人道主义特征的马克思主义理解的影响，其中，布达佩斯学派的主要成员就是由卢卡奇的学生组成的。东欧新马克思主义代表人物像西方马克思主义代表人物一样，高度关注技术理性批判、意识形态批判、大众文化批判、现代性批判等当代重大理论问题和实践问题。

再次，东欧新马克思主义主要代表人物曾经组织了一系列国际性学术活动，这些由东欧新马克思主义代表人物、西方马克思主义代表人物，以及其他一些马克思主义者参加的活动进一步形成了东欧新马克思主义的共同的人道主义理论定向，提升了他们的国际影响力。上述我们划定的十几位理论家分属四个国度，而且所面临的具体处境和社会问题也不尽相同，但是，他们并非彼此孤立、各自独立活动的专家学者。实际上，他们不仅具有相同的或相近的理论立场，而且在相当一段时间内或者在很多场合内共同发起、组织和参与了20世纪六七十年代一些重要的世界性马克思主义研究活动。这里特别要提到的是南斯拉夫实践派在组织东欧新马克思主义和西方马克思主义交流和对话中的独特作用。从20世纪60年代中期到70年代中期，南斯拉夫实践派哲学家创办了著名的《实践》杂志（PRAXIS，1964—1974）和科尔丘拉夏令学园（Korčulavska ljetnja Škola，1963—1973）。10年间他们举办了10次国际讨论会，围绕着国家、政党、官僚制、分工、商品生产、技术理性、文化、当代世界的异化、社会主义的民主与自治等一系列重大的现实问题进行深入探讨，百余名东欧新马克思主义者、西方马克思主义理论家和其他东西方马克思主义研究者参加了讨论。特别要提到的是，布洛赫、列菲伏尔、马尔库塞、弗洛姆、哥德曼、马勒、哈贝马斯等西方著名马克思主义者和赫勒、马尔库什、科拉科夫斯基、科西克、实践派哲学家以及其他东欧新马克思主义者成为《实践》杂志国际编委会成员和科尔丘拉夏令学园的国际学术讨论会的积极参加者。卢卡奇未能参加讨论会，但他生前也曾担任《实践》杂志国际编委会成员。20世纪后期，由于各种原因东欧新马克思主义的主要代表人物或是直接移居西方或是辗转进入国际学术或教学领域，即使在这种情况下，东欧新马克思主义主要流派依旧进行许多合作性的学术活动或学术研究。例如，在《实践》杂志被迫停刊的情况下，以马尔科维奇为代表的一部分实践派代表人物于1981年在英国牛津创办了《实践（国际）》（PRAXIS INTER-NATIONAL）杂志，布达佩斯学派的主要成员则多次合作推出一些共同的研究成果。[①] 相近的理论立场和共同活动的开展，使东欧新马克思主义成为一种有机的、类型化的新马克思主义。

三、东欧新马克思主义的历史沿革

我们可以粗略地以20世纪70年代中期为时间点，将东欧新马克思主义的发展历程划分为两大阶段：第一个阶段是东欧新马克思主义主要流派和主要代表人物在东欧各国从事理论活动的时

---

① 例如，Agnes Heller, *Lukács Revalued*, Oxford：Basil Blackwell Publisher, 1983；Ferenc Feher, Agnes Heller and György Markus, *Dictatorship over Needs*, New York：St. Martin's Press, 1983；Agnes Heller and Ferenc Feher, *Reconstructing Aesthetics – Writings of the Budapest School*, New York：Blackwell, 1986；J. Grumley, P. Crittenden and P Johnson eds., *Culture and Enlightenment：Essays for György Markus*, Hampshire：Ashgate Publishing Limited, 2002 等。

期,第二个阶段是许多东欧新马克思主义者在西欧和英美直接参加国际学术活动的时期。具体情况如下:

20世纪50年代到70年代中期,是东欧新马克思主义主要流派和主要代表人物在东欧各国从事理论活动的时期,也是他们比较集中、比较自觉地建构人道主义的马克思主义的时期。可以说,这一时期的成果相应地构成了东欧新马克思主义的典型的或代表性的理论观点。这一时期的突出特点是东欧新马克思主义主要代表人物的理论活动直接同东欧的社会主义实践交织在一起。他们批判自然辩证法、反映论和经济决定论等观点,打破在社会主义国家中占统治地位的斯大林主义的理论模式,同时,也批判现存的官僚社会主义或国家社会主义关系,以及封闭的和落后的文化,力图在现存社会主义条件下,努力发展自由的创造性的个体,建立民主的、人道的、自治的社会主义。以此为基础,东欧新马克思主义积极发展和弘扬革命的和批判的人道主义马克思主义,他们一方面以独特的方式确立了人本主义马克思主义的立场,如实践派的"实践哲学"或"革命思想"、科西克的"具体的辩证法"、布达佩斯学派的需要革命理论等等;另一方面以异化理论为依据,密切关注人类的普遍困境,像西方人本主义思想家一样,对于官僚政治、意识形态、技术理性、大众文化等异化的社会力量进行了深刻的批判。这一时期,东欧新马克思主义代表人物展示出比较强的理论创造力,推出了一批有影响的理论著作,例如,科西克的《具体的辩证法》、沙夫的《人的哲学》和《马克思主义与人类个体》、科拉科夫斯基的《走向马克思主义的人道主义》、赫勒的《日常生活》和《马克思的需要理论》、马尔库什的《马克思主义与人类学》、彼得洛维奇的《哲学与马克思主义》和《哲学与革命》、马尔科维奇的《人道主义和辩证法》、弗兰尼茨基的《马克思主义和社会主义》等。

20世纪70年代中后期以来,东欧新马克思主义的基本特点是不再作为自觉的学术流派围绕共同的话题而开展学术研究,而是逐步超出东欧的范围,通过移民或学术交流的方式分散在英美、澳大利亚、德国等地,汇入到西方各种新马克思主义流派或左翼激进主义思潮之中,他们作为个体,在不同的国家和地区分别参与国际范围内的学术研究和社会批判,并直接以英文、德文、法文等发表学术著作。大体说来,这一时期,东欧新马克思主义的主要代表人物的理论热点,主要体现在两个大的方面:从一个方面来看,马克思主义和社会主义依旧是东欧新马克思主义理论家关注的重要主题之一。他们在新的语境中继续研究和反思传统马克思主义和苏联模式的社会主义实践,并且陆续出版了一些有影响的学术著作,例如,科拉科夫斯基的三卷本《马克思主义的主要流派》、沙夫的《处在十字路口的共产主义运动》①、斯托扬诺维奇的《南斯拉夫的垮台:为什么共产主义会失败》、马尔科维奇的《民主社会主义:理论与实践》、瓦伊达的《国家和社会主义:政治学论文集》、马尔库什的《困难的过渡:中欧和东欧的社会民主》、费赫尔的《东欧的危机和改革》等。但是,从另一方面看,东欧新马克思主义理论家,特别是以赫勒为代表的布达佩斯学派成员,以及沙夫和科拉科夫斯基等人,把主要注意力越来越多地投向20世纪70年代以来西方其他新马克思主义流派和左翼激进思想家所关注的文化批判和社会批判主题,特别是政治哲学的主题,例如,启蒙与现代性批判、后现代政治状况、生态问题、文化批判、激进哲学等。他们的一些著作具有重要的学术影响,例如,沙夫作为罗马俱乐部成员同他人一起主编的《微电子学与社会》和《全球人道主义》、科拉科夫斯基的

---

　　① 参见该书的中文译本——沙夫:《论共产主义运动的若干问题》,奚戚等译,人民出版社1983年版。

《经受无穷拷问的现代性》等。这里特别要突出强调的是布达佩斯学派的主要成员,他们的研究已经构成了过去几十年西方左翼激进主义批判理论思潮的重要组成部分,例如,赫勒独自撰写或与他人合写的《现代性理论》、《激进哲学》、《后现代政治状况》、《现代性能够幸存吗?》等,费赫尔主编或撰写的《法国大革命与现代性的诞生》、《生态政治学:公共政策和社会福利》等,马尔库什的《语言与生产:范式批判》等。

四、东欧新马克思主义的理论建树

通过上述历史沿革的描述,我们可以发现一个很有趣的现象:东欧新马克思主义发展的第一个阶段大体上是与典型的西方马克思主义处在同一个时期;而第二个阶段又是与20世纪70年代以后的各种新马克思主义相互交织的时期。这样,东欧新马克思主义就同另外两种主要的新马克思主义构成奇特的交互关系,形成了相互影响的关系。关于东欧新马克思主义的学术建树和理论贡献,不同的研究者有不同的评价,其中有些偶尔从某一个侧面涉猎东欧新马克思主义的研究者,由于无法了解东欧新马克思主义的全貌和理论独特性,片面地断言:东欧新马克思主义不过是以卢卡奇等人为代表的西方马克思主义的一个简单的附属物、衍生产品或边缘性、枝节性的延伸,没有什么独特的理论创造和理论地位。这显然是一种表面化的理论误解,需要加以澄清。

在这里,我想把东欧新马克思主义置于20世纪的新马克思主义的大格局中加以比较研究,主要是将其与西方马克思主义和20世纪70年代之后的新马克思主义流派加以比较,以把握其独特的理论贡献和理论特色。从总体上看,东欧新马克思主义的理论旨趣和实践关怀与其他新马克思主义在基本方向上大体一致,然而,东欧新马克思主义具有东欧社会主义进程和世界历史进程的双重背景,这种历史体验的独特性使他们在理论层面上既有比较坚实的马克思思想传统,又有对当今世界和人的生存的现实思考,在实践层面上,既有对社会主义建立及其改革进程的亲历,又有对现代性语境中的社会文化问题的批判分析。基于这种定位,我认为,研究东欧新马克思主义,在总体上要特别关注其三个理论特色。

其一,对马克思思想独特的、深刻的阐述。虽然所有新马克思主义都不可否认具有马克思的思想传统,但是,如果我们细分析,就会发现,除了卢卡奇的主客体统一的辩证法、葛兰西的实践哲学等,大多数西方马克思主义者并没有对马克思的思想、更不要说20世纪70年代以后的新马克思主义流派作出集中的、系统的和独特的阐述。他们的主要兴奋点是结合当今世界的问题和人的生存困境去补充、修正或重新解释马克思的某些论点。相比之下,东欧新马克思主义理论家对马克思思想的阐述最为系统和集中,这一方面得益于这些理论家的马克思主义理论基础,包括早期的传统马克思主义的知识积累和20世纪50年代之后对青年马克思思想的系统研究,另一方面得益于东欧理论家和思想家特有的理论思维能力和悟性。关于东欧新马克思主义理论家在马克思思想及马克思主义理论方面的功底和功力,我们可以提及两套尽管引起很大争议,但是产生了很大影响的研究马克思主义历史的著作,一是弗兰尼茨基的三卷本《马克思主义史》①,二是科拉科夫斯基的三卷本《马克思主义的主要流派》②。甚至当科拉科夫斯基在晚年

---

① Predrag Vranicki, *Historija Marksizma*, I,II,III, Zagreb:Naprijed, 1978. 参见普雷德腊格·弗兰尼茨基:《马克思主义史》(I、II、III),李嘉恩等译,人民出版社 1986、1988、1992 年版。

② Leszek Kolakowski, *Main Currents of Marxism*, 3 vols., Oxford:Clarendon Press, 1978.

宣布"放弃了马克思"后，我们依旧不难在他的理论中看到马克思思想的深刻影响。

在这一点上，可以说，差不多大多数东欧新马克思主义理论家都曾集中精力对马克思的思想作系统的研究和新的阐释。其中特别要提到的应当是如下几种关于马克思思想的独特阐述：一是科西克在《具体的辩证法》中对马克思实践哲学的独特解读和理论建构，其理论深度和哲学视野在 20 世纪关于实践哲学的各种理论建构中毫无疑问应当占有重要的地位；二是沙夫在《人的哲学》、《马克思主义与人类个体》和《作为社会现象的异化》几部著作中通过对异化、物化和对象化问题的细致分析，建立起一种以人的问题为核心的人道主义马克思主义理解；三是南斯拉夫实践派关于马克思实践哲学的阐述，尤其是彼得洛维奇的《哲学与马克思主义》、《哲学与革命》和《革命思想》，马尔科维奇的《人道主义和辩证法》，坎格尔加的《卡尔·马克思著作中的伦理学问题》等著作从不同侧面提供了当代关于马克思实践哲学最为系统的建构与表述；四是赫勒的《马克思的需要理论》、《日常生活》和马尔库什的《马克思主义与人类学》在宏观视角与微观视角相结合的视阈中，围绕着人类学生存结构、需要的革命和日常生活的人道化，对马克思关于人的问题作了深刻而独特的阐述，并探讨了关于人的解放的独特思路。正如赫勒所言："社会变革无法仅仅在宏观尺度上得以实现，进而，人的态度上的改变无论好坏都是所有变革的内在组成部分。"①

其二，对社会主义理论和实践、历史和命运的反思，特别是对社会主义改革的理论设计。社会主义理论与实践是所有新马克思

---

① Agnes Heller, *Everyday Life*, London and New York: Routledge and Kegan Paul, 1984, p. x.

主义以不同方式共同关注的课题,因为它代表了马克思思想的最重要的实践维度。但坦率地讲,西方马克思主义理论家和20世纪70年代之后的新马克思主义流派在社会主义问题上并不具有最有说服力的发言权,他们对以苏联为代表的现存社会主义体制的批判往往表现为外在的观照和反思,而他们所设想的民主社会主义、生态社会主义等模式,也主要局限于西方发达社会中的某些社会历史现象。毫无疑问,探讨社会主义的理论和实践问题,如果不把几乎贯穿于整个20世纪的社会主义实践纳入视野,加以深刻分析,是很难形成有说服力的见解的。在这方面,东欧新马克思主义理论家具有独特的优势,他们大多是苏南冲突、波兹南事件、匈牙利事件、"布拉格之春"这些重大历史事件的亲历者,也是社会主义自治实践、"具有人道特征的社会主义"等改革实践的直接参与者,甚至在某种意义上是理论设计者。东欧新马克思主义理论家对社会主义的理论探讨是多方面的,首先值得特别关注的是他们结合社会主义的改革实践,对社会主义的本质特征的阐述。从总体上看,他们大多致力于批判当时东欧国家的官僚社会主义或国家社会主义,以及封闭的和落后的文化,力图在当时的社会主义条件下,努力发展自由的创造性的个体,建立民主的、人道的、自治的社会主义。在这方面,弗兰尼茨基的理论建树最具影响力,在《马克思主义和社会主义》和《作为不断革命的自治》两部代表作中,他从一般到个别、从理论到实践,深刻地批判了国家社会主义模式,表述了社会主义异化论思想,揭示了社会主义的人道主义性质。他认为,以生产者自治为特征的社会主义"本质上是一种历史的、新型民主的发展和加深"①。此外,从20世纪80年代起,特别

---

① Predrag Vranicki, Socijalistič ka revolucija——Očemu je riječ? *Kulturni radnik*, No. 1, 1987, p. 19.

是在 20 世纪 90 年代后，很多东欧新马克思主义理论家对苏联解体和东欧剧变作了多视角的、近距离的反思，例如，沙夫的《处在十字路口的共产主义运动》，费赫尔的《戈尔巴乔夫时期苏联体制的危机和危机的解决》，马尔库什的《困难的过渡：中欧和东欧的社会民主》，斯托扬诺维奇的《南斯拉夫的垮台：为什么共产主义会失败》、《塞尔维亚：民主的革命》等。

其三，对于现代性的独特的理论反思。如前所述，20 世纪 80 年代以来，东欧新马克思主义理论家把主要注意力越来越多地投向 20 世纪 70 年代以来西方其他新马克思主义流派和左翼激进思想家所关注的文化批判和社会批判主题。在这一研究领域中，东欧新马克思主义理论家的独特性在于，他们在阐释马克思思想时所形成的理论视野，以及对社会主义历史命运和发达工业社会进行综合思考时所形成的社会批判视野，构成了特有的深刻的理论内涵。例如，赫勒在《激进哲学》，以及她与费赫尔、马尔库什等合写的《对需要的专政》等著作中，用他们对马克思的需要理论的理解为背景，以需要结构贯穿对发达工业社会和现存社会主义社会的分析，形成了以激进需要为核心的政治哲学视野。赫勒在《历史理论》、《现代性理论》、《现代性能够幸存吗？》以及她与费赫尔合著的《后现代政治状况》等著作中，建立了一种独特的现代性理论。同一般的后现代理论的现代性批判相比，这一现代性理论具有比较厚重的理论内涵，用赫勒的话来说，它既包含对各种关于现代性的理论的反思维度，也包括作者个人以及其他现代人关于"大屠杀"、"极权主义独裁"等事件的体验和其他"现代性经验"①，在我看来，其理论厚度和深刻性只有像哈贝马斯这样的少数理论家

---

① 参见阿格尼丝·赫勒：《现代性理论》，李瑞华译，商务印书馆 2005 年版，第 1、3、4 页。

才能达到。

从上述理论特色的分析可以看出,无论从对马克思思想的当代阐发、对社会主义改革的理论探索,还是对当代社会的全方位批判等方面来看,东欧新马克思主义都是20世纪一种典型意义上的新马克思主义,在某种意义上可以断言,它是西方马克思主义之外一种最有影响力的新马克思主义类型。相比之下,20世纪许多与马克思思想或马克思主义有某种关联的理论流派或实践方案都不具备像东欧新马克思主义这样的学术地位和理论影响力,它们甚至构不成一种典型的"新马克思主义"。例如,欧洲共产主义等社会主义探索,它们主要涉及实践层面的具体操作,而缺少比较系统的马克思主义理论传统;再如,一些偶尔涉猎马克思思想或对马克思表达敬意的理论家,他们只是把马克思思想作为自己的某一方面的理论资源,而不是马克思理论的传人;甚至包括日本、美国等一些国家的学院派学者,他们对马克思的文本进行了细微的解读,虽然人们也常常在宽泛的意义上称他们为"新马克思主义者",但是,同具有理论和实践双重维度的马克思主义传统的理论流派相比,他们还不能称做严格意义上的"新马克思主义者"。

五、东欧新马克思主义的学术影响

在分析了东欧新马克思主义的理论建树和理论特色之后,我们还可以从一些重要思想家对东欧新马克思主义的关注和评价的视角把握它的学术影响力。在这里,我们不准备作有关东欧新马克思主义研究的详细文献分析,而只是简要地提及一下弗洛姆、哈贝马斯等重要思想家对东欧新马克思主义的重视。

应该说,大约在20世纪60年代中期,即东欧新马克思主义形成并产生影响的时期,其理论已经开始受到国际学术界的关注。

20 世纪 70 年代之前东欧新马克思主义者主要在本国从事学术研究,他们深受卢卡奇、布洛赫、马尔库塞、弗洛姆、哥德曼等西方马克思主义者的影响。然而,即使在这一时期,东欧新马克思主义同西方马克思主义,特别是同法兰克福学派的关系也带有明显的交互性。如上所述,从 20 世纪 60 年代中期到 70 年代中期,由《实践》杂志和科尔丘拉夏令学园所搭建的学术论坛是当时世界上最大的、最有影响力的东欧新马克思主义和西方马克思主义的学术活动平台。这个平台改变了东欧新马克思主义者单纯受西方人本主义马克思主义者影响的局面,推动了东欧新马克思主义和西方马克思主义者的相互影响与合作。布洛赫、列菲伏尔、马尔库塞、弗洛姆、哥德曼等一些著名西方马克思主义者不仅参加了实践派所组织的重要学术活动,而且开始高度重视实践派等东欧新马克思主义理论家。这里特别要提到的是弗洛姆,他对东欧新马克思主义给予高度重视和评价。1965 年弗洛姆主编出版了哲学论文集《社会主义的人道主义》,在所收录的包括布洛赫、马尔库塞、弗洛姆、哥德曼、德拉·沃尔佩等著名西方马克思主义代表人物文章在内的共 35 篇论文中,东欧新马克思主义理论家的文章就占了10 篇——包括波兰的沙夫,捷克斯洛伐克的科西克、斯维塔克、普鲁查,南斯拉夫的考拉奇、马尔科维奇、别约维奇、彼得洛维奇、苏佩克和弗兰尼茨基等哲学家的论文。①1970 年,弗洛姆为沙夫的《马克思主义与人类个体》作序,他指出,沙夫在这本书中,探讨了人、个体主义、生存的意义、生活规范等被传统马克思主义忽略的问题,因此,这本书的问世无论对于波兰还是对于西方学术界正确

---

① Erich Fromm, ed., *Socialist Humanism*: *An International Symposium*, New York: Doubleday, 1965.

理解马克思的思想，都是"一件重大的事情"①。1974 年，弗洛姆为马尔科维奇关于哲学和社会批判的论文集写了序言，他特别肯定和赞扬了马尔科维奇和南斯拉夫实践派其他成员在反对教条主义、"回到真正的马克思"方面所作的努力和贡献。弗洛姆强调，在南斯拉夫、波兰、匈牙利和捷克斯洛伐克都有一些人道主义马克思主义理论家，而南斯拉夫的突出特点在于："对真正的马克思主义的重建和发展不只是个别的哲学家的关注点，而且已经成为由南斯拉夫不同大学的教授所形成的一个比较大的学术团体的关切和一生的工作。"②

20 世纪 70 年代后期以来，汇入国际学术研究之中的东欧新马克思主义代表人物（包括继续留在本国的科西克和一部分实践派哲学家），在国际学术领域，特别是国际马克思主义研究中，具有越来越大的影响，占据独特的地位。他们于 20 世纪 60 年代至 70 年代创作的一些重要著作陆续翻译成西方文字出版，有些著作，如科西克的《具体的辩证法》等，甚至被翻译成十几国语言。一些研究者还通过编撰论文集等方式集中推介东欧新马克思主义的研究成果。例如，美国学者谢尔 1978 年翻译和编辑出版了《马克思主义人道主义和实践》，这是精选的南斯拉夫实践派哲学家的论文集，收录了彼得洛维奇、马尔科维奇、弗兰尼茨基、斯托扬诺维奇、达迪奇、苏佩克、格尔里奇、坎格尔加、日沃基奇、哥鲁波维奇等 10 名实践派代表人物的论文。③ 英国著名马克思主义社会学家波塔默

① Adam Schaff, *Marxism and the Human Individual*, New York：McGraw - Hill Book Company, 1970, p. ix.

② Mihailo Marković, *From Affluence to Praxis：Philosophy and Social Criticism*, The University of Michigan Press, 1974, p. vi.

③ Gerson S. Sher, ed., *Marxist Humanism and Praxis*, New York：Prometheus Books, 1978.

1988 年主编了《对马克思的解释》一书,其中收录了卢卡奇、葛兰西、阿尔都塞、哥德曼、哈贝马斯等西方马克思主义著名代表人物的论文,同时收录了彼得洛维奇、斯托扬诺维奇、赫勒、赫格居什、科拉科夫斯基等 5 位东欧新马克思主义著名代表人物的论文。① 此外,一些专门研究东欧新马克思主义某一代表人物的专著也陆续出版。② 同时,东欧新马克思主义代表人物陆续发表了许多在国际学术领域产生重大影响的学术著作,例如,科拉科夫斯基的三卷本《马克思主义的主要流派》③于 20 世纪 70 年代末在英国发表后,很快就被翻译成多种语言,在国际学术界产生很大反响,迅速成为最有影响的马克思主义哲学史研究成果之一。布达佩斯学派的赫勒、费赫尔、马尔库什和瓦伊达,实践派的马尔科维奇、斯托扬诺维奇等人,都与科拉科夫斯基、沙夫等人一样,是 20 世纪 80 年代以后国际学术界十分有影响的新马克思主义理论家,而且一直活跃到目前。④ 其中,赫勒尤其活跃,20 世纪 80 年代后陆续发表了关于历史哲学、道德哲学、审美哲学、政治哲学、现代性和后现代性问题等方面的著作十余部,于 1981 年在联邦德国获莱辛奖,1995 年在不莱梅获汉娜·阿伦特政治哲学奖(Hannah Arendt Prize for Political Philosophy),2006 年在丹麦哥本哈根大学获松宁奖(Sonning Prize)。

应当说,过去 30 多年,一些东欧新马克思主义主要代表人物

① Tom Bottomore, ed. , *Interpretations of Marx*, Oxford UK, New York USA: Basil Blackwell, 1988.

② 例如,John Burnheim, *The Social Philosophy of Agnes Heller*, Amsterdam-Atlanta: Rodopi B. V. , 1994; John Grumley, *Agnes Heller: A Moralist in the Vortex of History*, London: Pluto Press, 2005,等等。

③ Leszek Kolakowski, *Main Currents of Marxism*, 3 vols. , Oxford: Clarendon Press, 1978.

④ 其中,沙夫于 2006 年去世,科拉科夫斯基刚刚于 2009 年去世。

已经得到国际学术界的广泛承认。限于篇幅,我们在这里无法一一梳理关于东欧新马克思主义的研究状况,可以举一个例子加以说明:从 20 世纪 60 年代末起,哈贝马斯就在自己的多部著作中引用东欧新马克思主义理论家的观点,例如,他在《认识与兴趣》中提到了科西克、彼得洛维奇等人所代表的东欧社会主义国家中的"马克思主义的现象学"倾向①,在《交往行动理论》中引用了赫勒和马尔库什的观点②,在《现代性的哲学话语》中讨论了赫勒的日常生活批判思想和马尔库什关于人的对象世界的论述③,在《后形而上学思想》中提到了科拉科夫斯基关于哲学的理解④,等等。这些都说明东欧新马克思主义的理论建树已经真正进入到 20 世纪(包括新世纪)国际学术研究和学术交流领域。

六、东欧新马克思主义研究的思路

通过上述关于东欧新马克思主义的多维度分析,不难看出,在我国学术界全面开启东欧新马克思主义研究领域的意义已经不言自明了。应当看到,在全球一体化的进程中,中国的综合实力和国际地位不断提升,但所面临的发展压力和困难也越来越大。在此背景下,中国的马克思主义理论研究者进一步丰富和发展马克思主义的任务越来越重,情况也越来越复杂。无论是发展中国特色、

---

① 参见哈贝马斯:《认识与兴趣》,郭官义、李黎译,学林出版社 1999 年版,第 24、59 页。

② 参见哈贝马斯:《交往行动理论》第 2 卷,洪佩郁、蔺青译,重庆出版社 1994 年版,第 545、552 页,即"人名索引"中的信息,其中马尔库什被译作"马尔库斯"(按照匈牙利语的发音,译作"马尔库什"更为准确)。

③ 参见哈贝马斯:《现代性的哲学话语》,曹卫东等译,译林出版社 2004 年版,第 88、90~95 页,这里马尔库什同样被译作"马尔库斯"。

④ 参见哈贝马斯:《后形而上学思想》,曹卫东、付德根译,译林出版社 2001 年版,第 36~37 页。

中国风格、中国气派的马克思主义，还是"大力推进马克思主义中国化、时代化、大众化"，都不能停留于中国的语境中，不能停留于一般地坚持马克思主义立场，而必须学会在纷繁复杂的国际形势中，在应对人类所面临的日益复杂的理论问题和实践问题中，坚持和发展具有世界眼光和时代特色的马克思主义，以争得理论和学术上的制高点和话语权。

在丰富和发展马克思主义的过程中，世界眼光和时代特色的形成不仅需要我们对人类所面临的各种重大问题进行深刻分析，还需要我们自觉地、勇敢地、主动地同国际上各种有影响的学术观点和理论思想展开积极的对话、交流和交锋。这其中，要特别重视各种新马克思主义流派所提供的重要的理论资源和思想资源。我们知道，马克思主义诞生后的一百多年来，人类社会经历了两次世界大战的浩劫，经历了资本主义和社会主义跌宕起伏的发展历程，经历了科学技术日新月异的进步。但是，无论人类历史经历了怎样的变化，马克思主义始终是世界思想界难以回避的强大"磁场"。当代各种新马克思主义流派的不断涌现，从一个重要的方面证明了马克思主义的生命力和创造力。尽管这些新马克思主义的理论存在很多局限性，甚至存在着偏离马克思主义的失误和错误，需要我们去认真甄别和批判，但是，同其他各种哲学社会科学思潮相比，各种新马克思主义对发达资本主义的批判，对当代人类的生存困境和发展难题的揭示最为深刻、最为全面、最为彻底，这些理论资源和思想资源对于我们的借鉴意义和价值也最大。其中，我们应该特别关注东欧新马克思主义。众所周知，中国曾照搬苏联的社会主义模式，接受苏联哲学教科书的马克思主义理论体系；在社会主义的改革实践中，也曾经与东欧各国有着共同的或者相关的经历，因此，从东欧新马克思主义的理论探索中我们可以吸收的理论资源、可以借鉴的经验教训会更多。

　　鉴于我们所推出的"东欧新马克思主义译丛"和"东欧新马克思主义理论研究"丛书尚属于这一研究领域的基础性工作,因此,我们的基本研究思路,或者说,我们坚持的研究原则主要有两点。一是坚持全面准确地了解的原则,即是说,通过这两套丛书,要尽可能准确地展示东欧新马克思主义的全貌。具体说来,由于东欧新马克思主义理论家人数众多,著述十分丰富,"译丛"不可能全部翻译,只能集中于上述所划定的十几位主要代表人物的代表作。在这里,要确保东欧新马克思主义主要代表人物最有影响的著作不被遗漏,不仅要包括与我们的观点接近的著作,也要包括那些与我们的观点相左的著作。以科拉科夫斯基《马克思主义的主要流派》为例,他在这部著作中对不同阶段的马克思主义发展进行了很多批评和批判,其中有一些观点是我们所不能接受的,必须加以分析批判。尽管如此,它是东欧新马克思主义影响最为广泛的著作之一,如果不把这样的著作纳入"译丛"之中,如果不直接同这样有影响的理论成果进行对话和交锋,那么我们对东欧新马克思主义的理解将会有很大的片面性。二是坚持分析、批判、借鉴的原则,即是说,要把东欧新马克思主义的理论观点置于马克思主义的理论发展进程中,置于社会主义实践探索中,置于 20 世纪人类所面临的重大问题中,置于同其他新马克思主义和其他哲学社会科学理论的比较中,加以理解、把握、分析、批判和借鉴。因此,我们将在每一本译著的译序中尽量引入理论分析的视野,而在"理论研究"中,更要引入批判性分析的视野。只有这种积极对话的态度,才能使我们对东欧新马克思主义的研究不是为了研究而研究、为了翻译而翻译,而是真正成为我国在新世纪实施的马克思主义理论研究和建设工程的有机组成部分。

在结束这篇略显冗长的"总序"时,我非但没有一种释然和轻松,反而平添了更多的沉重和压力。开辟东欧新马克思主义研究这样一个全新的学术领域,对我本人有限的能力和精力来说是一个前所未有的考验,而我组织的翻译队伍和研究队伍,虽然包括一些有经验的翻译人才,但主要是依托黑龙江大学文化哲学研究中心、马克思主义哲学专业和国外马克思主义研究专业博士学位点等学术平台而形成的一支年轻的队伍,带领这样一支队伍去打一场学术研究和理论探索的硬仗,我感到一种悲壮和痛苦。我深知,随着这两套丛书的陆续问世,我们将面对的不会是掌声,可能是批评和质疑,因为,无论是"译丛"还是"理论研究"丛书,错误和局限都在所难免。好在我从一开始就把对这两套丛书的学术期待定位于一种"开端"(开始)而不是"结果"(结束)——我始终相信,一旦东欧新马克思主义研究领域被自觉地开启,肯定会有更多更具才华更有实力的研究者进入这个领域;好在我一直坚信,哲学总在途中,是一条永走不尽的生存之路,哲学之路是一条充盈着生命冲动的创新之路,也是一条上下求索的艰辛之路,踏上哲学之路的人们不仅要挑战智慧的极限,而且要有执著的、痛苦的生命意识,要有对生命的挚爱和勇于奉献的热忱。因此,既然选择了理论,选择了精神,无论是万水千山,还是千难万险,在哲学之路上我们都将义无反顾地跋涉……

在解构中建构

——《美学的重建》导读①

　　布达佩斯学派于 20 世纪 60 年代在卢卡奇的影响下形成,以赫勒
(Agnes Heller)、费赫尔(Ferenc Fehér)、乔治·马尔库什(György
Márkus)、瓦伊达(Mihaly Vajda)、托马斯(G. M. Tamás)、弗多尔(Géza
Fodor)、拉德洛蒂(Sándor Rádnóti)等为代表。西门·托梅认为,"布
达佩斯学派必然是一个松散地被聚拢的个人性群体,他们享有彼此的
团聚,分享某种政治信仰以及关于'批判'必须发挥与应该发挥的作用
的某些观念"②。这种学派的组织特征使他们的思想同中有异,颇为
复杂。他们与马克思主义和卢卡奇形成了复杂的关系,在哲学人类
学、政治哲学、美学、社会学、经济学等方面展开了一系列的探索。在
当代学术思潮的影响下,他们不同程度地与后现代思想相碰撞,历经
了从批判的马克思主义或者"马克思主义复兴"到后马克思主义、后现
代主义的嬗变,"形成了独具特色的当代社会批判理论"③。

---

　　① 国家社科基金重点项目"国外马克思主义文论的本土化研究——以东欧马克思主
义文论为重点"(项目编号:12AZD091)阶段性成果。

　　② Simon Tormey, *Agnes Heller*: *Socialism*, *autonomy and the postmodern*, Manchester and
New York: Manchester University Press, 2001, p.9.

　　③ 傅其林:《宏大叙事批判与多元美学建构——布达佩斯学派重构美学思想研究》,黑
龙江大学出版社 2011 年版,第 2 页。

在美学领域,布达佩斯学派表现出"激进美学"(radical aesthetics)的独特姿态,代表著作为 1986 年出版的《美学的重建:布达佩斯学派论文集》。美学的重建首先意味着对现代美学的解构。他们在解释学、接受美学、后现代思想的视域中对资产阶级形成的现代美学与艺术观念,对高雅艺术与大众文化的结构关系,对现代具体艺术样式与作品展开了多角度的批判,同时也提出了一些建构思路。布达佩斯学派的美学既不同于正统的马克思主义美学,也有别于后现代美学,其在解构中的重构可以说是在现代性与后现代之间寻觅第三条道路。

(一)对现代美学话语的解构与重构

在后现代,人文学科暴露了前所未有的危机,人们不断地追问各个学科的学理基础与其存在的合法性问题,这种追问形成了一股巨大的质疑现代以来形成的科层体制结构的思潮。在美学艺术领域率先发起的后现代主义解构方案,事实上早在 20 世纪初的先锋派运动时就开始了。比格尔说:"作为欧洲先锋派中最为激进的运动,达达主义不再批判存在于它之前的流派,而是批判作为体制的艺术,以及它在资产阶级社会中所采用的发展路线。"[①]现代先锋派尤其质疑带有资产阶级意识形态的自律艺术的观念,这事实上是质疑现代美学、艺术学科存在的合法性。然而在马克思主义领域,对资产阶级制度体制的质疑来自于马克思本人。后来的一些马克思主义美学家尽管持续不断地批判资产阶级美学,但他们在一定程度上重复着现代性的逻辑,表现出普遍性与宏大叙事的特征。不过,本雅明有所不同,他的思想既具有先锋派的特色,如比格尔认为,"将本雅明的讽喻概念读成是一种先锋派的(非有机)艺术作品理论,并没有什么勉强之处"[②];又与后现代存在一些关联,如伊格尔顿看到的,"在某种意义上,本雅明预设

---

① 彼得·比格尔:《先锋派理论》,高建平译,商务印书馆 2002 年版,第 88 页。
② 彼得·比格尔:《先锋派理论》,高建平译,商务印书馆 2002 年版,第 143 页。

了当代的解构的批评实践"①。在后现代语境下,一些马克思主义思想家开始对现代的宏大叙事开始质疑,开始反思普世性神话式的理论主张,认识到人的有限性与理论延展的限度,本雅明的思想就显示出特殊的理论资源。布达佩斯学派对现代美学的解构就充分挖掘了这一资源。

现代美学的解构在赫勒与其丈夫费赫尔合著的论文《美学的必要性与不可改革性》中得到集中体现,这篇论文初次发表在 1977 年《哲学论坛》(*The Philosophical Forum*)上,后来成为赫勒与费赫尔编辑的《美学的重建:布达佩斯学派论文集》的第一篇。这篇论文提出的核心问题与其在书中的首要位置表明了它在布达佩斯学派解构美学中的代表性。

要重构美学,首先要解构美学,而要解构美学,首先要回到美学存在的根源。尽管在前资本主义社会已经存在一些对艺术与审美现象的分析,出现了一些艺术理论,但是赫勒与费赫尔认为,作为一门独立的哲学学科,美学是资产阶级社会的产物。这主要涉及四种因素:第一是面向美和其客观化的一种特殊活动的出现。这种活动具有一种独立的功能,它不是其他类型的活动的一个副产品,不是多种意识形态的协调工具,不是神学与宗教信仰的侍女,并且不是共同的自我意识的一种表达,而是一种自我依存的活动。这种独立性活动的出现为美学学科的产生奠定了基础,因为美学就是在阐释这种独立活动的过程中产生的,否则,美学学科是不可能存在的,这种对艺术自律的认识明显与韦伯相关,因为韦伯早就说过:"现在,艺术组成为一种越来越有意识的,被理解的,独立化的特殊价值的宇宙。"②现代美学产生的第二个因素是资产阶级社会中缺乏建立在传统有机共同体基础上的

① Terry Eagleton, *Walter Bemjamin or Towards a Revolutionary Criticism*, Verso Editions and NLB,1981,p.131.

② 哈贝马斯:《交往行动理论》第 1 卷,洪佩郁、蔺菁译,重庆出版社 1994 年版,第 212～213 页。

共通感(sensus communis)。由于资产阶级社会日益个体化、主观化，因而传统社会的个体与共同体的有机联系被打破。这种原子化的社会就渴求一种新的共通感，现代哲学家在美学那里找到了一个主体间的联系纽带。这是康德审美共通感的发挥，康德认为，"在共通感觉这一名词之下人们必须理解为一个共同的感觉的理念，这就是一种评判机能的理念，这评判机能在它的反思里顾到每个别人在思想里先验地的表象样式"①。第三是美学的出现也与现代艺术的存在状况，即艺术脱离日常生活有关。在现代，由于艺术日益自律，日常生活也开始受到理性的破坏或者入侵，结果艺术的生活证据消逝了，它是否有存在的理由，其在现代社会能否具有一种特别的社会功能，它如何面对巨大的矛盾，这些都需要一种理性的说明与论证，需要一种理性的基础，这样美学也就应运而生了。最后，美学的出现也是对现代艺术的接受机制出现的问题的一种回应。赫勒与费赫尔分析了商品生产、流通对艺术作品接受的影响，"商品生产的普遍化为艺术作品创造了新的形势。艺术接受遵循商品现实化的规则，也就是说，它根据供求来实现，艺术作品的结构是次要的，并且接受的这个事实或广泛传播的特性几乎不显示它的本质(它的深度，净化影响，它的积极功能或者'替代生活'的功能，等等)"②。因此，这种接受上的误读或者不充分的接受随时会发生，这种情况无论如何要求将对艺术作品的影响进行哲学阐释作为建构艺术作品的一种行为。

可以看出，他们对美学的现代起源的思考把美学与社会学融合了起来，既切合到现代资本主义社会结构的个体化、功利性、市场机制等特征，又深入分析了现代审美与艺术的自律性、存在状况，因此是一种美学社会学或者审美现代性的分析。十余年后伊格尔顿也再一次表

① 康德：《判断力批判》上卷，宗白华译，商务印书馆1964年版，第137～138页。

② Ferenc Fehér and Agnes Heller, The Necessity and the Irreformability of Aesthetics, In *Reconstructing Aesthetics*, ed. By Agnes Heller and Ferenc Fehér, Oxford：Basil Blackwell Ltd, 1986, p. 4.

述美学诞生与资产阶级社会的关系,但是后者更强调从政治意识形态的角度来触及美学作为一种文化领导权产生的必然性:"美学著作的现代观念的建构与现代阶级社会的占统治地位的意识形态的各种形式的建构、与适合于那种社会秩序的人类主体性的新形式都是密不可分的。"①

解决了美学产生的必要性,就表明它拥有了在场的合法性。但是在赫勒与费赫尔看来并非如此,他们进一步诊断出了其内在的不可根除的自相矛盾的结构性特征。

现代美学首先是作为哲学美学而诞生的,而这种哲学美学从根本上说属于一种历史哲学。如果说从亚里士多德的《诗学》到布瓦洛的《诗的艺术》都体现出了"纯"美学的特色,因为它们表达了排除各种社会因素的审美判断并使之体系化,那么就现代哲学美学来说,从18世纪中期起就不再是"纯"美学了。相反,哲学美学一开始就具有伊格尔顿所说的意识形态特性,从其诞生开始,"美学就已经成为一种普遍哲学,它根据从自己的体系推论出来的对普遍意识形态和普遍理论的偏爱来评价和阐释'审美领域'、'审美'、'客观化的美'以及这个框架之内的艺术。对'(客观化的美、艺术、各种艺术)的审美在生活、历史中的地位是什么?'这个问题的回答,不可分割地联系着对第二个问题'审美在哲学体系中的地位是什么?'的回应"②。因此,美学首先关注的并不是审美本身,而是哲学上普遍的意识形态。回顾从康德到黑格尔、谢林、克尔恺郭尔,乃至卢卡奇的美学,赫勒与费赫尔认为这些美学家的美学皆是一种历史哲学。这些作为历史哲学的美学的优势在于,作为对资产阶级现存充满问题的特征的认识,它为历史性与物种价值的保护的任务奠定了基础。但是其谬误也是严重的。如果作为

① 特里·伊格尔顿:《美学意识形态》,王杰等译,广西师范大学出版社1997年版,"导言"第3页。

② Ferenc Fehér and Agnes Heller, The Necessity and the Irreformability of Aesthetics, In *Reconstructing Aesthetics*, ed. By Agnes Heller and Ferenc Fehér, Oxford: Basil Blackwell Ltd, 1986, p. 5.

一门历史学的学科，美学忠实于它自己的原则，那么它不得不根据它曾给定的概念来把各种艺术整理成一个等级。结果，各种艺术的审美价值最终将取决于哲学体系。因此，一种历史学的起源与特征的美学意味着不仅仅是价值中立与社会学的陈述和阐释，相反，真正充满历史学精神的美学是足够傲慢的，就是说，仅通过创立一个历史时期的等级，它就能足够确信其创造一个艺术等级和艺术分支的普遍排列原则的价值。抒情诗(lyric)在黑格尔的体系中占据等级的首要地位，卢卡奇把史诗和戏剧放到更高的位置，阿多诺却表现出"音乐中心"的特点并受抒情诗感动。因此这种作为美学的历史哲学的内在机制，是一种充满偏见的意识形态。在美学史上，这方面的例子不胜枚举。克尔恺郭尔把《唐璜·乔万尼》视作为所有音乐王子和模范的判断维系着其历史学的决定；正是一种历史学的预设概念，驱动着诺瓦利斯对《威廉·迈斯特》进行不公正的评价；正是历史性概念的改变再次推动施勒格尔(Friedrich Schlegel)改变对这部作品的评价；卢卡奇也不例外，他曾说，既然历史哲学已经改变，那么在艺术评价中，托尔斯泰就代替了陀思妥耶夫斯基，菲尔丁代替了斯特恩，巴尔扎克代替了福楼拜。事实上对历史哲学，赫勒在20世纪70年代初开始写作而出版于1982年的现代性理论三部曲中的第一部著作《历史理论》中就加以了批判，她认为，历史哲学具有一种现代的世界历史意识的特征，是一种大写的历史，"世界历史意识逐步使趣味普遍化"①，把一切推向极端，它不是我们人类的历史，只是我们的历史在心灵上的建构。虽然马克思、黑格尔、尼采对现代的历史哲学进行了审判，但是这些意识形态的审判同样是历史哲学的产儿。

由于美学的历史哲学特征，以及现代自然共同体的缺失，审美判断就不再是对普遍的支配性的共通感最优越、最"精致"的表达，而是一个个体意识形态决定和一个特殊的哲学体系的结果。这样，现代哲

---

① Agnes Heller, *A Theory of History*, London: Routledge and Kegan Paul, 1982, p.24.

学美学如果包含真理,那么也包含同样多的错误。在此,赫勒与费赫尔结合本雅明提出的"客体内容"与"真理性内容"两个概念来剖析现代美学的特征及其矛盾。所谓"客体内容"(object content, 德文 Sachgehalt),就是艺术作品意义的方面,它紧紧地依附现存,从现存中产生,"告诉"现存某种东西。这一概念事实上对赫勒与费赫尔来说正是具体艺术作品与其产生的具体语境的关系。而所谓"真理性内容"(reality content, 德文 Wahrheitsgehalt)是更加持续性的,它至少在原则上能够在任何时代被设想,它独立于具体的环境,与人类物种的普遍进化相连接。"客体内容"与"真理性内容"在本雅明那里事实上就如波德莱尔对于审美现代性与永恒性的对立表达。在现代,不像古代,艺术作品的"客体内容"与"真理性内容"是有机统一的,而是开始如语言的能指与所指一样彼此脱节。这就导致了现代美学的矛盾。因为他们看到这种物质价值的普遍性进化的"真理性内容"事实上是从现存的立场出发创造一种被建构的连续性。因而他们认为,"第一个判断在作品中发现的'客体内容'之外,在与作品产生的现存相连的'客体内容'之外,发现了'真理性内容'这个判断通常冒着一个危险:不能保证被建构的连续性将会是拥有现实存在的连续性,不保证它发现的'真理性内容'将进入艺术快感的完美的连接(concatenation),它可能始终是接受者的主观的、暂时的趣味判断"①。这就必然导致哲学美学较高的错误率。

解构哲学美学并非起始于后现代,事实上在 19 世纪就开始了,赫勒与费赫尔追溯了这种历程。哲学美学持续不断的高"错误率",激起了一股全面反对"抽象审美视角"的浪潮。而"错误"的主要来源在于"演绎推理程序"。哲学美学家从他的历史概念、单一历史时代的肯定或否定的评价出发,从在世界历史时期的等级更高或更低的地位出

① Ferenc Fehér and Agnes Heller, The Necessity and the Irreformability of Aesthetics In *Reconstructing Aesthetics*, ed. By Agnes Heller and Ferenc Fehér, Oxford: Basil Blackwell Ltd, 1986, p.10.

发,来演绎出他对单一的艺术、艺术分支、艺术作品的价值判断。所有这些也与把一个预先决定的空间归属于人类客观化和哲学体系中的审美不可分。这就是为什么从19世纪末开始,这种倾向呈现了出来,并逐渐发展成一种支配整个民族文化(特别是法国文化)并渗透了那种拒绝哲学美学本身的精神运动。如费德勒(Konrad Fiedler)反驳的,不存在艺术(art),只有各种艺术(arts)。艺术的概念是一种武断的抽象,是理性主义的一个神话,它竭力强迫地把一切同一化,把一切纳入一个体系,并且就活生生的具体存在的艺术来说,来自于这个神话的同一美学判断是无效的、没有关联的。另一个反哲学美学的主要口号是,以艺术批评替代哲学美学。前者具有归纳的特征,不努力在任何专制的体系中囊括单一的作品。其主要方法论的设想也不同于演绎程序,主张艺术分析应该独立于所有哲学"前提"或者至少独立于整个艺术功能的欣赏,而是集中于艺术作品的具体存在和特征。这种运动推动了从戈蒂耶(Theophile Gautier)到目前普遍的印象主义艺术批评。艺术归纳概念的设想只依靠作品,突破了无生命的抽象,但对赫勒与费赫尔来说,这种批评同时已经成为一种共同的要求。因此,尽管它更广为传播,但是并没有获得解决办法。也就是说,19世纪开始从方法论上来解构哲学美学并没有成功,这种反哲学美学的运动所提供的归纳方法以及印象主义批评,没有解决哲学美学的问题。归纳批评的错误在于它虽然反哲学体系,但是自己却带着哲学前提的影子,他们看到,所谓的艺术"归纳"概念也脱离不了哲学的前提。在公开的印象主义批判中,这些哲学前提也是存在的,即使不明晰。阿多诺是反哲学美学与反理性的最伟大的代表,他在他的音乐社会学著作中以作品本身评价的完全分割,来提供对新音乐的"无根"的深层次洞察,虽然他敌视"艺术的演绎推理的概念",但是他对带有新音乐的理性主义特征的"演绎推理"的偏爱和对巴尔托作曲中的平民主义特征的反感都扎根于哲学价值的前提。其对平民主义的反感事实上就扎根于社会学-本体论的信念,即在现代社会中"人民"的概念只是浪漫主义的一种神秘化,也因为如此他们把阿多诺的美学同样划入历史哲学范围之内。归纳批判以反哲学美学开始,却又有意识或无意识地同化了后者的逻辑。它受制于既定的特殊的"新的永恒旋转"的态度与模式,因而在某方面又没有超越哲学美学的束缚。基于此,他们说:"通过归纳和演绎方式的矛盾,我们已经获得了资产阶级时代美学的自相矛盾(Antinomic)的结构。"①现代美学判断的"错误"也正是这种矛盾结构的必然结果。他们还从现代艺术的趣味与观念的疏离、"客体内容"与"真理性内容"的疏离来认识这种美学结构的自相矛盾性特征的必然性。就前者而言,现代艺术的困境或者矛盾,正如康德所说的,存在一种没有趣味而具有观念的艺术作品或者没有观念而有趣味的艺术作品。就后者而言,"真理性内容"得以产生的"客体内容"本身成了一个问题,部分因为它的"个体化"的特征,部分在于被选择的题材在审美方面有没有价值一直是受质疑的。因而,主题的"发现"和世界观或者立场成为了一个冒险的程序。

　　正是在对现代哲学美学与归纳批评的解剖中,他们获得了现代美学的矛盾性特征。他们的分析是辩证的,在解构的过程中始终意识到现代美学的必然性。他们认为,演绎的或者哲学美学的最伟大功绩是它为它自己的界限,为它的普遍化的基础选择人类物种,提出了以下这些问题:普遍上说艺术是什么? 普遍上艺术的任务是什么,它在人类活动的体系中占据着什么样的位置? 但是由哲学美学提出的总体性的主张仅仅是一种设想,而且这种设想曾经多次证明是没有根据的,哲学美学仍然在它自己的立场和一个阶层的特殊性或者"艺术品的个体性"的特殊性之间创造一个距离。在此,赫勒与费赫尔回到了本雅明解构体系性美学的立场,他们认为,"反对这种态度的代表人物是本雅明,他是审美的'体系性'最激烈的反对者,他把哲学体系本身

---

① Ferenc Fehér and Agnes Heller, The Necessity and the Irreformability of Aesthetics, In *Reconstructing Aesthetics*, ed. By Agnes Heller and Ferenc Fehér, Oxford: Basil Blackwell Ltd, 1986, p. 17.

作为世界等级异化的代表。他把这些体系视为粗暴地使活生生的个体或者艺术品屈服于体系的要求"①。演绎美学对意识形态的偏爱就现代接受者而言对深入探察现代艺术是必然的,这是现代艺术的内在结构的必然,但是同时看到它不能构成纯粹的审美判断。因为纯粹审美判断的前提是脱离生活、共通感、一个集体性的世界观或立场,而这些哲学美学不能做到。同样,归纳的艺术批评也面临着危险。它像哲学美学一样建立在主观的意识形态偏爱的基础上,虽然表现得不清晰。况且,归纳的艺术批评认同一些趣味群体的特殊性,这本身隐藏着很快过时的危险。即便如此,赫勒与费赫尔看到了归纳批判的重要性,艺术作品是一个"个体",一个活生生具体的宇宙,其特殊性在绝大多数情况下代表着对人类总体性的一种更好的具体表达,它几乎不能屈服于普遍的规则。在现代,几乎每一个重要的个体都创造一个新的物种。将从哪种个体展示什么样的物种,这一问题只能由归纳的艺术批评来回答。因而他们认为,对现代艺术的接受来说,就它的个体性以及它的物种特征来说,归纳的艺术批评比最重要的哲学美学做的事更多。

通过对现代美学自相矛盾的结构性分析,他们事实上认识到了现代美学的根本性困境,所以他们认为,"美学在它的自相矛盾是不可超越的意义上说,是不可能改革的。因而,'错误的源泉'也是不可能根除的"②。

但是现代美学是否就此终结了呢?显然他们没有肯定回答,他们不仅在论述中看到了美学存在的必然性,而且提出了一种重建美学的设想。这种设想就是缓和哲学美学与归纳批判两个极端的对立,克服

---

① Ferenc Fehér and Agnes Heller, The Necessity and the Irreformability of Aesthetics, In *Reconstructing Aesthetics*, ed. By Agnes Heller and Ferenc Fehér, Oxford: Basil Blackwell Ltd, 1986, p. 21.

② Ferenc Fehér and Agnes Heller, The Necessity and the Irreformability of Aesthetics, In *Reconstructing Aesthetics*, ed. By Agnes Heller and Ferenc Fehér, Oxford: Basil Blackwell Ltd, 1986, p. 22.

各自的内在危机,努力避免各自立场的内在危险或者至少把这些危险缩小到最低限度。演绎批评就艺术品的个体性和特征性来说,不得不质问它的价值判断的有效化过程。同样,归纳的艺术批评就超越现在的判断价值来说,不得不质问它的特殊判断的有效性。最后他们提出,艺术品的价值和关于它的审美判断的有效性应该统一。可以看到,虽然他们在本雅明那里找到了解构美学的武器,但是他们对美学的解构与后现代思想家,如利奥塔、福柯、德里达的解构有所差别。他们虽然看到了现代哲学体系、现代理性巨大的意识形态特征,但是赫勒与费赫尔还对后现代大师所支持的反理性、反哲学美学的潮流进行了解构。他们在解构的同时也提出了一种重建的方案,在美学的不可改革中提出一种改革,尽管这种方案并不新颖,但是它事实上表现出了一种重建现代性的或者"反思的后现代性"①的意向。

(二)对现代高雅艺术与大众文化观念的解构与重构

布达佩斯学派的解构美学思想不仅对现代美学进行了辩证的审视,提出了哲学美学与归纳批判自相矛盾的问题,而且还对现代艺术与大众文化的关系进行了解构,同时也提出了重新构建两者关系的设想。这方面的代表是拉德洛蒂的论文《大众文化》。

拉德洛蒂首先解决的问题是弄清现代艺术与大众文化的关系是如何形成的。他认为这与现代艺术以及艺术的普遍概念的动态发展有关,"艺术合法性危机与自由解放奋斗是同一硬币的两面。这种复杂过程已经产生了现代艺术中高雅与低俗、流行与精英、庸俗或大众文化与真正艺术之间的二元对立"②。

① 傅其林:《阿格妮丝·赫勒审美现代性思想研究》,巴蜀书社 2006 年版,第 91 页。
② Sándor Rádnóti, Mass Culture, In *Reconstructing Aesthetics*, ed. By Agnes Heller and Ferenc Fehér, Oxford: Basil Blackwell Ltd, 1986, p. 77.

具体说,艺术的普遍概念形成于 18 世纪,获得了美的体系,这与美学在 18 世纪诞生是相关的。这种艺术概念能够使被选择的传统获得同一性,主张提供真实艺术的唯一定义。德国浪漫主义就是这样的运动。他们认为艺术的普遍性概念整合几种异质的趋势并形成了一种独立的实体,施莱格尔著名的"进步的普遍诗性"就是其一。在艺术哲学中,这种趋势也是明显的,拉德洛蒂看到,谢林假设的艺术概念,即艺术是建立在自由概念之上的。他以个体性的艺术作品的自由开始,为了这种目的他不得不创造一个艺术概念来排除不自由的作品,以区别审美产品与共同的艺术产品。所以谢林认为,所有的审美创造就其原则来说是绝对自由的。事实上,对拉德洛蒂来说,对艺术普遍概念的追求恰恰是一种新的神学,而在现代,这种新神学都由个体完成,因此就出现了十分荒谬的现象。拉德洛蒂看到:"如果一种新的有机的神话学,即伟大的浪漫主义运动的灵感可以存在,那么自律的艺术作品与自律艺术的本体论概念将不再存在。所有艺术普遍的概念皆包含着自我消解的维度和对自由的专制统治,包含主导或消除其他的艺术概念的欲望,尽管它们渗透的基本经验恰恰是艺术作品的自由和多样性。"①并且,自由与多样性也意味着人们与艺术活动的关系不再明显,人们在某种程度上脱离了艺术活动,结果解放的反面就是一种合法性危机,新的普遍性概念被引入来确证艺术活动。这事实上构成了现代艺术概念的一个又一个新神学的置换,也导致了一个又一个合法性的危机。拉德洛蒂看到:"就文化史而言,这种普遍的概念只能以复数的形式存在。在过去二百年里,固定的合法性已经被动态过程中不断出现的合法化所取代,这更准确地被作为一种存在模式而不是一种危机。"②这种动态的普遍化事实上导致了艺术概念的自律。虽

① Sándor Rádnóti, Mass Culture, In *Reconstructing Aesthetics*, ed. By Agnes Heller and Ferenc Fehér, Oxford: Basil Blackwell Ltd,1986, p.78.

② Sándor Rádnóti, Mass Culture, In *Reconstructing Aesthetics*, ed. By Agnes Heller and Ferenc Fehér, Oxford: Basil Blackwell Ltd,1986, p.79.

然拉德洛蒂认为艺术解放之战形成了艺术的自律与独立,是一个不容置疑的事实,取得了成功,因为艺术在一种宗教宇宙中没有自身的价值,艺术的解放之战、普遍化的动力、自我解释主要直接反对宗教的普遍主义,但是自律艺术的乌托邦主义部分地说明了艺术普遍概念的准宗教结构。拉德洛蒂认为,"在艺术概念解放过程中,艺术具有准宗教特征,并复制了恩典、神秘、神圣诺言、拯救、启示性期盼、揭示性与绝对性这些范畴"①。

　　另一方面,随着艺术的解放,单个艺术作品宣称自己的自由,它不仅反对古老的非自律的艺术地位,而且也反对所有从历史哲学或者形而上学演绎出的普遍的艺术概念,同时也反对所有通过传统、运动或任何其他艺术作品建立的艺术概念。这形成了现代艺术的自律。拉德洛蒂认为艺术作品的自律、个体化、自由解放与艺术的普遍概念的抽象对立恰恰是在解放过程中美学的两种基本成分之间形成的一种张力,内在于每一种艺术作品与每一种解释之中。因此,不管从现代艺术概念还是对艺术品来说,一种自律的现象出现了。它们事实上在解放与危机的转化中建构起现代艺术,这种艺术就其实质来说是高雅艺术。在这里,艺术是一个世界,但它对抗现存世界,它是一种新的世界观,一种新的审美国家或者关于一种审美城堡的存在的预告,是人的乌托邦之家,甚至渗透进艺术家的人格之中。所以拉德洛蒂认为:艺术概念的普遍化与艺术作品的日益个体化已经构成了这种乌托邦大厦。结果艺术为自己创立了一个审美的宇宙,与日常生活敌对,与现实隔着一个深渊,也成为少数人脱离社会大众的事。这就导致了高雅艺术与大众文化的对立,尤其是现代高雅文化对大众文化的排除。拉德洛蒂再一次回到了施莱格尔与谢林那里。前者区分了自由理性艺术与有用的和引起快感的机械艺术,后者区分了审美产品与共同的艺术产品,他们都注意到了高级艺术与低级艺术的鲜明对照。可以看

---

　　① Sándor Rádnóti, Mass Culture, In *Reconstructing Aesthetics*, ed. By Agnes Heller and Ferenc Fehér, Oxford：Basil Blackwell Ltd,1986, p.95.

到,正是由于艺术的解放与危机导致的艺术个体化与艺术概念的普遍化,形成了高级艺术与低级艺术的对立,这应该是现代性产生的结果。拉德洛蒂的论述对艺术的自律、解放、个体性、普遍性的阐释正是依循现代性的精神特性展开的。

但是,拉德洛蒂没有局限于这个角度,还结合现代接受结构的激进变化与文化市场的形成进行了考察。在现代,艺术取决于公众的接受。前现代的文化史证明,艺术的接受在类型上具有极为丰富的多样性,每一种类型在精确的社会学意义上能确定,相反在现代"公众"的概念涵盖一切、极为抽象,同时它的构成也是异质的、流动的。艺术接受结构的变化也有助于艺术的解放。同时,这种解放也与18世纪出现的文化市场相关,就此,拉德洛蒂涉及了洛文塔尔对18世纪英国文化市场的分析。根据洛文塔尔的说法,在18世纪,随着资本主义市场体系的形成,文化市场开始形成。在这个市场上,艺术家是生产者,公众是消费者,中介制度也发展了起来,即出版商、书商、可借书的图书馆、有趣味导向的杂志。基于此,拉德洛蒂看到,艺术与公众文化上的接受行为都是市场机制,它们的组织原则也与市场相同,并且是抽象的,因为创造与接受都主张自由,强调彼此对立。文化市场产生了自由的劳动,这为艺术打开了不同类型的自由,打开了不参与这种生产的自由。显然这种拒绝参与有助于艺术普遍概念的出现,也可以使艺术家脱离接受者。正因为市场提供的自由,一个艺术家能够对现存世界说不,因为在这个世界他找不到家,并且他能够说不,因为他能够创造一个新的世界。可以看到,对拉德洛蒂来说,文化市场的出现既准备了艺术接受的群体公众,使得艺术能够大量生产,同时也为艺术的多样性的自由创造和艺术概念的普遍化创造了条件。这也形成了现代高雅艺术与大众文化的对立,"只有在现代,高雅文化和指向大众生产的工具性的低俗文化才怒目而视"①。两者都是资产阶级时代的产

---

① Sándor Rádnóti, Mass Culture, In *Reconstructing Aesthetics*, ed. , By Agnes Heller and Ferenc Fehér, Oxford: Basil Blackwell Ltd,1986, p.83.

儿,前者否定而后者肯定大众文化与文化工业的出现,然而从根本上说,权力掌握在高雅艺术手中。

这种结构关系的形成仅仅是一方面,拉德洛蒂还揭示了现代高雅艺术的矛盾性结构,即反大众文化,然而又沦为大众文化的困境。就现代动态社会来说,不仅形成了艺术与艺术概念的独立与自律,而且形成了艺术与概念的不断演变,结果导致了艺术与艺术概念的抽象化,文化使自己脱离物质文化,排开了文化原初的地方性语境,表现出相对自律和自由的特征,表现出脱离直接生活关系与它们的现实的可能性。这样,艺术作品在生活中的功能变成是非决定性的,或者是多元决定的,因而艺术家在生活中的地位更加抽象,文化、艺术与艺术品变成了为自己的价值,变成了首要的文化权力。基于此,艺术的参照框架就变得能够质问了。它不能从一个封闭的生活语境与传统的相互联系中采纳一个新的参照点,而不得不适应突破这些联系的新的动力学。艺术通过界定它的概念与在概念上区别自己,成为它自己的参照框架,这就形成了新与旧、高与低的成对的抽象概念。事实上,高级艺术与概念催生了大众文化及其概念。因此,正是现代动态的社会导致动态的艺术作品与艺术解放,产生了艺术的对立面,即大众文化,高级的沦为低级的,新的成为旧的。这是现代艺术存在的基本模式。从这种存在模式中事实上可以窥测到现代艺术存在的困境或者矛盾。一方面它脱离传统,只有那些现存的独立艺术与艺术活动才能满足于它们的标准,因为它们逆潮流而动。但是另一方面,现代艺术又融入了主流的类型,进入了低级的伪审美领域,艺术作品无意识或者违背其意图而服务于现存世界。拉德洛蒂像赫勒与费赫尔一样也结合趣味与形式的观念的关系进行考察,但后者是借此探寻现代美学的结构性的自相矛盾,而前者是分析现代艺术与大众文化的关系。现代艺术以对抗传统为特征,这意味着趣味与形式观念的对立,意味着艺术对抗传统的或者既定的共同体的趣味,结果艺术成了康德所说的天才观念的创造,表现出无趣味的特征。所以,拉德洛蒂认为,"如果我们要得出激进而合理的结论,即艺术的普遍概念与趣味本身相冲突,那么这就涉及这种认识,即我们时代的高雅艺术不是创造文化的艺术"①。显然,这种文化是指群体的或传统的与趣味相关的东西。但是拉德洛蒂看到,一种非创造文化的现代艺术又转变为文化,一种反传统的高雅艺术与概念最后又沦为传统。

现代艺术与大众文化形成的对立互补的矛盾结构根本上是艺术解放所导致的普遍的艺术概念与自律的艺术,问题是这种困境能否被解决呢?事实上这种解决在现代的艺术解放的过程中就出现了,拉德洛蒂谈到了现在的新趋向,这种趋向主要是主张艺术活动与生活活动变成几乎是同一的,因而艺术的自律与生活、艺术与艺术的普遍规律消失了。结果,低级文化的普遍化的神化也消解了。拉德洛蒂认为,这种策略虽然很重要,但是仅仅是一种乌托邦,不是作为普遍艺术的替代物。基于此,他提出了自己的重构性意见,提出结束现代艺术的解放之战,调整艺术的概念,挖掘大众文化的潜力。他说:"我们不需要艺术的消除,而是需要改革。"②

拉德洛蒂提出了结束艺术解放之战的两个条件。第一个条件在艺术解放之战开始的艺术概念中就起作用了,这就是从个体性进化而来的普遍性。这种普遍性建立于个体性的基础之上,它不意味着审美普遍性的消除,而是这种普遍性的削弱。他说:"对抗着普遍性的无限性理念以及艺术作品的永恒有效性和对立性,它强调了有限性——因为在每一个时代,在每一种接受行为之中,一些永恒作品的生命并没有继续,而是一种新的生活开始了。正是有限性与不断重新的开始确保了接受者共同建构的地位。"③不过拉德洛蒂认为这也预设了那种

---

① Sándor Rádnóti Mass Culture, In *Reconstructing Aesthetics*, ed. By Agnes Heller and Ferenc Fehér, Oxford: Basil Blackwell Ltd, 1986, p. 88.

② Sándor Rádnóti Mass Culture, In *Reconstructing Aesthetics*, ed. By Agnes Heller and Ferenc Fehér, Oxford: Basil Blackwell Ltd, 1986, p. 93.

③ Sándor Rádnóti Mass Culture, In *Reconstructing Aesthetics*, ed. By Agnes Heller and Ferenc Fehér, Oxford: Basil Blackwell Ltd, 1986, p. 95.

作为普遍性构成成分的完美概念的削弱。当然他不是重新宣称那种长期被抛弃的标准的完美性,而是认为艺术作品的价值不应该排除偶然性特征。其结束艺术解放之战的第二个条件与第一个条件紧密相关,即艺术的普遍概念的削弱表现为艺术概念内涵的缩小而导致的艺术概念外延的扩大。自律的而普遍的艺术概念实质上考虑的仅仅是等级顶端的艺术,它期望一件充分符合艺术概念的艺术作品应该激起高峰体验,具有净化的效果,改变接受者的生活。拉德洛蒂并没有否定艺术的等级,认为等级的存在是合法的,但是把高峰体验与其他区别开来,建立了高级文化与低级文化之间的对立,"普遍的艺术概念的改革目标不应该把非普遍的艺术(……)排除在艺术概念之外"①。这种改革的艺术概念不能忽视不为自己评价的艺术,区域的范围更加狭窄的艺术,非物化的艺术活动,娱乐的、教诲的或者功利的、保守的模仿者意在维护与保存价值的艺术或者业余爱好者的艺术。不能因为它们缺乏个体性或者缺乏普遍性而将它们拒于艺术概念的门庭之外。并且,艺术的概念不应该排除缺乏趣味的任何自律观念或者形式的建构,也不应该排斥内在引导我们走向个体－普遍的艺术作品的广泛的文化领域。拉德洛蒂把艺术概念的外延已经延展到文化人类学说意指的文化领域,事实上也延展到了大众文化领域。这样,低级文化的普遍性被去拜物化,艺术的普遍性被修正。

　　我们可以感觉到拉德洛蒂对现代艺术概念的重构,甚至容纳了大众文化的艺术概念的认识,透视出他对大众文化的积极因素的洞察。如果高雅艺术具有一种批判的功能,也具有一种乌托邦冲动的话,那么拉德洛蒂在非普遍的与低级的艺术中同样认识到了这些。因此,在一种对抗世界中,高雅文化与低级文化之间的对比被证明是没有根据的,甚至低级文化的大众生产也意在生产另一个世界。大众文化重视幻觉建构,它作为补充的或者补偿的因素可以与生活形成对照,或者

---

① Sándor Rádnóti Mass Culture, In *Reconstructing Aesthetics*, ed. By Agnes Heller and Ferenc Fehér, Oxford: Basil Blackwell Ltd, 1986, p. 96.

把幻觉融入生活之中,激励幻觉的经验,并且把这种幻觉复制为现实生活的幻觉。因此,尽管大众文化具有神化、封闭性、普遍化等意识形态弱点,但拉德洛蒂认为,"大众文化是一种封闭的意识形态,而这种封闭的意识形态在每种个体性的接受语境中可以被'打开',可以超越它的既定语境"①。这种对大众文化积极因素的认识与法兰克福学派有些差别。事实上这也是布达佩斯学派的一种共同的趋势,赫勒与费赫尔在评及美国的大众文化时说,尽管流露不少弱点,但是"美国创造了一种唯一的(绝大多数是地方的与城市的)民主的文化、市民美德,一种合法性与公正的感受,一种演出与成功的欣赏,一种对某种民主形式的坚持"②。对赫勒与费赫尔来说,这种民主不能被标准化,不能被打包装运,不能被分配到全世界,作为一种文化它只能在它的本土起作用。③ 特纳(Bryan S. Turner)认为,"赫勒对现代性通过文化工业带来了一种文化的'不本真化'的惯常的论证是慎重的,因为她能够在大众文化中看见民主的因素。批判理论对大众文化的反应经常涉及一种对高雅文化的精英主义的维护"④。

拉德洛蒂对现代高雅艺术与大众文化的关系的重构试图超越现代艺术与大众文化对立互补的矛盾结构,通过对普遍艺术概念的适当削弱与艺术概念外延的扩大来解决现代艺术的困境,然而他又没有走向后现代那种把生活与艺术的界限融为一体的倾向,没有抛弃艺术,没有追随丹图等人倡导的艺术终结的思潮,而把大众文化归结到艺术的领域,在现代与后现代之间、个体性与普遍性之间提出建设性的意见。这种对待艺术与大众文化的辩证批评态度也是布达佩斯学派美

---

① Sándor Rádnóti Mass Culture, In *Reconstructing Aesthetics*, ed. By Agnes Heller and Ferenc Fehér, Oxford: Basil Blackwell Ltd, 1986, pp. 98 - 99.

② Fenrenc Feher and Agnes Heller, *Doomsday Or Dererrance: On The Antinuclear Issue*, Armonk, New York London, England: M. E. Sharpe, Inc., 1986, p. 115.

③ Agnes Heller, Are We Living in a World of Emotional Impoverishment? In *Thesis Eleven*, Melbourne, no. 22, 1989, 46 - 61.

④ Bryan S. Turner, *Can Modernity Survive?* By Agnes Heller, In *Contemporary Sociology*, 1992(Jan.), Vol. 21, No. 1.

学思想的特征。① 赫勒在《现代性理论》一书中更为详尽地探讨了高雅文化概念的悖论。她以现代高雅文化的判断标准作为切入口来剖析高雅文化的矛盾,从对判定标准的矛盾的揭示来理解高雅文化的根本性问题,尤其是她揭示了现代性的动力导致判断标准的动态性与个体化特征,揭示了以平等为核心的民主化与休谟提出的趣味的权威性、高雅性的矛盾,从而展示了现代趣味标准的不可靠性。以趣味为标准导致最后没有一个趣味的标准,这是一个根本性的悖论。赫勒说:"高雅文化概念的悖论来自于它作为两极性的规范性。它不得不排斥低级文化,但是又不能排斥。因为它不得不把趣味承认为在艺术美与特质方面的最终仲裁者,但是又不能把决定性的趣味等同于每个人的趣味或者少数人的趣味。总之,它不可能避免文化相对主义。"②

(三) 对现代艺术样式的阐释

布达佩斯学派不仅解构了现代资产阶级时代的美学与艺术、大众文化与高雅艺术的对立,而且也对现代欧洲的具体艺术进行了解剖,指出这个时代绘画、歌剧、小说等具有的独特面貌,并在具体的艺术样式的解读中提出现代美学与艺术的问题。

现代资产阶级时代的艺术创造异常丰富复杂,它与古代、中世纪的艺术风格有显著的区别,如何阐释现代艺术独特风格的变化与演变的内在原因,应该是马克思主义美学的重要内容。布达佩斯学派重构美学的思想也融入了对现代艺术的现代性理解,这表现在瓦伊达对现代绘画、费赫尔对现代小说、弗多尔对现代歌剧、托马斯对欧里庇得斯

① Ferenc Fehér, What is Beyond Art? In Reconstructing Aesthetics, ed. By Agnes Heller and Ferenc Fehér, Oxford: Basil Blackwell Ltd, 1986; Agnes Heller, The Power of Shame: A Rationalist Perspective, pp. 125 - 127; Agnes Heller, Can Poetry Be Written After the Holocaust (on Adorno's Dictum), In The Grandeur and Twilight of Radical Universalism, ed. Agnes Heller and Ferenc Fehér, New Brunswick: Transaction, 1990.

② Agnes Heller, A Theory of modernity, London: Blackwell Publishers, 1999, p. 135.

戏剧等的分析中。

1. 现代幻觉主义绘画

瓦伊达的论文《绘画中的审美判断与世界观》指出,幻觉主义绘画强调对外在可见世界的逼真复制或者再现,它是现代资产阶级时代的产物,从文艺复兴到 19 世纪占据着欧洲画坛的盟主地位。这种风格如何形成,为何消解成为瓦伊达思考的核心问题。贡布里希(Gombrich)对艺术与复制可见世界的可能性问题进行了深入的研究,但是他并没有从美学的角度,而是从心理学尤其是知觉心理学的角度来理解的。所以瓦伊达认为,"从美学的视角看,这个问题必须在一定程度上被重新表述,以追问绘画的视觉领域和可见世界(外在于但不必然独立于艺术)之间的关系是如何阻碍绘画发展的"①。瓦伊达思考问题的角度与前面布达佩斯学派对美学、艺术等的反思一样,都集中关注现代性与美学问题。

瓦伊达通过分析幻觉主义绘画风格形成的原因,如现代的复制世界的惯例认同、现代提供的绘画能力与条件等,表明了:只有欧洲文明才成功地达到幻觉主义绘画的高峰,只有它在可能性的框架中最充分地产生了可见世界。不过,真正的问题,或者至少和美学、历史哲学相关的问题是,为什么努力复制可见世界碰巧是现代欧洲文化?并且,幻觉主义绘画具有多种变体,产生了各种各样的画派,每天就不断地创造一些新东西,为什么尚新的意愿没有解构这个框架本身?为什么这个时期的美学从来没有提出超越幻觉主义绘画框架的问题?也就是说,到底是什么产生了幻觉主义绘画的要求,又是什么将它推向了终结呢?对这些问题的回答必须进一步思考幻觉主义绘画与资本主义社会或者与现代性的关系。

瓦伊达确信资产阶级时代的艺术与其他社会一样,共同联系着一

---

① Mihaily Vajda, Aesthetic Judgment and the World-View in Painting, In *Reconstructing Aesthetics*, ed. By Agnes Heller and Ferenc Fehér, Oxford: Basil Blackwell Ltd, 1986, p. 120.

种世界观、一种基本的态度。但是他又看到资产阶级时代是唯一的，它的艺术与整个世界的图像的内容不可分离。瓦伊达在研究中渗透了海德格尔对于现代性的理解，这与其对海德格尔的长期研究是相关的。瓦伊达认为，"产生艺术幻觉主义的这种态度或世界观正是中产阶级的理性主义，这种态度或世界观也产生了科学。因此，我们的世界是牢固统一的，可以限制的，对象世界在运动中被客观的规定严格地限制。如果我们希望尽可能自由地生活，那么我们必须懂得这个世界，这个可见的自然世界，以及其他存在但不可分离的规定性，我们的自由等同于对可见世界之（不可见的）规律的认识。艺术的任务（包括绘画）正如科学之使命，就是认识可见世界，揭露偶然性中的实质"①。结果，现代艺术彼此分离，但任务是相同的。因此，对瓦伊达来说，在现代，认识是自由，艺术要表现自由就必须认识。虽然可见自然不是完全安全的领域，不是对人类存在的威胁，但是对现代个体来说，他能够为自己保护有限的环境，能够完美地了解它，因而能够完全安全地在其中到处移动。因此，瓦伊达在此洞察到幻觉主义意识形态的本质，认为幻觉主义绘画被资产阶级意识形态赋予生活，其核心实际上表达了资产阶级的世界观："中产阶级意识形态……提供了这时期绘画必须承认的框架。"②把幻觉主义的外形与形式视为一个框架的就是资产阶级世界观，是脱离了共同体脐带的人的世界观。在资本主义社会，传统社会的有机共同感不再存在，传统的那种社会、艺术与成员形成的不可分离的统一体已经烟消云散。这样幻觉主义的框架不仅确保了个体脱离共同体的可能性，而且也确保了个体的生存。这样，瓦伊达从资产阶级世界观或者意识形态的角度来理解幻觉主义绘画的产生已经持续几百年的原因。这同时预示了他对这种绘画风格

---

① Mihaily Vajda, Aesthetic Judgment and the World-View in Painting, In *Reconstructing Aesthetics*, ed. By Agnes Heller and Ferenc Fehér, Oxford: Basil Blackwell Ltd, 1986, p. 142.

② Mihaily Vajda, Aesthetic Judgment and the World-View in Painting, In *Reconstructing Aesthetics*, ed. By Agnes Heller and Ferenc Fehér, Oxford: Basil Blackwell Ltd, 1986, p. 143.

终结的看法,他认为,只要资产阶级世界观的幻觉被暴露,和谐而完美地再现可见世界就不可能实现。在 19 世纪印象主义之后,努力追求和谐的再现被证明是错误的,一方面是墨守成规,另一方面是平庸艺术。美的形式的创造愈来愈只有通过突破和谐的技巧才能成为可能。

瓦伊达认为幻觉主义绘画的终结表明了资产阶级世界观的危机,"中产阶级世界观的危机不是在幻觉主义的解构中显示的,而是在幻觉主义的框架中显示出来的,这个框架对资产阶级世界观是完整表达的,它被耗尽了,不再能够提供实现艺术概念的可能性"①。可以看出,正是通过对幻觉主义绘画的产生、发展和终结与资产阶级世界观或者意识形态的关系的理解,瓦伊达深入地揭示了绘画艺术与意识形态的问题,尤其批判了自由理性主义的意识形态。

而后幻觉主义表达与创造了一种新的图像,它至少渴求超越资产阶级世界观的框架,不再容忍资产阶级世界的社会结构。虽然瓦伊达并不赞同弗朗开斯托(Pierre Francastel)关于"后印象主义"的诞生同时宣告了一个新社会的出现的观点,因为这种新的绘画只是一种精神的精英主义。在资本主义社会,真正的艺术只存在一少部分,也为少数人所延续,普通的个体不带着艺术生活,最多消费糟糕的艺术赝品,就绘画而言,绝大多数的赝品至今仍然是幻觉主义的。但是在观看世界方式方面的转变标志着或者可以标志世界的转变,现代主义绘画比幻觉主义绘画所具有的游戏性更具有一种向美的愿意与提供美的能力:提供了一个今天仍在萌芽中的新的共同体。

2. 现代小说

小说作为一种艺术样式是现代资产阶级的产物。就此,瓦特在其影响深远的著作《小说的兴起》中,从读者群体、私人空间、经济状况、新闻出版等方面探讨了小说在 18 世纪英国的兴起。他说:"我们所用

---

① Mihaily Vajda, Aesthetic Judgment and the World-View in Painting, In *Reconstructing Aesthetics*, ed. By Agnes Heller and Ferenc Fehér, Oxford: Basil Blackwell Ltd, 1986, p. 146.

的'小说'这个术语直到十八世纪末才得以充分确认。"①事实上对现代小说的研究早在青年卢卡奇的《小说理论》中就展开了。布达佩斯学派对现代小说的认识也从此著作中汲取了资源,但是也对之进行了批判。费赫尔的文章《小说问题重重吗?〈小说理论〉的贡献》对现代小说的重新认识就是建立在对《小说理论》的批判基础之上的。

　　卢卡奇对比了史诗与小说、史诗时代与现代资本主义社会,并决定支持前者。《小说理论》的基本主题就是"史诗时代及艺术生产比资本主义及其史诗,即小说具有更高雅的秩序与更伟大的价值"②。卢卡奇事实上对史诗时代给予了非常理想的勾画,他在《小说理论》开篇就写道:"星空是一切可能道路的地图,这样的时代是幸福的。在这个时代,道路被星光照亮。一切是新的、熟悉的,充满冒险,然而是自己的冒险。世界是宽广的,然而像一个家,因为心灵燃烧的火与星星具有同样的本质,世界与自我、星光与火很不同,但彼此从不陌生,因为火是所有星光的心灵,所有火以星光表达自己。"③这样的时代就是史诗时代,人与自然、内在心灵与外在形式交融于一体,因此,"它是一种同质的世界,甚至人与世界、'我'与'你'的分离也不能打破这种同质性"④。相反,小说的形式是一种超验的无家可归状态的表达,成了总体性成为问题与渴求总体性的时代的史诗。因此,对卢卡奇来说,小说是费希特所说的一个绝对罪孽时代的形式充满问题的或者一种危险的半艺术。小说主人公的心理学也是恶魔的,充满"坏的无限性"。虽然费赫尔对现代小说的分析建立在卢卡奇《小说理论》的框架中,但是完全不同于卢卡奇的理解。卢卡奇得出现代小说的问题性

---

①　伊恩·P.瓦特:《小说的兴起》,高原、董红钧译,三联书店1992年版,第2页。

②　Ferenc Fehér, Is the Novel Problematic? A Contribution to the Theory of the Novel, In *Reconstructing Aesthetics*, ed. By Agnes Heller and Ferenc Fehér, Oxford: Basil Blackwell Ltd, 1986, p.24.

③　Georg Lukacs, *The Theory of The Novel*, trans. Aanna Bostock, London: Merlin Press, 1971, p.29.

④　Georg Lukacs, *The Theory of The Novel*, trans. Aanna Bostock, London: Merlin Press, 1971, p.32.

根本上在于他的评价标准,费赫尔说:"主张小说是充满问题的,这意味着我们拥有一个没有问题的东西的标准,甚至就乌托邦梦想而言,它在某种程度上从过去向我们走来。"①尽管不可能把歌德、席勒、黑格尔与卢卡奇置于与浪漫主义者同样的范畴,但是费赫尔真正在所有对小说怀疑者与恶意批评家中发现了一种共同的模式,这就是把非中介的群体的有机同质世界理想化为"完美的"艺术样式,即史诗的起源。马克思对荷马史诗的高度评价也表现出这一倾向,但是马克思把这一模式具体化了,他既根据人类本质来理解史诗的规范性,又看到了动态的历史潜能,因此马克思是一个进化论者。马克思可能会认为,在价值等级中,把城邦及其文化形式置于连续的人类发展之上在方法论上是不可接受的。正是根据对马克思的理解,费赫尔获得了解构《小说理论》的价值标准的基础。

小说的本质是"无形式"、"散文的",缺乏固定的规则,在涉及人类实质性的艺术形式中它曾没有一席之地。但是,小说的无形式与散文式特征,在结构上与无形式的骚乱的进展是一致的。通过这种进展,资本主义社会毁坏了被实现了的人类实质的第一个岛屿,然而也产生了物种力量的重大发展,这种社会的诞生是一种丰富,即使它也存在不平等的进化。因而,费赫尔认为,"小说不仅在内容上,在其范畴所建构的集体观念上,而且在其形式上表达了人类解放的一个阶段"②。另一方面,由资产阶级社会产生的这种原初的艺术样式,小说的特有的完善是,它的本质结构包容了所有来自资本主义的范畴,对费赫尔来说,这个资本主义是第一个建立在纯社会的而不是自然的生活形式之上的社会。因此,如果没有"纯社会的"社会的出现,小说的

---

① Ferenc Fehér, Is the Novel Problematic? A Contribution to the Theory of the Novel , In *Reconstructing Aesthetics*, ed. By Agnes Heller and Ferenc Fehér, Oxford: Basil Blackwell Ltd, 1986, p. 25.

② Ferenc Fehér, Is the Novel Problematic? A Contribution to the Theory of the Novel, In *Reconstructing Aesthetics*, ed. By Agnes Heller and Ferenc Fehér, Oxford: Basil Blackwell Ltd, 1986, p. 26.

形式就不能存在。所以,费赫尔认为,小说不是充满问题的,而是矛盾的。起初,这种矛盾没有特殊的意义。只要"纯社会的"社会在与准自然的封建社会等级和父权专制的"自然的"共同体进行斗争,那么初生的资本主义范畴就没有阻碍这种新的形式。但是,在资本主义建立与稳固后,市民社会与"人性的社会"之间的新冲突就爆发了。这种对立首先认为小说的某些形式不适合真正意义上的人的尊严,并且日益对这些形式不信任。随着社会运动的普遍化,小说愈来愈不可能达到更丰富的水准。作家对既定的形式-结构的有效性信任度的丧失就是小说危机的开始。但费赫尔也看到危机产生了一种内在于旧形式中巨大可能性的特殊的再创造,并且导致超越第一个"社会的"社会的史诗样式,使之革新。因而小说是矛盾的,它包含解放方面的提高,但它对自律的追求不再能达到较高的艺术成就。所以费赫尔说:"因而我们能够证实,小说纯粹起源于中产阶级,但是它们的动力超越了市民社会。"①可见,费赫尔较为辩证地看到了小说的危机与积极意义。它虽然产生于现代资本主义社会,但是它具有超越这个社会的动力。这也表明青年卢卡奇对小说充满问题的悲观的看法是片面的。

　　正是坚持现代小说的矛盾性特征,费赫尔结合小说与史诗展开了在再现经济、生产、制度、日常生活、公共领域等方面的比较。尤其值得一提的是,他结合哈贝马斯关于现代公共领域的研究来探寻现代小说的矛盾性特征。最枯燥无味的史诗也是集体精神的产物,整个群体能够在其中辨认自己的问题、经验与命运。然而史诗的显而易见的公共领域在现代被破坏,这使得小说的创造非常困难,最大的危险是降为卢卡奇所意识到的平庸。这样小说一直冒着成为一个纯粹私人故事的危险。不过,费赫尔看到,在理查逊、青年歌德、卢梭、歌尔德斯密斯的小说中,带有普遍化倾向的亲密领域的小小共同体预示的不仅仅

---

① Ferenc Fehér, Is the Novel Problematic? A Contribution to the Theory of the Novel, In *Reconstructing Aesthetics*, ed. By Agnes Heller and Ferenc Fehér, Oxford: Basil Blackwell Ltd, 1986, p. 28.

是结构的修正,而且是普遍历史中的一个转折点。费赫尔认为,"从小小的共同体的冲突与交互中产生的力量场域,具有高雅秩序特性,因为它是一个比有机集体和同质性能更好地激励人类个体变化的多元机制"[①]。在资本主义社会早期,家庭成为小说制造公共领域的内容,因为家庭是一个分配的经济单位,不是一个生产性单位,也不是一个政治单位。这就使小说中的主人公脱离社会活动领域,脱离生产活动得到强化。面对敌意的外在世界,这种家庭的虚幻的集体与公共的特征建筑于一种保护之上。随着资产阶级的发展,这种保护日益获得了一种更加广泛的意义。不过,随着 19 世纪一夫一妻制的资产阶级家庭逐步消解,家庭的经济功能日益消逝,不断降低,家庭的价值更加受到动摇。小说的主人公被迫捣毁亲密领域的价值,以便成为他时代的原型。对费赫尔来说,家庭纽带的破裂同时是人类解放的一个阶段。马克思认为扩展的资本主义社会对血缘 - 纽带的权力捣毁是一种普遍的积极成就。只有这样,才能从"人类动物物种的动物学中"创造人类物种的意识。甚至这些人物成为匿名者,成为 K. 或者 A. G. 等字母,这最终意味着小说公共维度的消解。这对费赫尔来说是一种退步,但是他又认为,"我们带着积极的价值 - 内容达到了'消解'过程的终点:小说自己已经从所有的自然或者准 - 自然的链条中解放了出来。它已经撕裂了自由的假象,现在的问题是真正自由的创造"[②]。在此,我们看到费赫尔对现代小说的分析是比较辩证的,他既认识到现代小说的困境,也认识到其对人类解放的积极意义,尤其看到了现代主义小说的积极意义,这种态度显然与卢卡奇对小说,尤其是现代主义小说的认识有很大的差距。

---

① Ferenc Fehér, Is the Novel Problematic? A Contribution to the Theory of the Novel, In *Reconstructing Aesthetics*, ed. By Agnes Heller and Ferenc Fehér, Oxford: Basil Blackwell Ltd, 1986, p. 35.

② Ferenc Fehér, Is the Novel Problematic? A Contribution to the Theory of the Novel, In *Reconstructing Aesthetics*, ed. By Agnes Heller and Ferenc Fehér, Oxford: Basil Blackwell Ltd, 1986, p. 37.

不过费赫尔还进一步从小说价值的地位以及小说的人物关系结构来认识现代小说的矛盾。就前者来说,古代史诗与有机共同体的内在结构保持一致,一种固定的价值等级占支配地位,正是群体的伦理惯例以不可改变的形式承载着价值。而小说急遽地突破了这种传统。在现代小说发展中,开始在 18 世纪,行为的人物是典型的主人公,19 世纪随着变化,知识分子的斗争成为可能,而在下滑时,活生生的经验比非本真性的行为更加重要。虽然我们可以轻易地谴责对资产阶级行为的一种天真信仰,但是费赫尔不得不承认,固定的价值等级的暴露与它被不断变化的价值秩序的动力所取代,也是小说与史诗相比所具有的被提高的解放内容之一。因而他认为,小说在原则上是价值 – 多元化的。但是,在危机的时代,这种值得称赞的多元性变成了情感的相对主义,如卢卡奇所谈及的当代小说的虚假的感伤主义(senti-mentalism)。尽管如此,费赫尔认为,“正是价值多元主义才是这种样式的形式和结构的实质,表达并激励了这个新时代的胜利者:个体的价值选择。同样,多元主义原则上允许丰富而大范围地描绘人类心灵,这在史诗的严格的价值等级中是不可能达到的”[①]。

费赫尔也看到了现代小说的人物关系的结构性矛盾。小说以偶然事件开始,邂逅仅仅取决于作者的意愿,如两个主人公通过街上的偶然性事件碰巧相遇,但是这些偶然邂逅后来确证了一种必然性。在此,费赫尔同样认识到戈德曼有关小说形式与市场结构同构理论的重要性,因为它能够合理地解释偶然性与必然性范畴。市场上人与人的邂逅完全出于偶然性,因为这种邂逅除了渴求交换作为商品的产品外没有其他理性或者动机。这种渴求没有告诉我们有关人们的实质、起源或者能力的东西,因而是纯粹偶然的。马克思在《1844 年经济学哲学手稿》中给我们提供了一种在自我与他者之间邂逅和偶然联系的不

---

① 　Ferenc Fehér, Is the Novel Problematic? A Contribution to the Theory of the Novel, In *Reconstructing Aesthetics*, ed. By Agnes Heller and Ferenc Fehér, Oxford: Basil Blackwell Ltd, 1986, p.42.

可比较的现象学。就相遇的人格而言,场所与地方性也证明是偶然的,从一个人的人格中,人们不能获得他何时成为交换行为的部分,他的产品何时成为一种商品,成为成功交换的对象,人们也不能获得这种运作展开的环境。这些都是偶然性的。结果读者对作者的处置随时产生质疑,按照费赫尔所说:"在每一部作为艺术品的小说中,这个问题一直是开放的,即最后形成的普遍的语境是人物的自由的自我决定的结果,还是被物化的世界的自然规律的坏的客观性的结果呢?"但这也是一种选择,这种张力能够从提高了的人类情感的预计中产生,从读者体验这些印象与用印象丰富他的生活的欲望中产生,这是其积极的一面。当然,这种张力也能下降到用偶然性的矫揉造作的晦涩语言奴役并蛊惑我们,而没有丰富我们。

正因小说具有一种矛盾的结构特征,费赫尔主张,一种未来的史诗形式必然会超越它,一种自由决定的史诗样式会置换建立于物化的必然性基础之上的小说结构。但是这种新的史诗仍将保存于原初小说模式的范围内。费赫尔所预计的一种新的史诗类型体现了布达佩斯学派重构美学的思想,也表现出他对艺术的积极而审慎的态度,他与赫勒都对艺术终结论者,如黑格尔、比格尔、阿多诺、丹图等给予了批评,他说:"我们处于后现代性时期,具有这个过渡时期所意味的所有的不协调,但是我们肯定不是处于后艺术的时代。"①

总之,费赫尔通过卢卡奇在《小说理论》中所涉及的主要框架,通过小说与史诗的对比解读,尤其通过对两种艺术样式的社会特征的分析,看到了小说相对于史诗的优越性,同时也透视出现代小说的矛盾性特征。它具有物化的功能,但是也具有解物化的功能,甚至是对现代主义小说而言。他认为其老师卢卡奇关于现代小说的充满问题的认识是有问题的,卢卡奇把理想寄托于古代史诗的复兴只是一个浪漫的幻梦。相反,费赫尔认为,"小说作为一种形式清楚地显示了人道化

---

① Ferenc Fehér, What is Beyond Art? On the Theories of Post-modernity, In *Reconstructing Aesthetics*, ed. By Agnes Heller and Ferenc Fehér, Oxford:Basil Blackwell Ltd,1986,p.74.

在这个社会中可以拓展的范围,对熟知的读者而言,这是最有益的净化"①。费赫尔对现代小说的矛盾特征以及其中蕴含的积极因素的认识表现出对资产阶级艺术的辩证态度,同时也暗示了在此基础上获得超越现代小说的力量,这表现出激进美学的特色,但是我们也要看到,他把史诗与小说进行艺术样式的优劣比较显示出他理论的粗疏,因为不仅这种价值比较,尤其是艺术样式的价值权衡在具体作品的评价中不能发挥作用,而且他超越小说的乐观态度在一定程度上复制了现代性的逻辑,表现出一种天真的姿态。

3. 现代歌剧

布达佩斯学派也对现代音乐进行了分析。赫勒在 20 世纪 60 年代就发表了论文《克尔恺郭尔美学与音乐》,还专门研究了歌剧《唐璜·乔万尼》以及音乐的独特性。② 弗多尔则对音乐进行了专门研究,他是匈牙利著名的歌剧批评家,是《音乐与戏剧》的作者,他对现代歌剧的分析文本即《唐璜·乔万尼》就选自于此书。

弗多尔主要从感官性与精神性来展示出基督教向现代市民社会转变的特征。他说:"克尔恺郭尔写道,感性作为一种原则、一种力量、一个王国的感官色情被基督教世界所创造,因为它被精神所摒弃,因而被视为一种对立性的原则。莫扎特的《唐璜·乔万尼》再现了这个世界的最后时光。"③在中世纪,基督教精神是一种超验的王国,而感官的世界是人所不齿的,或者按照克尔恺郭尔的说法,它作为一种否定的原则而出现,是一种原罪。在古希腊,也存在感官性,但是感官性

---

① Ferenc Fehér, Is the Novel Problematic? A Contribution to the Theory of the Novel, In *Reconstructing Aesthetics*, ed. By Agnes Heller and Ferenc Fehér, Oxford: Basil Blackwell Ltd, 1986, p. 58.

② 阿格妮丝·赫勒:《情感在艺术接受中的地位》,傅其林译,载曹顺庆:《中外文化与文论》第 18 辑,四川大学出版社 2009 年版。

③ Géza Fodor, Don Giovanni, In *Reconstructing Aesthetics*, ed. By Agnes Heller and Ferenc Fehér, Oxford: Basil Blackwell Ltd, 1986, p. 150.

受制于美的人格,它被解放,进入生活与快乐。在现代,事实上从文艺复兴就已经开始,人们逐步突破宗教的普遍性神话,重视或者肯定个体的感性,否定一种感官性与精神性的截然对立。正如弗多尔所说:"英雄主义时代与现代世界之间的决定性事件,发生在精灵与感性之间的历史性斗争框架中。"①

基于此,弗多尔对歌剧中的乔万尼(Don Giovanni)、安娜(Donna Anna)、奥特塔维奥(Don Ottavio)等人物形象进行了剖析。乔万尼是一个复杂而矛盾的人物。他有一个仆人里波锐洛(Leporello),这两个人构成了黑格尔关于主人与奴隶的彼此依存关系,同时乔万尼也还遵循着决斗与复仇等传统的行为思维方式。但他尤其崇尚感官色情,喜欢引诱女人。克尔恺郭尔将他称为引诱者。在克尔恺郭尔看来,乔万尼是一个不断渴求欲望满足的人,而这种欲望主要是对女人的欲望,它是建立在感官基础上的色情。他说:"他的情爱不是精神的(pychical),而是感官的,感官之爱不是真诚的,而是绝对不讲信用;他爱的不是一个而是所有,那就是说,他引诱一切。"②并且,这种爱只存在于瞬间,不像骑士之爱那么真诚。应该说,克尔恺郭尔已经对乔万尼的引诱本质认识得十分深入,他看到乔万尼改变每一个姑娘,使老女人焕发成美丽的女性,使小姑娘立刻成熟。弗多尔的分析主要是建立于克尔恺郭尔分析的基础之上,但他把克尔恺郭尔已经意识到的,但没有进行阐发的现代性起源特征进行具体分析。他在克尔恺郭尔关于引诱者分析的基础上,看到乔万尼的引诱或者不真诚只是重复,由于引诱的瞬间性与即时性、暂时性,因而表现出无限的重复,他认为,"体现在唐璜·乔万尼人物的感官之爱是——用黑格尔而非克尔恺郭尔

① Géza Fodor, Don Giovanni, In *Reconstructing Aesthetics*, ed. By Agnes Heller and Ferenc Fehér, Oxford: Basil Blackwell Ltd,1986, p. 230.

② Søren Kiekegaard, *Either/Or*, trans. David F. Swenson and Livlian Marvin Swenson, Princeton: Princeton University press, 1959, p. 93.

的表达——'罪恶的无限性'"①。正是从这里,透视出乔万尼具有贵
族气派的传统特征,然而又具有十足的现代资产阶级特征,虽然弗多
尔对此没有深入分析。

　　安娜也表现出现代性的特色。弗多尔揭示了作为一个人的安娜
与她的困境之间存在着矛盾。基本上说,在要求英雄主义的形势下,
她是一个具有纯洁而单纯情感的高雅的存在物,并且,她能够提升到
这种要求。但是存在着一种内在的不充分性。安娜的心理剧就是以
这种矛盾开始的。尤其是当父亲被杀死后,她的复仇与对情人的爱之
间的矛盾更为强烈。对弗多尔来说,安娜这种矛盾性具有普遍性,是
18 世纪典型的个人问题之一,即是一个人出生的关系与她选择的关系
的冲突。这事实上是血缘关系与现代个体关系的冲突,这恰是现代性
的典型特征。随着剧情发展,这种矛盾性对安娜的影响越来越大,她
的内心世界愈来愈走向分离、不平衡,烦恼更强烈,她后来也认识到她
复仇的欲望使她的情爱处于危机之中。当她与未婚夫到乔万尼家复
仇时,他们的挑战被制服了。他们的复仇失败必定使安娜认识到这种
可怕的真相,即对她生活的问题,不仅不存在和谐的解决,而且他们俩
太微弱而不能找到半点儿解决方法,甚至他们不得不采取艰难的措
施。这是复仇解决方式的终结。安娜能够面对乔万尼的引诱,而使乔
万尼无能为力,但是她身体力量上的不平等又难以完成复仇的任务。
弗多尔清楚地认识到:"在莫扎特的歌剧中,复仇属于英雄时代:它是
代理圣职和唐璜·乔万尼的姿态。安娜以自己的命运经历了一个时
代向另一个时代的过渡,正如我们看到的,它涉及复仇。"②安娜与情
人的爱是互相的,共同分享他们生活的角度,但是她与情人奥特塔维
奥不一样,她不知道情感之爱的本质,她的情感依附她的父亲与未婚

---

　　① Géza Fodor, Don Giovanni, In *Reconstructing Aesthetics*, ed. By Agnes Heller and Ferenc
Fehér,Oxford:Basil Blackwell Ltd,1986,p. 164.

　　② Géza Fodor, Don Giovanni, In *Reconstructing Aesthetics*, ed. By Agnes Heller and Ferenc
Fehér,Oxford:Basil Blackwell Ltd,1986,p. 228.

夫。这两者在安娜那里是总体和谐的,能和平地相处。但是这种和谐被外在的力量打破了,因此弗多尔认为奥特塔维奥与安娜是两个完全不同的人。虽然情爱既是人性的又是非人性的,但奥特塔维奥的努力是人性的,因为他不仅安慰他的未婚妻,而且普遍上想把她从过去中解放出来,引导她走向未来,走向他们的爱。然而对当时的安娜来说,这又不是人性的。

真正具有现代意义的形象是安娜的未婚夫奥特塔维奥。他对安娜怀有无条件的爱,除了她之外世界上没有别的存在,但是他却是一个软弱者,不能成功地帮助安娜复仇。他对复仇持冷漠的态度,但是他引入了现代意义的正义。弗多尔说:"在音乐剧中,奥特塔维奥的角色是揭露乔万尼,并确信他带来了正义;即以完全道德的方式爱安娜。"①事实上赫勒已经对这个形象的现代性特征进行了分析:"维特或圣·保罗都是正派的、极其敏感的,甚至多愁善感,具有爱心的、体贴的市民。然而不能战斗、不具有英雄主义、不能为赢得他所爱的对象而进行斗争……这不是奥特塔维奥的形象吗? 奥特塔维奥难道不是启蒙运动时期著名的感性主人公维特或圣·保罗的双胞胎兄弟吗? ……这人被启蒙运动所创造,是第一个不确定的然而也是新型的中产阶级纯粹代表,他允诺一个更安全的道德秩序,不是通过他的行动,而是通过他的纯粹存在。正是奥特塔维奥这个人物把具体的唐璜·乔万尼的死亡转变为唐璜·乔万尼主义的死亡。"②虽然奥特塔维奥答应和安娜一起去复仇,但是表现得极为勉强,而且也没有成功,最后他向法庭寻求帮助,这正是现代解决问题的方式,法律秩序是现代性的产物。

弗多尔在黑格尔对现代法律秩序的分析基础上认为,这个歌剧没有描述一个稳固的传统世界,而是一个转折的世界,没有法律规则的

---

① Géza Fodor, Don Giovanni, In *Reconstructing Aesthetics*, ed. By Agnes Heller and Ferenc Fehér,Oxford:Basil Blackwell Ltd,1986,p. 228.

② Agnes Heller,Kiekegaardian Aesthetics,转引自 Géza Fodor, Don Giovanni, In *Reconstructing Aesthetics*, ed. By Agnes Heller and Ferenc Fehér,Oxford:Basil Blackwell Ltd,1986, p. 186.

世界让位于法律秩序的世界。但是这种过渡特征表明它部分起作用，部分不起作用；它部分存在，部分不存在。乔万尼不仅仅是一个没有参加这种秩序，不会使自己屈服于这种秩序的个体；他是"无国家的国家"的最后的象征性主人公，在这个世界，没有法律秩序，没有新世界的叛乱。同时，乔万尼的世界也的确变化了，"在新的世界，法律秩序以'不动的必然性'呈现出来，它是普遍有效的。从这个世界看，唐璜·乔万尼只能被视为具有恶魔力量的罪犯，在这种生活中，他的惩罚能够移交给上帝即法庭，即普遍的权威机构"①。在这个世界中，有的崩溃，有的生存下来，但事实上只有法律秩序才能完成，而不再通过中世纪的骑士，通过个体的直接复仇来履行。弗多尔认为，《唐璜·乔万尼》的主题是英雄时代的不可恢复的衰落与现代的诞生。这在歌剧最后表现得十分突出，康蒙达多石像与乔万尼的搏斗在后来象征精神与感性的搏斗，两者彼此对立与拒绝，这是中世纪的典型特征，但是最后两者都消逝了，"随着形而上学戏剧的解决，感性与精神的冲突已经失去了其意义。感官王国与精神王国都同时毁了，结果一个统一的人性世界秩序可以产生，最终取代分裂的世界"②。在人类的世界，法官出现了，安娜也能够解放，能够自由呼吸，她最后能够告别一个世界，告别她的过去，弗多尔将之解读为一种正义的传达。剧中人物从不平衡走向平衡，从一个世界走向另一个世界，这就是现代世界。

　　弗多尔对《唐璜·乔万尼》的分析揭示了莫扎特对现代性价值观念的认同。这种认识也为不少学者所认识，罗瑟里说，马克思主义左派一直竭力要描绘的莫扎特，"是一个在自身所处的'启蒙'运动中扮演积极角色的人"③。而且莫扎特连接了基督教时期和后基督教时

---

　　① Géza Fodor, Don Giovanni, In *Reconstructing Aesthetics*, ed. By Agnes Heller and Ferenc Fehér, Oxford：Basil Blackwell Ltd, 1986, p. 227.

　　② Géza Fodor, Don Giovanni, In *Reconstructing Aesthetics*, ed. By Agnes Heller and Ferenc Fehér, Oxford：Basil Blackwell Ltd, 1986, p. 240.

　　③ 约翰·罗瑟里：《莫扎特传》，王朝元译，广西师范大学出版社 2001 年版，"绪论"第 6～7 页。

期,在他之前,音乐为社会、教会、娱乐而服务,为鉴赏家对小小的离经叛道的爱而服务,在他之后,"音乐开始为生命、爱、死亡的阴影和个人最深刻的体验而作"①。

此外,《美学的重建》还选取了布达佩斯学派成员 G. M. 托马斯的文章《论欧里庇得斯的戏剧》。托马斯认为,欧里庇得斯把政治哲学引入了戏剧,思考了神性向人性转变的复杂关系,"不管道德判断的起源是什么,都没有人可以回避这些经验教训。正是判断在悲剧舞台上发生了,在欧里庇得斯的舞台上,判断经常发生,照亮了做出判断之可能性。正是这种情况,在道德存在物的类似行为的对话中呈现为悲剧"②。托马斯在欧里庇得斯那里捕捉到怀疑主义的痕迹,寻觅到一种悲剧性思想,清楚地看到这位戏剧家触及对神话话语的质疑,对哲学之思的发掘,也对雅典民主的精神与秩序规则进行怀疑。在雅典联合大会上,着迷的说服的规则被激发出来,少数人的观点被认为是傲慢的,并且要受到迫害。话语具有特殊的力量,但是话语与民主一样是两面性的,在欧里庇得斯的戏剧中,推理、逻辑、理性的词语用来提升命定的东西,主角被他们自己的言语按照命运的方向引导。主角们的生活充满许多对话、争吵、辩论与吵闹。言语可以成为任何事物的缘由,甚至词语用来体现超越词语之上的东西,话语可以带来正义,但是也可能形成欺骗。

(四)对艺术终结论的批判

费赫尔的文章《超越艺术是什么? 论后现代理论》对艺术终结理论进行了深入批判,代表了布达佩斯学派关于艺术必然性的基本立

① 约翰·罗瑟里:《莫扎特传》,王朝元译,广西师范大学出版社 2001 年版,"绪论"第 4 页。

② G. M. Tamás, On the Drama of Euripides, In *Reconstructing Aesthetics*, ed. By Agnes Heller and Ferenc Fehér, Oxford: Basil Blackwell Ltd,1986,p. 109.

场。他在文章中列举了关于艺术终结的四种论调,第一种观点认为,先锋派已经被完美地整合到体制之后,它还能继续称为先锋派吗? 第二种观点是艺术和文学被完全制度化了,其如何得以生存? 第三种观点回响着阿多诺明确的表述:奥斯维辛之后能够创作大写的艺术吗? 第四种观点是后现代主义者抹杀"高雅"和"低俗"之间的界限后,就几乎不可能有大写的艺术,更不用说有艺术作品的评价了。

　　第一种、第二种都涉及比格尔关于艺术制度化的观点。费赫尔认为比格尔对制度概念缺乏理解,因为制度除了具有社会功利性的必然因素之外,还有三个特征,即制度是根据规则而起作用的一种主体间的结构体,是能够传授的获得性的人类行为,并且它是倾向于非个人的。以费赫尔之见,艺术作品的生产过程很少是规则的严格运用的结果。即使人们在建筑、被自然科学共同决定的艺术中运用普遍的规则,但是被决定的是艺术作品的技术,而不是形式。唯一例外的是音乐,因为技术与形式在那里大都相互调和。但是,如果人们考察舞蹈或者绘画,那么在创造一部艺术品的过程中,规则作用的程度就日益消解了。在文学创作中,这种作用等于零。赫勒也认为,"创造的文学具有非常少的技巧要求,因此它的生产本身从来不被制度化"[1]。就可传授性而言,费赫尔认为,音乐学校的每个学生都会理解,能够传授给他们的是过去的音乐,不是未来的音乐,也就是说不是他们自己可能的音乐生产。所以,"在每一个技术发挥较少作用或没发挥作用的地方,这种制度化的第二个构成性元素就在生产艺术作品中减少或者失去了其作用"[2]。最后,就非个体性而言,艺术的对象化与它的制度化激进地分道扬镳。虽然根据韦伯的观察,现代性中制度日益成为非个人的,但是艺术作品的对象化甚至更加明显地带有个体性特征。这

---

① Agnes Heller, *The Power of Shame: A Rationalist Perspective*, London: Routledge and Kegan Paul, 1985, p. 126.

② Ferenc Feher, What is Beyond Art? On the Theories of Post-Modernity, In *Reconstructing Aesthetics*, ed. By Agnes Heller and Ferenc Fehér, Oxford: Basil Blackwell Ltd, 1986, p. 64.

样,就生产或者创造而言,艺术不会被制度化。我们不难看到,他们对艺术创造方面与制度的论述存在一些矛盾,虽然他们都主张创造不能被制度化,但是关于艺术创造的分析不能完全充分地支持其论点,如费赫尔对音乐的技术与形式的调和的论述,对音乐的一些可传授性的理解,以及对艺术中的技术因素的制度化的认识,都表明了艺术创造中的某些因素能够被制度化。赫勒也认识到这一点,她说:"考虑到技巧的知识被专业化,创造一直被工艺制度调节。成为一个艺术学院的学生在功能上相当于任何一种学徒关系;不同的只是制度的类型。"①虽然她认识到文学从来不被制度化,但是她又认为文学作品的创作能够扎根于宗教或者政治制度之中。不过,从艺术这种纯粹的自为对象化来理解,杰出的艺术创造的核心意义是不能被制度化的。

就接受而言,费赫尔认为,接受的一些前提一直被制度化。接受最被制度化的方面是接受发生的场合与一部艺术作品在接受中的公众的反应。按照他的理解,如果艺术的接受或者挪用已经完全屈服于规则,完全是可传授的,绝对非个人的,也就是完全被制度化,那么这个社会就必然是奥威尔在《一九八四》中描绘的极权社会。在此,费赫尔已经把艺术的完全被制度化上升为一种价值评价。赫勒认为艺术的接受与创造一样,不会被制度化。她说,接受可以是公众的或者私人的,一直存在公众接受的制度,但是它们都是为接受而存在的制度,而不是接受的制度。也就是说,这些制度只是接受的前提或者基础,不是接受本身,接受本身没被制度化。因为人们一直能够对一部艺术品自由地拒绝、批评或者保持冷漠。所以她认为,人们对艺术严格意义上的接受"不能完全被制度化,即使接受在一种制度框架中发生"②。那些从德尔菲(Delphi)神谕中寻求建议的人不得不相信那种

---

① Agnes Heller, *The Power of Shame: A Rationalist Perspective*, London: Routledge and Kegan Paul, 1985, p. 126.

② Agnes Heller, *The Power of Shame: A Rationalist Perspective*, London: Routledge and Kegan Paul, 1985, p. 126.

制度并相应地采取行动,否则仪式根本没有意义。但是,欧里庇得斯的悲剧的观众能够被影响或者不能被影响,观众喜欢或者不喜欢。没有人能够说一种科学的发现的接受是一种有关趣味的事,但是就一部艺术品的接受而言,这样说是完全合法的。在现代,这种非制度化的审美接受的个体性更加突出:"在现代性中,艺术作品的接受已经倾向于更加私人化,而不是日益被制度化。"①

　　然而艺术存在的传播方面并非如此。费赫尔认为:无可否认,传播是三元素中最被制度化的方面。他借助了豪泽尔关于艺术社会学的研究。豪泽尔认为,在任何社会环境中艺术作品的自发传播都是一种浪漫的神话。从最小的与最同质的部落文化到我们时代的大量而主要的异质的资产阶级文明,一直存在提供艺术品传播的各种社会渠道或者制度。不过,假定生活在既定的环境中的人能够对这些制度起作用的方式施加某些影响,那么被制度化的传播就存在困境。赫勒的认识更加清楚,"传播被制度化不能用来作为支持艺术制度化的论点,考虑到艺术的传播不属于严格意义的艺术,而属于市场的制度"②。

　　费赫尔主张严格意义的艺术是不能被制度化的,但是又不否认艺术的某些环节或者基础被制度化了:"无论我们分析艺术的生产、接受,抑或是传播,我们都将发现制度化和非制度化的构成性元素,尽管后者多于前者。"③宗教也同样具有被制度化与非被制度化的成分,但是艺术不像宗教那样产生一种自我 – 制度化的单个的特征化的形式。因此费赫尔认为比格尔把艺术制度的破坏视为一种解放行为的激进观念是文化革命的一种一致的然而误导的浪漫主义理论。

　　阿多诺关于艺术终结的观点涉及他的启蒙辩证法。在费赫尔看

---

　　① Agnes Heller, *The Power of Shame: A Rationalist Perspective*, London: Routledge and Kegan Paul, 1985, p. 126.

　　② Agnes Heller, *The Power of Shame: A Rationalist Perspective*, London: Routledge and Kegan Paul, 1985, pp. 126 – 127.

　　③ Ferenc Feher, What is Beyond Art? On the Theories of Post-Modernity, In *Reconstructing Aesthetics*, ed. By Agnes Heller and Ferenc Fehér, Oxford: Basil Blackwell Ltd, 1986, p. 65.

来,启蒙辩证法的历史哲学的必然结果就是艺术之死。虽然阿多诺与韦伯的理性化理论相关,但是他否定了韦伯的进化论观念,悲剧性地洞察到艺术的不可能性。费赫尔认为,"阿多诺的'启蒙辩证法'理论的审美之维"是"艺术终结"论的典型之一。① 理性转变为非理性或者伪理性,正如爱希曼(Eichmannian)所说,理性沦为纯粹的工具,失去了严肃的道德意义,奥斯维辛之后不再有创造艺术的可能性。费赫尔对阿多诺的艺术终结论集中表达了三方面的反对意见:一是阿多诺的理论与卢卡奇的美学一样是历史哲学的,而不是来自于创作者与艺术接受者的实际生活的观察,他们从历史哲学中获得前提,抛弃所有不符合哲学标准的新作品。二是阿多诺艺术终结理论的伪理性主义特征,毫无批判地同化了韦伯的伪理性主义特征,对理性扩大的狂热抛弃了对艺术的新需求。事实上,一些非理性的东西表现在姿态中而不是论证中,但是表达了新的需要,只要需要存在着,就没有人能够合法地宣称新的创造性的实验会注定死亡。三是阿多诺的理论排除了运动,排除了带有集体生活动力的接受者。在费赫尔看来,阿多诺不可根除的精英主义必然使他在大众社会中带着悲观主义态度。在赫勒看来,大屠杀有可能再发生,但是并不意味着艺术表达的不可能。虽然单个人不可能阻止大屠杀再次发生,但是他们能够阻碍忘记大屠杀;虽然人们不能够维持默默死去的受害者的记忆,但是人们能够维护他们的沉默以及所有笼罩其上的沉默。这些沉默应该通过哲学、历史与诗歌不断地表达,因而"人们应该写作关于奥斯维辛的诗歌"②。即是说,奥斯维辛之后,艺术仍然具有必然性。

对于后现代主义的艺术终结观点,费赫尔也进行了批判。他认为,虽然高雅文化与低级文化界线的完全抹杀具有一些优点,但这是

---

① 参见 Ferenc Fehér, What is Beyond Art? On the Theories of Post-Modernity, In *Reconstructing Aesthetics*, ed. By Agnes Heller and Ferenc Fehér, Oxford: Basil Blackwell Ltd, 1986, p. 67。

② Agnes Heller, Can Poetry Be Written After the Holocaust?, In *The Grandeur and Twilight of Radical Universalism*. New Brunswick, NJ: Transaction, 1990, p. 400.

充满问题的,"因为这种完全削弱高雅与低俗、浅显与实质、深刻与空虚的区别,是虚假地超越文化保守主义开创的文化界线。这种超越是合法的、激进的,因为它认可每个对自我创造的平等的需要与平等的权利;但更重要的是它是一种虚假的超越,因为它把所有的自我创造性的行为都视为平等价值的行为——这种观点潜在地是专制意义上的集体主义"①。

综上所述,布达佩斯学派激进美学虽然涉及面颇为广泛,涉及的问题也较为复杂,但是我们可以归纳出他们共同的特征。首先,他们均重视对现代美学与艺术的现代性分析,表现出文化现代性的特色,这与他们对马克思主义的理解,对社会学,尤其是韦伯社会学的重视有关。其次,他们对现代美学与艺术进行了辩证的分析,既认识到其内在的矛盾性,又指出了其相对的积极意义,尤其是对现代主义艺术给予了积极评价。最后,他们在解构现代美学的激进美学的姿态中,提出了一些重构美学的思想,试图从多元主义视角建构具有个体性的美学形态。尽管他们的论述在一定程度上存在一些问题,有的问题只是被提出然而没有进一步阐发,但是他们从政治哲学,尤其从社会学来切入现代美学的考察,显示出当代社会学与美学紧密结合的状态,这对美学与艺术现象的历史性与社会性的进一步研究,对艺术生产的文化政治学研究具有重要的启示。

傅其林

2013 年 12 月于成都

---

① Ferenc Feher, What is Beyond Art? On the Theories of Post-Modernity, In *Reconstructing Aesthetics*, ed. By Agnes Heller and Ferenc Fehér, Oxford: Basil Blackwell Ltd, 1986, p. 72.

英文版致谢

编者与出版社感谢允许如下论文作为本书的章节:由费伦茨·费赫尔与阿格妮丝·赫勒所著的第一章"美学的必要性与不可改革性"要感谢《哲学论坛》(Phiosophical Forum)杂志的编辑们;费伦茨·费赫尔撰写的第二章"小说问题重重吗?《小说理论》的贡献"与山多尔·拉德洛蒂撰写的第四章"大众文化"要感谢美国密苏里州圣路易斯目的出版有限公司《目的》(Telos)杂志出版社;费伦茨·费赫尔撰写的第三章"超越艺术是什么? 论后现代理论"要感谢澳大利亚本多拉飞利浦技术学院《论题十一》(Thesis Eleven)杂志的编辑委员会。

约翰·菲克特教授为本书做出了贡献,在这里编者对他致以特别的谢意。

一、美学的必要性与不可改革性 ¹

费伦茨·费赫尔、阿格妮丝·赫勒

（一）

美学作为一门独立的哲学学科,是资产阶级社会的产物。这并非是主张资产阶级社会以前的哲学家没有思考艺术、"审美"、"审美领域"的存在及其本质这种荒谬的论断,它承认,从柏拉图到各种各样的基督教本体论都存在着准美学思想体系,这些思想体系从不同的前提出发,根据审美的形成来使世界具有特征,从本体论中创立一种准美学,因而我们可以说也产生了一种哲学美学。不过,美学作为哲学体系相对独立的部分——如果没有这个整体(体系),那么美学是不可思议的——是资产阶级社会的产儿。并且,它的存在与资产阶级社会**最初**(in statu nascendi)在本质上就问题重重这种认识紧密相连。因而,我们限制了它诞生的时期。正是 18 世纪中期动乱性的危机产生了第一批代表美学的**作品**(oeuvres);然而在革命的时代拥有了成果,并随着知识分子的总结,它的表述才走向完美。

在"激起"作为一门特有哲学学科的"独立的"美学的展开因素中,第一个因素是面向美及其客观化的一种特有活动的出现。这种活动具有一种独立的功能,就是说,它不是其他活动的一个副产品,不是

2 多种意识形态的协调工具,不是神学与宗教信仰的侍女,并且不是共同的自我意识的一种表达,而是独立于这些(虽然也表现了一些),是一种自足的活动。

当然,这里我们不得不区分两个时期。在第一个时期,也是时间上更早的时期,所有"高雅文化"脱离一切日常的和生产性的活动,艺术家,那种"特殊化的工匠"(即使是一个很受尊敬的工匠)脱离其他社会阶层。这种独立与文明的普遍发展是同时的,更精确地说,是这种发展的一部分。

第二个时期事实上是我们在此讨论的有问题的时期,它涉及资产阶级活动的一体化,这些活动建立在目的合理性(purposive rationality)占优势的基础上。在某种意义上说,这个时代是一种发展的结果,在这种发展中,"按照美的尺度来生产"——在马克思看来,这是一个生产性的人拥有的内在的最基本的潜力——不仅过时了,而且肯定与那个时代的精神、与能计算效果的理性精神是敌对的。在这个时期,人们必须生产作为特有的"生产的分支"的高雅文化,来补偿美消失的世界,这就是**严格意义上的**(sensu stricto)资产阶级社会时期。

美学的独立功能被否定地评价,卢梭在《新爱洛伊丝》(La Nouvelle Héloïse)中已经进行了这种评价。他试图以一种完全乌托邦的方式,重新抓住美学的独立性并把客观化的美学消解,从而进入到那种失去所有中介的大众生活的自发的同质性之中。也许这种独立的功能活动可以通过与其他活动功能的联系进行界定,然后直接地归属于一种体系之中,正如康德所展开的。他把审美活动的"器官"作为介于认识和实践理性之间的一种调节器。最后,还可以像黑格尔那样,在普通的历史哲学中赋予美学一种显著的地位(更准确地说,赋予那种对产生审美领域的人类活动以最充分的历史时期)。他把古希腊作为**最初**(sui generis)的美学时期。无论如何,美学和审美活动进入哲学体系(不管后者是根据最严格的体系性来阐释,还是仅通过"自在的存在"来阐释,本身就是一致的)与它在这个体系中的相对的独立功能,都是对客观现状的反映；也就是说，美学的出现在于这样的事实，美的客观化或多或少是一种**独立的活动**，正是由于它脱离了普遍活动的体系，所以这种独立的活动需要解释说明。

第二个因素是建立在资产阶级社会中"有机"形成的"有机社会"[3]基础之上的**共通感**(sensus communis)的缺乏。由于篇幅有限，我们不需要详细地阐明以往的**共通感**的存在。我们指出它的反题就足够了；资产阶级时代无限地被个体化，这个时代从所有规范与规定的束缚中解放出来，但是在这种解放中，它变成了一个无情的、傲慢的、充满主观趣味的世界 – 历史时代，趣味的"恶"激发了作为骚乱的裁决者的哲学美学的萌生。

艺术脱离日常生活是作为一个独特分支的哲学美学出现的第三个因素。这意味着艺术的生活 – 痕迹消逝了，艺术特有的社会功能必须要有一个基础；也就是说，人们必须给这个最大的悖论提供合理的基础。我们可以用下面的方式表达这种悖论。一方面，艺术与美在缺乏社区和公众生活的原子化的独特日常生活的需求体系中越来越难以忍受。艺术**事实上**(ipso facto)是非原子化的，是主体间的、非特殊化的、不需要专门的技术或知识也能接近的；并且，因为是可以交流的，所以也是共同的。由于它的可交流性，艺术创立了人类的联系；它建立了一个理想的社会和公共生活。然而，另一方面，存在着对艺术的真正渴求，并且存在着对既定的日常生活的"反意象"的渴求，对丰富的总体性、丰富的公众的集体生活特性的渴求，对净化体验的渴求：超越异化的日常生活的"升华"。近两个世纪以来，哲学美学的共同根本动机就是努力解决这个悖论。

哲学美学的主要旨趣是对艺术的生活 – 痕迹进行理论奠基，在这里对"基本悖论"的解决具有新的维度。这里涉及第一个维度。人们不得不在理论上解释，为什么艺术作品面向美的客观化的活动，在日益异化的生活关系中承担了一种特别新的功能："物种价值"(*gattungsmässige Werte*)的保存功能。当然，生活日益缺乏价值，艺术是取代生活的"物种价值"的蓄水池,它是世界历史新时期的极有问题的成果。这个成果不得不在哲学美学的帮助下来证明这个蓄水池存在的理由(raison d'être)。这只能通过扩大基本的艺术悖论来完成,因为"物种价值"的保存是非常模棱两可的功能。一方面,这个蓄水池**本质上**是一种价值保存者(preserver),另一方面又是对生活的置换。因此,经常引述里尔克(Rilke)的设想:你需要另一种生活(Du Mußt dein Leben ändern)。不过,艺术作品也保护(或者它也许可以保护)生活的原子化。作品本身只是一种"美的表象",随着这种效果的流逝,这种表象重新把我们引入生活,用那种在接受过程中完成职责的虚假情感来滋养接受者,根据普遍的设想,它也可以沿着真正转变的方向引导他走出生活。这就是激进地否定现代资产阶级社会的艺术作品(以及补充性的哲学美学理论),为什么对这种总体性的主张宣战——再次以一种模棱两可的方式进行并且复制了这个悖论。通常,总体性的表象(表象 - 总体性)只能与总体性的**主张**一起被拒绝,更精确地说,在某种意义上,这种主张被转化成一个赤裸裸的**应该**,现存的东西就随之被推向绝境。

这个基本悖论延伸的第二个维度是艺术作品的历史性与有效性的困境,它被马克思关于荷马史诗的范本特征的著名评论如此清楚地揭示出来,以至于它不需要更详细地解释。① 这里有必要做一种补充性的评论:**艺术作品**作为价值有效性解释最重要的战场之一,这本身就说明了为什么恰恰是哲学美学在资产阶级社会得到了发展。

最后,商品生产的普遍化为艺术作品创造了新的形势。艺术接受遵循商品现实化的规则,也就是说,它根据供求来实现,艺术作品的结构是次要的,并且接受的这个事实或广泛传播的特性几乎不显示它的本质(它的深度、净化影响,它的积极功能或者"替代生活"的功能,等等)。这种情况在任何条件下都要求对艺术作品的影响进行哲学的阐

---

① 参见《马克思恩格斯文集》第8卷,人民出版社2009年版,第35页。

释,这种阐释是建构艺术作品的一种行为。

（二）

另一个悖论是：正因为美学的任务是审美活动(创造)和审美接受的独特功能的基础,所以它从来不是——从 18 世纪中期起——"纯 5 粹的"美学[在这种意义上说,从亚里士多德的《诗学》(Poetics)到布瓦洛(Boileau)的经典规定条目,都由"纯粹的"美学建构,这些"纯粹的"美学把摆脱了各种社会学因素的审美判断表达出来并使之体系化]。从那时起,美学就已经成为一种普遍哲学,它根据从自己的体系推论出来的对普遍意识形态的和普遍理论的偏爱来评价和阐释"审美领域"、"审美"、"客观化的美"以及这个框架之内的艺术。对"(客观化的美、艺术、各种艺术)的审美在生活、历史中的地位是什么?"这个问题的回答,不可分割地联系着对第二个问题"审美在哲学体系中的地位是什么?"的回应。

只有康德认为,美——与认识和道德相反——没有形而上学,只是一种批判(因此,他只从接受的角度建构了美学体系)。除康德之外,从黑格尔经谢林到克尔恺郭尔、卢卡奇,每种重要的美学同时也是一种历史哲学。在这些审美体系的有机体中,史学基础不是"陌生的躯体",不是以后要恰当地进行解释说明的前言。史学特征,即对资产阶级现存的充满问题的特征的认识——以批判态度的最有效形式说——为两种组成部分奠定了基础,前面谈到过,这两种成分是现代审美体系和现代艺术作品的必然的实质 – 功能特征:历史性与物种价值维护的使命。

上述思想表明,美学一直把面向创造的艺术(或各种艺术)和活动"放入"活动类型和客观化的等级中,并且这种"放入"是这些思想家联系资产阶级社会的功能。即使这个社会是很有问题的,他还是把它想成是人类发展不可超越的顶点,还是在努力追求它的真正的或者神秘的超越吗？青年谢林的决定——把审美放到哲学等级的顶点——与他的理念密切相关,这是被马克思当作"他年轻时的真诚思想"的理念。这个哲学家根本没有在政治上实施,但是从"在他的哲学之外"的伟大实验中借来了力量和全方位的本体热情,这种伟大实验指向对资产阶级等级的超越,以建立一个有机的集体性的社会。不过,年迈的黑格尔决定在绝对精神的朝圣道路上,把他的《美学》中的审美王国——尽管他倾慕艺术作品——置于非常低的位置,这个决定不是对早期启蒙运动意见的简单重复,即审美感觉只是一种**感观混乱**。这是对世界–历史危机形势的经验教训的一种表述:古希腊时代,也就是审美的合适的时期,现在已经不可避免地消逝了,在活动类型的等级中,审美的地位也降到了更低的地位。这种审美的"堕落"根本不是一个伟大思想家"审美感"的缺乏,而是意味着一个历史性的决定。

不过,在此,一种限制和区分似乎是必要的。每种具有历史性的审美理论都把艺术放入人类活动的体系中,但不是每一种都在体系中创造了等级。等级或者非等级的特征取决于历史性的视角。现在,一种视角采纳了世界的发展(*Entzauberung der Welt*)的立足点,以一种痛苦的或肯定的方式剥离了它的审美魔力的立足点,这种视角支持——或者以一种解除幻觉的或者以一种技术上沾沾自喜的方式——美学的堕落。这种视角(这种观点已经被清楚地表达)与其对立的视角同样是可以想象的,即就对立的视角来说,这种选择、这种等级本身是丑陋的。不管怎样,在它自己的世界之内,等级对美学来说是不可避免的。最普遍的问题是:艺术是什么,艺术对什么有益? 作为"个体"的艺术作品和"群体"即样式的艺术作品对此给予了不同的回应。人们应该在这些答案中进行选择,应该创立答案的等级。

如果作为一种历史性的学科,美学忠实于它自己的原则,那么它不得不根据它曾给定的概念,把各种艺术排列成一个等级。结果,各种艺术的审美价值是哲学体系的,虽然不总是那么明显。因而,一种具有历史性起源与特征的美学不仅仅是价值中立的社会学式的陈述和阐释,这些陈述与阐释认为,在某个时期,由于各种原因,人们能够用某些艺术样式创造出历史地体现有效物种价值的作品,而另一个时期——又是因为相关的具体原因——不能用某些艺术样式创造出这些作品。这也不仅仅是列举这些时期可能发展的某些"敌对的"艺术 7 样式。真正充满历史精神的美学是足够傲慢的,也就是说,只通过创立历史时期的等级,它就足够确信它创立艺术等级和艺术分支的普遍排列原则的价值。抒情诗(lyric poetry)在黑格尔的体系中占据其等级的首要地位,正是因为它是发达的主体性的产物,是被完成了的内向性,即中产阶级社会。并且,黑格尔是——尽管他所有的批判是如此明显,尽管他对这个世界做了清晰的、深入的洞察——一个进化主义者,他认为资产阶级社会是绝对精神回家的合适空间。另一方面,卢卡奇不关心抒情诗——在青年期、成熟期、老年期都一样。他把客观的艺术类型提升到更高的位置:史诗和戏剧。正因为史诗和戏剧是世界危机形势的体现,同时也是它的受害者,它们通过自己的命运来证实哲学家最重要的一个目的:资本主义是文化对象化的死敌。抒情诗和音乐不能够有这种主张——至少不是这么清楚地,或者说带有明确的迹象来如此主张。相反,正因为这样,阿多诺是"音乐中心的",他易于受抒情诗感动,面对伟大的"客观的"艺术样式,他沉默不语。他憎恨资本主义,不承认在它之前发达的个体有名副其实的文化时期,他也认为,企图超越这个既定的世界,即"超越资产阶级冷酷",是有些缥缈的、有些无用的危险的幻觉。因而,他能够在内在性的伟大艺术样式中找到理智的和感官的满足,这种满足是在这个世界中产生的,同时也是对这个世界充满激情的批判。抒情诗与音乐被拔高的等级位置就是"否定辩证法"的一个史学判断。

让我们荒谬地(ad absurdum)遵循史学美学,直到接近它的判断和偏见的终点。根据历史哲学的前提,它的等级决定"放置"的不仅是各种艺术和各艺术的分支:正是既定的历史原则才决定着艺术家,历史哲学的转向意味着对具体艺术作品评价的变化。否定性的例子是,莱辛(Lessing)对古典悲剧(*tragédie classique*)的断然拒绝显然来自于理论性的前设概念。但正面的例子,也就是最温和的偏爱的例子,在一定程度上说也具有史学渊源:克尔恺郭尔把《唐·璜》(*Don Giovanni*)神圣化为所有音乐的王子和模范,这种判定都与史学的意见相连——就他而言说准史学更精确些——他根据这个决定意见把审美王国"放置"在生活的等级中(因而很偶然地对从费尔巴哈借来的感性概念给予了一个突然逆转的价值判断),审美王国将成为对瓦格纳音乐的灵感性的沉思。同样,正是一种史学的预设概念,促使诺瓦利斯对《威廉·迈斯特》(*Wilhelm Meister*)做出不公正的评价(尽管不公正联系着极其深刻的洞见),正是史学概念的改变又推动施勒格尔(Friedrich Schlegel)改变了他先前对这部作品的评价。最后,卢卡奇以平静的勇气对史学精神的美学的一个古老原则,做出了站不住脚的不可容忍的结论。卢卡奇在与匈牙利诗人和电影美学家贝拉·巴拉日(Béla Balázs)的通信中,用以下方式认为:"既然我的历史哲学已经改变,那么在我的艺术评价中,托尔斯泰(Tolstoy)就代替了陀思妥耶夫斯基(Dostoyevsky),菲尔丁(Fielding)代替了斯特恩(Sterne),巴尔扎克(Balzac)代替了福楼拜(Flaubert)。"

(三)

如果人们把资产阶级社会的艺术理论、哲学美学与资本主义时期以前的艺术理论进行比较,就能领会迥然不同的属性(differentia specifica)。这种比较的第一个结果是:在资产阶级社会以前,绝大多数艺术理论(在上述意义上它们不是美学)把艺术能力作为一种独特的能力,它们没有把艺术("审美"、"客观化的美"等)作为具有特别功能的生活领域。说一说尽善尽美(kalokagathia)观念就足够了:美内在于生活中,因而它与伟大、道德性、行为的规定、宗教观念等没有差别(并且也是不可分割的)。由于这种没有区分的融合,就不存在为艺术奠定哲学基础的理论性需求。审美判断可以说是多余的:审美判断是凭经验由普遍存在的与普遍认同的共通感来奠定基础的。另一个悖论是:尽管经验共通感的价值判断意识不到它自身的哲学基础并且也不需要这种基础,但是它比现代通常更发达的、更"有机化"的社会中的"鉴赏家"做出的审美选择拥有更深层的基础。 9

当然,如果没有一定的限制,这个陈述是不真实的。首先,今天我们通常不接受这种论证,由于这种论证既定时代的艺术理论(绝大多数肯定表达了共通感)为其判断奠定基础。亚里士多德谈道,优等人代表优等的事迹、低等的人代表低等的事迹,现在谁会把这种因素视为艺术本质差异的原因呢? 第二,现存的接受者根据他自己世界观的偏好,即他自己时代的世界观的偏好来选择并构成他的等级。因此,他不必然接受曾经存在的共通感的价值等级。仅仅谈一谈最著名的反例:虽然倾慕拉斐尔(Raphael)在温克尔曼(Winckelmann)、歌德等鉴赏家那里到达了高潮,但是整个后 – 浪漫主义时代是前 – 拉斐尔的,不管那时拉斐尔的作品事实上得到怎样的欣赏。最后,甚至仅有的可靠资料也不能说明,曾经的共通感具有纯粹的一致性。例如,欧里庇得斯(Euripides)——他颇受到亚里士多德赏识——在雅典很少被戏剧节的观众授予最高奖。那个时代最终认可(因为它没有拒绝)索福克勒斯(Sophocles)是最佳的。索福克勒斯在年轻的戏剧家同事死亡的时候,让两个合唱团带着哀悼的面纱出现在舞台上。之后,这个时代认同了亚里士多德的判断,但是,甚至最同质的共通感也没有排除某些内在的冲突,孕育着"驱散"即趣味判断的无限多样性。

不管如何,具有决定意义的论据,就是环境,我们能够以这种论据来证明曾经的共通感的判断的可靠性,更准确地说是可持续性。我们要注意到,在绝大多数情况下,甚至等级也是被后人所接受的。这个具有决定意义的论据如下:曾经的共通感所表达的价值等级也许已经被改变,但价值的领域从来没有变化。所有画家在瓦萨里(Vasari)勾勒的等级中占有一席之地,这些画家,也许根据价值标尺可以重新排

列,但他们仍将被放到这个列表中,而不是其他列表中。这个陈述在

10　肯定和否定的意义上均是有效的:我们所熟知的共通感关涉的每个人都有其追随者;我们知道,在那些已经被其时代共同拒绝的人中,没有一个人再被审美地体验。(因而瓦萨里拥有唯一的资料,因为从他那里,我们能听到关于艺术家被拒绝的事情。)当然,为了逻辑上的完整,还应该考虑到艺术作品和记录艺术判断的文献的遗失情况,也要考虑到我们认识的碎片特征。因而,这样我们或许发现了一个不被其时代所欣赏但在目前受到极大尊敬的艺术作品总是可能的。不过,事实上,当我们没有记录下关于这部具体艺术作品的判断的时候,所有这些发现都证实了占支配地位的经典。

　　中产阶级时代美学的具体判断的地位是完全不同的。首先,它们不是对普遍的、支配性的共通感最优越的、最"精致"的一种表达,而是个体意识形态的决定和特殊的哲学体系的结果。第二,由于前面谈到的情形——不是因为现代艺术批评家能力的缺乏——现代哲学美学至少包含着"失误"和"真理",在简单的意义上说,在"客体内容"过时、"真理性内容"出现的过程中,他们的判断大部分已经被人们拒绝了。这两个概念是由本雅明(Walter Benjamin)发明并区分的。"客体内容"(Sachgehalt)是涉及艺术作品意义的方面,它紧紧地依附现存,从现存中产生,"告诉"现存某种东西。"真理性内容"(Wahrheitsgehalt)是更加持续的,可以设想——至少在原则上——在任何脱离了具体环境的后来的时代里,它联系着人类物种的普遍进化。当然,这种进化仅对自然性的认识论来说是一种"准自然"的自在存在。这是一种从现存的立场创立的建构性的连续性。因而,每一个判断在作品中发现的"客体内容"之外,在与作品产生的现存相连的"客体内容"之外,发现了"真理性内容",这个判断通常冒着一个危险:不能保证被建构的连续性将会是拥有现实存在的连续性,不能保证它发现的"真理性内容"将进入艺术快感的完美的连接(concatenation),它可能始终是接受者的主观的、暂时的趣味判断。

此外,如果现代的审美判断得到普遍的认同,如果它不是机会主 11
义的一个直接符号,那么这是一个例外(谁会在亚里士多德的例子中
想到像这样的事?)。第二个更显著的、更具有欺骗性的情况是,这些
批判——肯定和否定判断——不得不牵涉现代美学家。无论在瓦萨
里自己的时代还是在现在,人们要求解释为什么他把米开朗琪罗作为
最伟大的艺术家,他为什么后来欣赏乔尔乔尼(Giorgione)是毫无意义
的。不过,不管我们接受或者拒绝,我们只能用解说才能理解某种立
场(首先谈一谈否定的立场)。例如,莱辛对拉辛(Racine)的拒绝,卢
梭对法国花园或者《愤世嫉俗》(Misanthrope)的毁灭性打击的观点,卢
卡奇对卡夫卡(Kafka)的否定性批判,都是这样。肯定例子的情况也
是类似的:例如在埃尔奇姆巴蒂(Arcimboldi)和戈尔贡佐拉(Gorgonzo-
la)的例子中,风格主义的某种极端主义者的探索是世界 – 历史经验
的理智再生产的结果,这里经验和解释是不可分的。

无疑,在资本主义之前时代的艺术理论中发挥重要作用的意识形
态的、宗教的、伦理的和其他的偏爱转变成了审美的立场或者"决定"。
在这方面,这个形势与在资产阶级时期的美学一样呈现出史学的重要
性。不过,除这个事实之外,即在整个以史学缺乏为特征的资本主义
之前的时代中,"史学的首要性"这个术语几乎不能解释意识形态的、
伦理的、宗教的及其他的偏爱不是"哲学的设想",而本身就是共通感
的组成部分,绝不是个体的偏爱。在《旧约》的整个世界里,对神(dei-
ty)的画像的拒绝和禁止(正如在不同根源的伊斯兰教禁令的例子中
一样)是反对审美领域的、真实的宗教偏爱和规定。但它的一部分是
集体的偏爱和规定,一部分是对非"纯粹审美价值判断"的权力的偏爱
和规定。《圣经》没有想到审美地说明,所有巴力(Baal)的雕塑表现是
"丑的"。在特殊情况下,普通哲学的起源的审美价值判断与共通感方
式冲突,如柏拉图对荷马的否定性的评价,这时判断就依靠普遍接受
的意识形态 – 伦理的前提,即依赖承担共通感特征的前提。在既定情
况下,判断的前提是"艺术应该向善"。因此,这个判断本身不需要进 12

一步解释。

不过，如果我们不考虑下面的矛盾，它会成为这种形势的概念误用，并产生对哲学美学的完全歧视。频繁的"误断"或者后来任何意识形态的接受者（或者就此事，对带有不同世界观的当代接受者）总是完全不能接受的这些价值判断仅仅是哲学美学的特征，因为它构成了一种关于当代艺术、关于直接联系着其自己时代的艺术作品的判断。同时，只有这种美学才能设想（即使有时错误地设想）以往的艺术，一旦"客体内容"已经变得过时的时候，这是唯一能够领会"真理性内容"的美学。原因是显而易见的。资本主义时期之前的视觉缺乏任何历史概念，它欣赏过去时代的艺术作品的条件是，它是根据它自己的共通感面对这些艺术作品的。"客体内容"随着它产生的时期消退了，"真理性内容"从这种过时的面纱背后呈现出来，这种视觉决不能在这两者之间进行区别。

就这个时期及其艺术理论而言，只有过去的艺术作品，只有属于它们生活的艺术或者只有与它们共通感一致，才是有意义的。古希腊神不得不被同化，目的是使荷马史诗与雅典雕塑成为一种能解释的艺术和为罗马效仿的一种模式。最直接的"客体内容"，那种调节习俗的体系的宗教规定与规范不得不存在，以便使作为经验复合体的艺术发挥功能。尽管现代审美理论经常出现"错误"，但是这种情况显示了它的优越性，原因在于：它们确认了过去时代消退的"客体内容"背后的"真理性内容"的"信息"，虽然资本主义时代之前的艺术概念把它们自己的"客体内容"与"真理性内容"等同起来（或者更精确地说，从来不区别它们），这种艺术概念在其他"客体内容"中什么也发现不到，或者说，仅仅在这种"客体内容"通过某种特殊的调适成为它们自己世界的一部分的地方才能找到。对资产阶级历史时期的审美理论来说——由于个体－意识形态的立场不可根除的调节角色——"真理性内容"不是"有机地"呈现于"客体内容"中。这主要意味着，各自出现的"客体内容"也许可以在解释接受者那里、在面向哲学的美学家那里激起吸引力或者反感,根据这些并且由于对"客体内容"的某种偏爱,就"真理性内容"而言——人类物种的连续性的呈现——他接受更不重要的成分。相反,由于"客体内容"的意识形态上的反感成分,他拒绝与这种连续性紧紧相联系的价值。第一个倾向的例子也许根据民族的主题模式正一步一步把芬兰的**民族史诗**(Kalevala)和荷马史诗相提并论。第二个倾向的实例是在维克多尔时期对非洲雕塑艺术的拒绝,这是由于其公开的挑逗性特征。但是,即使包括所有错误的资源,正是资产阶级时代的美学才在"客体内容"和"真理性内容"之间勾画出一条清晰的线,就是说能够接受审美,在这种情况下"客体内容"不仅日益模糊、过时,而且由于它的不可想象的距离,变成了对艺术作品接受的一个障碍。这种美学最为伟大的成就,当然是维科(Vico)对荷马的重新发现,形成了与文艺复兴时期最受喜爱的人物维吉尔(Virgil)的分庭抗礼。

(四)

我们对现代哲学美学的主要印象,是它们具体判断的那种仍然颇高的"错误率",这激起了反对"抽象审美视角"的一种总体浪潮。"错误"的主要源泉(通常的特征化也是如此进行的)在于"演绎推理程序",在于这种方法,根据这种方法,美学家从他的历史概念、单一历史时代的肯定或否定的评价,从在世界历史时期的等级更高或更低的地位出发,来演绎出他的单一的艺术、艺术分支、艺术作品的价值判断。所有这些也与把一个预先决定的空间归属于在人类对象化和哲学体系中的审美不可分。这就是为什么从 19 世纪末开始,这种倾向呈现出来,并逐渐发展成一种支配整个民族文化(特别是法国文化)并由那种拒绝哲学美学本身的精神渗透了的运动。这种反抗专制化、体系化权威的"暴乱"起于不同的前提,并且所表达的不仅仅是对艺术家实践 [14] 的自发抵制。费德勒(Konrad Fiedler)的反驳与理论家相对立;他写道,不存在艺术(art),只有各种艺术(arts)。艺术的概念是一种武断的抽象,是理性主义的一个神话,它强迫把一切同一化,纳入一个体系。从这个神话中产生的同一性美学判断,就活生生的具体存在的艺术来说,是无效的、没有意义的。另一个广泛传播的反运动的主要口号是,哲学美学不得不被艺术批评所代替,后者具有归纳的特征,它不在任何专制的体系中包括单一的作品。"艺术批评反对"的主要方法论设想是,艺术分析应该独立于所有哲学"前提"——或者至少独立于整个艺术功能的欣赏的艺术作品的具体存在和特征——正是这种动力促进了从戈蒂耶(Théophile Gautier)到目前通常的印象主义艺术批评。这种"评价分歧"最伟大的代表就是阿多诺,他在他的音乐社会学著作中,以对作品本身的价值独立性的分析,提供了新音乐的"无根性"的一种深层的和重要的特征,尽管有一些不公正的评价,但是深刻的。"艺术的归纳概念"设想"只依靠作品",突破了"无生命的抽象",同时已经成为一种共同的要求。尽管它广泛传播,但是没有因此获得解决办法。在我们看来,哲学美学与批判的"错误"不是产生于它的演绎推理特征。因而,"错误"不是描述这种形势的恰当词语。所谓的艺术的"归纳"概念也脱离不开哲学的前提。在明显的印象主义批评中,这些哲学前提也是存在的,即使不**明晰**(explicit form)。不管怎样,这意味着,在绝大多数情况下,不存在"离开抽象的自由",只存在概念的混乱。目前一直存在不可避免的哲学思想的"仓促",它以最简单化的形式来迎合日常生活的需要。即使我们提到对"艺术的演绎推理的概念"几乎敌视的批评家,或者说对之提出问题的批评家,但是完全占有哲学文化(我们正在谈论阿多诺)。在他那里也可以很清楚地看到他的偏爱(例如对带有新音乐的理性主义特征的"演绎推理"的偏爱)和

15 反感(对巴尔托作曲的平民主义者特征的反感),也都深深扎根于哲学价值的前提——就后一种情况而言,扎根于这种社会学 - 本体论的信念中,即在现代社会中"人民"的概念只是一个浪漫主义的神话。

确切地说,印象主义批评主张趣味的纯粹判断的权利,不主张特

殊的趣味判断。"我喜欢它,话就说到这里!"——这只是随意摘下的
一位谈访主体的个人判断,因此它几乎没有涉及被评价的艺术作品。
这个判断只是把主体而不是把艺术品特征化了。康德正确地说,因为
趣味判断是一种审美判断(并且在此意义上,每个批评的判断,也包括
印象主义判断都是一种审美判断,因为它意在说出有关艺术品而不是
有关自己的东西),所以它暗示着不是作为经验存在的而是作为设想
出来的普遍的**共通感**元素。每一个主张审美有效性的趣味判断,在某
种程度上削弱了其自己的主体性,然后扩展成为规范。它扩展成为规
范的最不可拒绝的证据是这个事实,即它不得不描述自己,不得不解
释它自己、它的决定以及这个决定的原因。这种自我解释同把艺术品
切割成内容和形式的做法是一致的:"我喜欢它,因为它用某种方式表
达这个内容,因为内容以这样一种方式呈现出来",等等。人们把艺术
的概念分割成两个不能调和的敌对阵营,即社会学的和形式主义的阵
营,这是一种仅带有哲学美学时代特征的不可抵制的运动,这种运动
是资本主义时代之前的艺术视域所不知道的,因为后者没有被迫为它
自己、它的决定、它的判断奠定哲学的基础。然后,我们可以充分地指
出伟大的艺术人格,还可以说:这些事情产生于这些人格。建立在趣
味的主观判断基础上的归纳批评,由于被扩展为一个规范,就陷入了
自我欺骗的状态。由于归纳批判的趣味判断被扩展为规范,并因而从
内容或形式的角度加以解释,所以趣味判断必然以演绎推理的方式来
反作用于它的新判断。

(五)

不过,在现代,以什么方式,根据什么,一个趣味判断能最终被扩
展成赋予规范的判断呢? 如果不再存在一个同质的社会,以及充足
的、经验上固定的**共通感**,那么"精致的个体"就不再表达和形成集体
性的趣味判断。但是如果趣味判断必然不只是毫无主体性的某种东

西,那么它的普遍性起源于哪里呢? 如果这种概念不作为神盘旋在世界之上,那么它的主体间的普遍性来自于哪里呢?

马克斯·韦伯(Max Weber)正确地谈到了不再是一神性的现代精神。根据这个时代、动态社会的普遍的多元主义,它的神学不涉及一个神(god),而是多神(gods)。在韦伯的隐喻之后,我们可以说,每个趣味判断在审美上成为一个赋予规范(即被扩展为一个规范,在自我解释的过程中成为某种概念的东西),它表达了一个现存社会阶层或群体趣味的现有共同体,这是其中的一种形式。这是它的普遍性即作为一个**共通感**的界限。不过,它作为**既定的**趣味共同体,它是自身存在的充分根据。当然,一个纯粹泛泛的描述对历史相对主义者来说就足够了。不过,我只想陈述两个因素。首先,每一个趣味判断再现了某个趣味共同体,在此意义上被扩展成一个规范,这种判断已经为现代的奥林匹斯"买到了入城票",并且成为现代美学的韦伯神学的一个战神。第二,虽然存在许多这种神(带有充分的等级),但是它们不是无数的。在具体既定媒介的框架中,扩展成为规范的趣味判断的潜在组合是可以数清楚的,现有趣味共同体的数量也是能够进行计算的。

这里,我们不得不指出这种情境的深层次问题。古代**共通感**是一种自发的总体性。在亚里士多德那里(并且他在这里只通过说明的方式服务)**共通感**具有审美的层面,也具有伦理的和法律的层面,如果后面的两个方面在那时有可能彼此区分。不过,一个标准的趣味判断产生规范,把它自己的纯粹主观的特征扩展到群体层面。在这种意义上说,它创造或者表达了某种**共通感**,但它同一个"演绎推理的"艺术概念不具有任何共同点,它努力领会审美经验的整个领域。因此,它受制于既定的特殊的态度与模式,这些态度与模式是"新的永恒旋转"。因而在某方面,它没有超越哲学美学的束缚。哲学美学的所有错误随着伟大的判断发生。它要么根据它的哲学偏爱低估了伟大的现象,因为它们"不适合"它的操作的等级;要么相反,它把那些在艺术方面拙劣创造的并且只从理论抽象的角度才有意义的艺术作品分析成为伟

16

大的艺术作品。不过,印象主义的归纳批评在日常、时髦、典型、伟大同质的领域移动,它也来自时髦的领域:这是一种感受,或者纯粹的新颖。这两种"错误"是结构的一种必然结果。通过归纳和演绎方式的矛盾,我们已经获得了资产阶级时代美学的自相矛盾的结构。

(六)

我们的分析没有详细地剖析这种自相矛盾的决定性原因,即在资产阶级社会,没有共同体,艺术家只能在市场上遇到公众(即仅仅是间接地)。这些原因是显而易见的,也恰恰是基本的。这里我们只谈一谈它们的后果。

康德写道,艺术家在每件伟大的艺术品中创造一种新观念。这种观念的创造正是天才的工作。不过,这种作为普遍的新观念在概念上是不能界定的,就是说,它不能被归入一个概念,或者从一个概念中演绎出来。在表达资产阶级艺术的基本困境中,康德补充说:存在着一种没有趣味但表现了观念的艺术作品;还存在着一种没有表现观念但具有趣味的艺术作品。当然后者不是天才的作品。

在前资本主义时代,这样的矛盾是没有的。天才**本质上**(per definitionem)也在那个时代创造新的观念。新观念本身也融入一种潜在性的形式中,融入社会的趣味中,人们能"辨认自己"的观念。在这种语境下,天才的创造中新的东西与普遍的认可和快乐相遇,即使不是每个人都喜欢它(社会所有成员的认同不是**共通感**的条件)。另一方面,如果没有集体趣味,观念就不能存在,而且在资本主义之前的世界里,如果没有观念,集体的趣味也不能存在,因为社会——作为具有观念的体系,它是与社会的"身体"不可分离的机制——在某种意义上是观念的化身。再一次用康德的术语来说,根据趣味的判断,即使不是天才的艺术家,也在创造天才的观念。

因为资产阶级社会的独立个体是一个"天才",所以用独立个体的

18

17

能力创造观念,显然这不是从虚无中创造的观念。这个时代的问题也决定了其"客体内容"。但是天才的职责即观念的创造不能依赖集体存在的东西。因而天才随着观念的创造,冒着"趣味缺乏"的危险。就是说,一件艺术品创造激起普遍的尊敬,或者没有一丝影响,这与审美上是否有价值**无关**。在资产阶级社会出现了没有观念的趣味,产生了体现这种趣味的艺术品,这是如此明显、如此普遍,我们不需要详细地分析。

尽管两人做的事相同,但结果并不相同(*Duo si faciunt idem, non est idem*):如果艺术家、天才没有让他的对象化的"意义"、"使命"处于危险中,那么他也许冒着他的观念(他的艺术思想)"缺乏趣味"的危险;那么,进行评价的接受者(批评家)不会对他的理念做出反应。正如我们已经看到的,这个不能进行普遍化判断的作者创造了一个纯粹主观的趣味判断,一个没有审美特征的判断。不管怎样,批评作为一种样式,它属于资产阶级的公众生活,它是公众生活的表现之一。在这时代之前,没有成体系的艺术批评。批评家的功能,他的社会使命,作为一种最小的使命,是构筑公众的意见:通过努力揭示他自己的接受过程、自己的体验,通过试图使他自己的判断普遍化,来影响其他的接受者。当然一种自相矛盾的形势的解决办法也是自相矛盾的:要么人们对脱离了趣味的观念进行判断,要么对脱离了观念的趣味进行判断。第一种是所有归纳的艺术批评的方式,特别是它的强化的印象主义形式;后者是哲学(史学)美学的方式。

19

(七)

为了解释这种自相矛盾,我们不得不进行另一个范畴的旅行。每件艺术品创造一个新的观念。这是青年卢卡奇称之为"形式"的东西。但是当我们说,这种观念、这种形式、这种"真理性内容"的必然基础——我们称之为我们想要命名的——是在资本主义之前世界的或者存在的或者至少偶然出现或者潜在的一种**共通感**的时候,我们不如说它产生于一种集体的"客体内容",这种"客体内容"作为各种共同体的集体性的立足点。集体性的"客体内容"是主题,同时是**世界观**,前者受后者支配,并成为它的一个元素。在这种意义上说,青年卢卡奇是完全正确的,他在《现代戏剧史》(*The History of Modern Drama*)中写道:正是世界观构成了艺术品的形式。如果艺术作品作为一种形式、一种观念、"真理性内容",有机地产生于集体性的"客体内容",即以普遍能够想到的方式,而不需要以"解释"和"评论"的方式,那么"客体内容"可以轻易地融进艺术作品的评价之中。至少这种设想毫无问题,因为对艺术家来说,"找到"产生新观念的充分的"客体内容"是没有问题的。在资本主义之前,"古代"的艺术也许与康德的标准是很一致的("非概念的艺术快感"),因为从根本上概念地领会客体内容是多余的事情。显然,这是既定的。古代的或者基督教的神话,作为共同的文化财富,作为一个"主题"从来不成为问题。神话主题的意义经历各种变化的立场是总体社会的集体性的世界观,或者是完成集体功能的社会阶层的**世界观**,艺术品作为它们的"任务"就诞生了。

在"客体内容"和"真理性内容"之间的"自然的"或者"有机的"联系在资产阶级艺术中已经被中断了。"客体内容"本身——真理性内容从中产生——成了问题,部分是因为它太"个体化"的特征,这就需要评论,以便他者(Other)、接受者能够领会它。对创造的艺术家和接受者来说,它要求不断的理智努力,以至于主观的主题、承担着创造的个性,才能够成为主体间的。被选择的主题在审美方面有没有价值[20]这也是部分上有问题的。因而,主体的"发现"和世界观或者立场(与古代艺术的本质分界线)成了一个冒险的程序,艺术成功需要特别有利的条件。我们已经谈及,一个独立的"内容"和一个独立的"形式"的整个审美神学的起源(不仅在其粗俗的形式中,而且也在莱莘、歌德、席勒的那种水平上)就是由于这种特别的情形。像下面的问题很具有史学的、社会学的、概念性的问题:为什么恰恰是这个主体呢? 为什么恰恰是这种**世界观**呢？这些问题不仅仅意味着,历史哲学或者社会哲学已经干涉纯粹的审美领域。这些问题产生于资产阶级艺术的实际的结构之中。艺术品作为个体的构形,不是作品必须产生这些概念的并且仅仅抽象地设想的问题,而正是"客体内容"的个体特征使然。"客体内容"的个体特征创造了具体质性的基础,它常常不能转变成一种主体间的复合体。由于这种普遍的形势,当评价"真理性内容"时,我们始终评价构成它的**世界观**,即历史哲学、**世界观**、评价人与接受者的立场为什么在评价具体的艺术品中扮演如此决定性的一个角色。

根据青年卢卡奇,建构形式的**世界观**消逝在、"融入"到形式。就著名的艺术品而言,的确,这是目的－结果,这种结果有可能会形成纯粹的审美判断。不管怎样,这是事实上的一种目的－结果,并且本雅明很可能正确地强调这个事实,即"客体内容"仅仅在一种非常缓慢的过程中变成过时的。不管怎样,当代人对抗着——不管愿意不愿意(*volens-nolens*)——这种"客体内容",对抗着这种从属于**世界观**的主题,对抗着这种立场。当代人用唯一的特征构建起唯一的和不可模仿的"艺术品的个体性"。因此,对现代的艺术接受而言,纯粹的审美判断不是"稀有",不是"需要时间来认识"的"边缘事实",而实际上是不可能的。过去时代的艺术品作品适合曾经存在的毫无问题地具有"客体内容"的**共通感**,即使就这种作品而言,如果"客体内容"要成为具体的质性,那么就需要从现在的角度进行解释。演绎的和归纳的判断的自相矛盾成为现代的一种不可避免的世界－历史形势。

演绎的或者哲学美学的最伟大功绩是它为自己的界限、为它的普遍化的基础选择人类物种,它提出了这些问题:普遍上说艺术是什么?艺术的普遍任务是什么?它在人类活动的体系中占据着什么样的地位? 等等。我们再次提醒读者关于"客体内容"和"真理性内容"的区别,尽管前文已经说过。哲学美学提出的总体性的主张是一种拥有现实存在的连贯的共同体,现在看来这最多是一种设想而已。这就是哲学美学提出的总体性的主张仅仅是一种设想的原因。这种设想是总体性的主张,如果它对普遍化的主张曾经多次证明是没有根据的,那么哲学美学仍然在它自己的立场和一个阶层的特殊性或者"艺术品的个体性"的特殊性之间创造一个距离。反对这种态度的代表人物是本雅明,他是审美的"体系性"最激烈的反对者,他把哲学体系本身作为世界等级异化的代表。他把这些体系视为粗暴地使活生生的个体或者艺术品屈服于体系的要求。演绎美学必须具有这种自我意识(并且使别人也意识到),它的意识形态的偏爱就现代接受者而言,对深入探察现代的艺术来说是必然的。另一方面,它必须带着清醒的自我意识接受这种情况,即它不能构成纯粹的审美判断。后者的前提是脱离生活、共通感、集体性的**世界观**或立场。

归纳的艺术批评面临两种危险。第一个是它也建立在主观的意识形态的偏爱的基础上。这正如干涉演绎美学的判断一样干涉它的判断——不是有意识的——这些偏爱不是清晰的,而是以一种混淆清晰分析的形式起作用。进一步,归纳的艺术批评和一些趣味群体的特殊性同一(并且正如我们已经谈到的,它是一种审美判断,不是一种局限于纯粹主体性的范围的判断,那么这是必然的)本身隐藏着很快过时的危险。趣味群体的短暂的共通感的统一(即使是一个批评群体)把由归纳的批评奠基的纯粹审美判断转变成一种非常不稳定的平衡。[22]在这种自相矛盾的另一极,归纳的艺术批评具有两个显著的优点。首先,作为"个体的"、活生生的具体的宇宙,"艺术品的个体性"在绝大多数的情况下视为是人类总体性的一种更好的具体表达,它在更大程度上比经常具有异化 – 等级特征的"总体化"的体系更加彰显这种具体表达。第二(并且由于下面所说的),现代的艺术品是一种"个体",它几乎不能屈服于普遍的规则,例如样式规则。几乎每一个重要的个体创造一种新的物种。从哪个个体将展示什么样的物种,这个问题只能由归纳的艺术批评来回答。因而,对现代艺术的接受来说(就它的个体性以及它的物种特征来说),归纳的艺术批评比最重要的哲学美学做了更多的事情,这不是偶然的。

因此,美学在它的自相矛盾是不可超越的意义上说,是不可能改革的。因而,"错误的源泉"也是不可能根除的。然而,它是必然的。两极点(即归纳的艺术批评和哲学美学)都需要努力避免各自立场的内在危险或者至少把这些危险缩小到最低限度。就艺术品的个体性和特征性来说,演绎批评不得不质问它的价值判断的有效化的过程。同样,就超越现在的判断价值来说,归纳的艺术批评不得不质问它的特殊判断的有效性。**艺术品的价值和关于它的审美判断的有效性应该统一,这是对艺术的一种设想。**

二、小说问题重重吗？
《小说理论》的贡献

费伦茨·费赫尔

　　19 世纪是小说繁盛的时期："中产阶级史诗"把它所有陈旧的竞争者远远抛在后面。不仅不遗余力地努力复兴叙事诗，一种非小说的样式，而且艺术判断（甚至通常是**伟大的小说家**自己的判断）对获胜的新样式充满疑惑。在现代世界中，对史诗材料进行了不间断的探索。因而，弗兰克·诺里斯（Frank Norris）确信，他已经在美国荒芜的西部找到了史诗性的材料。批评家通过对比托尔斯泰的小说和史诗来评价前者的小说；俄国小说家发现所有史诗作品，包括《荷马史诗》和《旧约》的故事更加讨人喜欢，托尔斯泰和黑格尔一样也对之爱不释手。

　　卢卡奇的《小说理论》（*The Theory of the Novel*）出现在 19 世纪重大战争（Great War）灾难的"真正结束"过程之中。此书解决了这个时期的困惑。《小说理论》最充分地吸取了歌德、席勒和黑格尔时代的哲学和美学成果。这项研究对比史诗与小说、史诗时代和现代中产阶级社会，前者得到了卢卡奇坚决的支持。当然在这里研究已经超越了更具问题的古典时期：它把矛盾中的进步转变为一种明显的浪漫的反－资本主义，这当然也包含着特殊意义的革命视角。

《小说理论》重新发现了异化的观念并把它重新整合到欧洲哲学中,之前几乎有75年时间忘却了这种观念。《小说理论》在美学和历史哲学层面的基本命题是,史诗时代及艺术生产比资本主义及其史诗,即小说具有更高雅的秩序与更伟大的价值。评价的标准、参照的基础是异常独特的哲学混淆。它立足于黑格尔和生命哲学(*Lebensphilosophie*)之上,探索70年前马克思称为“人的本质”(human essence)的东西,卢卡奇写作《小说理论》20年之后才亲自得以阅读到马克思的这个文本。史诗的时代特征是它的“自我的确定性”,**生命和实质是同一个概念**(life and essence are identical notions)。[1] 同样,史诗的宇宙是同质的,人的关系和创造物与他的人格都是实体性的。[2] 另一方面,小说的形式是超验的无家可归的表达。[3] 小说是总体性(因为世界的主要同质性以及人类的实体性,任何其产品的实体关系)成为问题和梦寐渴求的时代的史诗。[4] 因而小说在双重意义上是充满问题的:第一,它表达了其时代结构和人的充满问题的特征;第二,结果,它的表达模式,它整个的结构也是充满着没有现实性的(根据卢卡奇,不可能实现)任务或问题。这位毫不妥协的法官在《堂吉诃德》(*Don Quixote*)到《情感教育》(*L' Éducation Sentimentale*)中几乎没有找到经典性的解决方案,他的考察没有批评的严格性,而是他的历史哲学逻辑推演的结果。恰恰由于这些冷酷无情地得出的结论,《小说理论》才是一部经典著作。后世质疑的也许不仅仅是它的基本观念,而且是它的价值判断与分类体系。然而不可拒绝的是,这部论著是唯一一篇进入事情核心的论著。它明白地暗示了中产阶级文明现在糟糕的关于艺术现象的信念,这种信念本身是中产阶级社会结出来的果实。

不过,这里采取的立场完全不同于卢卡奇自己的立场。这导致了

---

① G. Lukács, *Die Theorie des Romans*, Luchterhand, 1965, p. 23; *The Theory of the Novel*, MIT, 1971, p. 30.

② *Theorie*, p. 26; *Theory*, p. 33.

③ *Theorie*, p. 35; *Theory*, pp. 40 – 41.

④ *Theorie*, p. 53; *Theory*, p. 56.

矛盾的情境。根据卢卡奇的理论,小说是充满问题的样式,因为创作它的世界在其所有结构上是充满问题的。这种观点与 19 世纪早期的观点完全相对应,以顺从或愤怒来看待新生的中产阶级存在及其文化形式,产生愤怒但又不能突破中产阶级的提问方式。从马克思主义的视角来反驳中产阶级存在及其文化形式的"充满问题"的特征的确是悖论的。不过,关键点不是去发现和调和"实体性"。卢卡奇的考察已 25 经揭示了整个系列的重要困境。相反,我们必须修改**标准**。

主张小说是充满问题的,这意味着我们拥有一个没有问题的东西的标准,甚至就乌托邦梦想而言,它在某种程度上从过去向我们走来。虽然不可能把歌德、席勒、黑格尔和卢卡奇置于与浪漫主义相同的范畴中,但是我们真正在所有小说的怀疑性观察者和敌视性批评家中,找到了一个**共同模式**:把非中介的群体有机的而同质的世界理想地视为"完美"样式,即史诗的源泉。像对于史诗世界的空间 – 时间定位的判断一样,与这种共同模式相联系的位置也许根本不同。德国古典主义伟大人物相信这种模式复兴的可能,而卢卡奇的著作是对其确切消失的挽歌。虽然不同时期的人们认为,史诗完美性的根源可以在古代**城邦**或者德国、东方或法国的英雄时代找到,但是艺术经典的基础始终是社会。古老的问题一次又一次被提出来,就是肯定有机集体比非有机集体社会拥有至高无上的优越性。

马克思对此并不陌生。他著名的宣言①恰恰暗指了《荷马史诗》,并且具有明显的规范特征,因为它涉及"高不可及的范本",他将之描述为人类"正常"儿童时代的人类基础。在马克思的历史哲学中,这种模式被具体化了。一方面,他合理地根据"人的本质"的范畴来解释这种典型的"正常",将之视为从人类社会开始就赋予的动态的历史潜在

---

① "但是,困难不在于理解希腊艺术和史诗同一定社会发展形式结合在一起。困难的是,它们何以仍然能够给我们以艺术享受,而且就某方面说还是一种规范和高不可及的范本。"[*Marx's Grundrise*,ed. and trans. David McLellan(New York,1971),p. 45. (参见《马克思恩格斯文集》第 8 卷,人民出版社 2009 年版,第 35 页。)]

性(即使其全面展开也只有随着异化的消除才能到来,那时,这整个历史运动的每一个构成性元素能够——原则上——被每个个体挪用)。因而,人性和艺术的经典规范作为由理性创造的模式不再会漂浮于历史之上空,而是将形成历史的有机的产物。另一方面,虽然马克思维护历史选择性可能的存在,但是他是一个"进化论者",因为他认为每一个进化的序列形成了作为价值基础的物种力量。因而,人的本质的现实领域丰富了,即使它是通过以前和谐的领域和对象化的消除得到丰富的,这些领域和对象化可以正确地视为人的本质实现的,至少在有限领域**之内**实现的预先建构。因而,对马克思而言,古希腊的进化而创造的史诗与悲剧都是不可企及的范本,因为它们对"有限领域"的自由个体而言实现了"实体性",即它们显示出,这些个体可能同化其时代的历史上细腻的"人的本质"。然而他会把这样的尝试视为方法上不可接受的,即这种尝试试图把**城邦**及其文化形式置于超越价值**等级**上,因为它们没有充满问题。

下面,我们将从这二重角度阐述作为一种样式的小说。这将提供给我们拒绝《小说理论》的价值基础。在涉及人类实体性的艺术形式的规范等级中,小说没有以其"无形式性"、"散文"本质和固定规范的缺乏而处于一个劣等的地位。如果这是因为小说是它时代的"充分"表达,它以陈旧的史诗不能够处置的方式来表现中产阶级,那么我们愿意局限于社会学相对主义能够期望的回答。兰克(Ranke)显然错了:所有时代并非同样地接近上帝。另一方面,小说特有的完美性——这种原创的艺术样式由中产阶级社会创造出来——在于,它的实质结构包含着所有来自资本主义的范畴——第一个立足于"**纯社会的**"不再是"**自然**"生命形式的社会。

小说的"无形式"和"散文"特征在结构上适应无形式和骚乱的进步性,中产阶级社会借此进步性,消除了现有的人类实体的第一批岛屿,虽然它也产生了物种力量的巨大发展。因而小说不仅在内容上,在其范畴所建构的集体性观念上,而且在其形式上表达了人类解放的

26

一个阶段。没有"纯社会的"社会范畴的出现,小说的形式不可能存在,即使考虑到这种社会产生的不平等的演化,它的诞生也是一种丰富。

小说不是充满问题的:它是矛盾的。其整个结构包括来自于具体的"社会"(资本主义是其根源)特有结构的模仿特征,以及把所有类型的社会加以类型化的特征。从起源上说,这种矛盾不具有特殊意义。只要"纯社会的"社会正在反抗唯一自然的封建庄园和家长制的"自然"社群,并且不存在产生不同类型的"纯社会的"社会的可能性,那么新生的资本主义范畴就没有阻止新胜利萌生的形式。当资本主义的建立与巩固清楚地说明这种社会不是人类解放的最终阶段时,市民(*bürgerliche*)社会和"人性"社会之间的新冲突就爆发了。这种困境形势第一次认识到,小说某些形式特征不适应人类"合适地言说"的尊严,其特征日益不被信赖。古怪的样式在史诗之后天真地自信拥有了宇宙,这种自信最终被理解为正是从欺骗的压力中解放的市民解放的信心,这种自信被转变为牢固建构的中产阶级自我的充分性。现实中产阶级社会的普遍小说式的生产充分地证实了这种质变。短语"超验的无家可归性"对小说是极为重要的。随着产生其形式结构的普遍化,随着强迫地危及更古老、更传统的文化形式的社会运动的普遍化,小说愈来愈不能达到更高、更丰富的水准。作家对既定形式 – 结构的有效性信念的丧失,这就是小说危机的开始。主观的艺术态度的变化绝不是危机的原因。马克思注意到,资本主义敌视某些理智生产(特别是诗),他既指日益增长的拜物教使艺术家更加难以抓获到总体性,也指大多数被物化的公众特有的人类空虚。但是相反的观念也同样是真实的:所有渴求人类实体的真正艺术必须敌视资本主义。就小说而言,这意味着,以前提及的矛盾被提升到意识高度(始终在作家特有世界观的语境中)。结果是努力捣毁随着资本主义动力产生的这种原创的艺术形式,代之以另一种形式,更好地适应设想的或者真实的人类解放的形式。在绝大多数情况下,这种危机导致一种困境,导致原初形式完全无规则的转型。在有些情况下,它会升到内在于旧形式中的巨大可能性的、特有的再创造以及超越第一个"社会的社会"(social society)的史诗样式的新颖性。从方法论上说,所有这一切都强化了把小说普遍分析为等同于古典史诗的一种新型史诗样式,相当于小说发展了"两个前沿"。首先,它在具体面临古典史诗时必须证明,小说包含了**人类解放的提升**,尽管它丧失了史诗的特殊性与对称形式。第二,它必须显示出悖论,并显示出对中产阶级社会现象不能达到的那些高雅艺术实现元素的自律性追求。因而我们能够证实,小说纯粹起源于中产阶级,但是它的动力超越了**市民**社会。

小说不是诞生在共同体社会,其世界的结构不是集体的。小说的世界不是实体的(使用《小说理论》的术语)。它被**自我和外在世界的二重性**支配着。这种二重性意味着,个体不是被描绘的存在领域中的普遍力量的直接人格化,也不是以挪用的形式直接赋予主人公的自我对象化。这是困境的源泉,但是原则上不是"充满问题的"。相反,随着普遍物化的开始,小说中表达的物化情境提供了史诗描绘不可比拟的动力。它揭示了不为史诗所知晓的可能性。首先,主人公的"自然"趋势——构建他自己的宇宙的内驱力,不管这宇宙是虚幻的还是真实的——在史诗中是不可设想的。卢卡奇正确地坚持了这个事实,即史诗主人公的内心信念来自这种情况,虽然他们与其世界是统一的,处于与世界同质的统一体中,但是他们沿着还没有为他们铺设的道路"被引导"。这种引导,这种神圣的命定赋予所有这些主人公的行为以生气(用黑格尔这个术语的意义),但是原则上排除了违背、转变或重新创造他们的世界边界的可能性。小说主人公的上帝缺失性(*Gottverlassenheit*)是《小说理论》中以绝望的坚守姿态而提出的一种观念,最重要的是,它根本没有绝望痕迹。早期小说的主人公怀有自信,中产阶级的生产带着这种自信,在过去的图画般的废墟基础上,开始一步步地构建世界。如对塞万提斯(Cervantes)而言,要构建的世界是一个**先验**的虚幻的世界,这个世界首先不会引起觉醒。《堂吉诃德》是第一部小说,因为它的主人公拥有史诗原则上不可设想的自由:在现实经验中造反的能力(因而这里不得不逃到想象的魔幻岛上)。如果上帝已经抛弃了小说的主人公,那么上帝也赋予他们自由。这种根本上决 [29] 定形式的结果元素,是以下事实更为深刻地表达的,即"纯社会的"社会的史诗样式包含了比古代史诗更为高雅的解放。其次,鉴于上述原因,这种史诗的世界 – 历史方向在萌生的资产阶级时间动力的影响下发生了改变。同所有以前面向过去的构形相反,资本主义由于资本主义生产的"无限过程"面向未来。这种面向未来的定位是小说的首要趋势,它适应了主人公构建自己世界的活动。在史诗中,宇宙的普遍框架和行为都外在地被奥林匹斯神灵的意志所决定:主人公只是践行赋予他的使命。虽然我们无法认知古代公众体验史诗的方式,但是显然的是,它不可能唤起与小说完全相同的观众以及后来读者的情感张力。譬如,很清楚,赫克托耳(Hector)的命运犹如其征服者一样是预先注定的。除了平庸而极具拜物教的文学以外,小说主人公不是根据上面发出的命令而是根据他们自己的目的性决定行动的。因而,他构建了自己的宇宙,更准确地说,他努力根据自己设想的目的进行构建。这种目的设想的结果就是形成小说结构系统的因果性系列。在小说史早期,这种个体的目的带着天真而自信的幻觉主义,努力从一个单一的目的预想来构建总体世界(与中产阶级哲学一致,立足于普遍个体的观念)。笛福(Defoe)的《鲁滨孙漂流记》(*Robinson Crusoe*)是这方面最杰出的例子。后来,本体性视野深化了。巴尔扎克的《人间喜剧》(*La Comédie Humaine*)已经被黑格尔的理性的狡计标示出来:不同个体的努力相互冲突、彼此诋毁,结果产生了没有主人公能够想象或需要的宇宙。

然后,直接随着资产阶级世界日益增加的物化,自我与环境的二重性日益成为小说结构的主导元素——最终看来是不可超越的、令人心烦而具有破坏性的元素。《小说理论》正确地强调,小说的经验主体,即人包含越来越小的宇宙主导力量(在他自己那里、在他的设想

30 中、在他的行动中），而外在世界变成了惯例，变成了比第一自然更难征服的第二自然。结果，小说的解放的征服者与普遍的中产阶级解放具有相同的命运：日益增加的物化贬低了市民社会的自傲的产物，即自由的资产阶级个体，把他们贬低为类似财产的对象，剥夺了他与自己世界的对象化的"正常"关系，小说的再现领域也就萎缩了。

这在**生产和经济**的再现中特别明显。黑格尔对史诗中工具的创造与消费的重要性的描绘是如此具有说服力，以至于我们只得以任何现代小说中的对象化领域来与之抗衡，目的是直接看到两个时代的史诗文学的差异。不过，认为小说在最基本的物质生活领域的再现方面劣于史诗，这是错误的。这里我们必须纠正一个相当普遍的错误。史诗不像小说，它能够再现生产，这种观念是不正确的。的确，在古代史诗和小说中，人们与自然直接进行的物质交换都没有占据决定性地位。[①] 史诗是**从劳动中解放出来**的自由人的艺术，远远胜过精心创作的而且具有普遍民主性的小说。不过，英雄时代的史诗立足于足智多谋的主题发明之上：其突出主题是战争或者**与大自然的搏斗**——后者也通常把自己表现为一种战争。两者的主题都不意味着史诗表达王国的萎缩。马克思在《政治经济学批判大纲》（ *Grundrisse* ）中说，在有机的共同体时代，战争是立足于体验性的基本活动之上的，人们与自然的直接拼搏再现了最基本的显著的自我保护活动。另一方面，战役与迁徙把史诗共同体组织成为"自律的单元"，它不得不重新通过他们自己的手段，提供已经丧失的、捣毁的或耗尽的一切东西。因而，如果不是这个时代的现实的生产的话，在文字中能够寻觅到一些典型的生产能力。

但是值得注意的是，小说一开始有更多机会再现人类的生产能力——最基本的生产能力。笛福的《鲁滨孙漂流记》是一个典型的中

---

① 赫西奥德（Hesiod）是一个例外，但是农民长篇小说重新建构了现代史诗样式这边的平衡。的确，在存在领域，这种物质交换是独特的活动或者说至少是主要活动，每当我们描写存在领域的时候，史诗的结构都按照这个领域来进行组织。

产阶级漂流记,在这方面,它证明小说较之于史诗的优越性并非其弱点。黑格尔从天体演化到集中单一主人公的史诗给我们优美地分析了史诗及其发展阶段。在这种意义上说,笛福的小说是中产阶级生产能力的天体演化,同时也是具有单一主人公的史诗。其相比原初的模式而来的解放的优越性,本身呈现在上帝抛弃的积极性特征方面。这里,人只能诉求于他自己,他根据自己的力量进行自我创造的工程。当笛福在无人孤岛重新创造他自己国家的偏见时,人们可能会嘲笑笛福心胸狭窄的英国中产阶级特征。但是从《鲁滨孙漂流记》到《精神现象学》的道路是一条笔直大路,即使"鲁滨孙"模式被逐渐消除了。恰恰就是这种自我创造的理想赋予了笛福的小说——原则上所有小说——以纯艺术的优越性,较之于古代的相应的史诗来说。这里,生命的物质再生产只是次要的,尽管这是主人公存在的必然元素。在小说中,这种再创造要求能量最大化。再现活动在升华中丧失的东西被重新恢复,因为存在领域走向普遍的人性化。此外,这在小说样式史的 3 个世纪过程中并非是例外。巴尔扎克的人物圈也是一种特殊的漂流记,尽管其主人公只在第二自然腹背受敌之间驾驶船只。然而这个圈子中的人物与直接的自然物质交换的过程大多数只有牵强性的关系,但是从巴尔扎克那里,我们自然能够最清醒地领会这个方向,就是在牢固建立的中产阶级帝国中的人类生产能力所采取的方向,以及为鲁滨孙的史诗价值的普遍实现所必需的人类能力所采取的方向。

　　我们已经指出了这个要点,资产阶级小说由于这点能够利用它自己解放中的"提升"的成果。普遍地说,在巴尔扎克之后,甚至在他之前,一种新的倾向在小说样式中形成了。在艺术水平方面,新的史诗抛弃了最基本的主要生活维度,理智地从它的再现领域排除了这个维度。人类生产的制度和过程已如此被物化,以至于它们与生命呈现的原则看起来不调和,联结着它们的个体完全变得"没有实体"。尽管通常愈来愈少,但直接的需要和满足仍然在小说中出现。但它们只根据金钱的传送作为特有职业的回报日益被表达出来。《小说理论》悲哀

32 地意识到伟大小说的主题是不适应社会而带来的失败。这不仅意味着小说已经失去了"主题领域",再现的范围已经缩小了,而且意味着主人公不再拥有牢固的基础。下面的困境出现了:小说要么必须描写事实上不再联系任何基本活动领域的人,要么必须把它的人物写得愈来愈缥缈,只有在脱离物质生产与再生产的那些功能中展现它们。这必然导致虚假环境的创造。这样的虚假环境在史诗中不存在:迁徙与战争是面向自我保护的行为形式。特别是在古代史诗中,"幻想的环境对那时的人来说是完全自然的",同样,神话是他的伦理学符号的一部分,更新着他的荣誉感和国家控制。因而在史诗中,幻想与经验真实之间的差别没有价值意义(这个问题在中世纪史诗中以稍微不同的色彩呈现出来)。在小说王国中,虚假的与经验的"自然"环境的分别具有显著的评价性意义。它把通常的中产阶级存在和人类价值可能实现的领域之间的沟壑赋予了生命。这显然引起了巨大的艺术困境。因为这要求不同寻常的艺术想象,来为这种例外环境创造一个人性的氛围。在这方面,小说也是悖论的。在某种程度上,它脱离了直接关涉存活的活动范围,它预示了——至少就可能性而言,可能实现——一种社会情境的氛围,在这种情境中,存活的活动已经降到背景,工作本身已经结束了。

　　我们能够在制度的再现与小说的关系中发现类似的倾向。首先,在小说中我们发现了在经济和生产评价中相同的解放的高雅阶段。黑格尔极其正确地看到这种史诗制度的存在,这种制度把宇宙视为脱离人并与人性特征相对立的东西。我们能够说史诗中的制度,同样,它们可能只是一种先验性的、既定的和不可改变的"秩序",在奥林匹斯山上的类比中可以清楚地见到。正如卢卡奇在《小说理论》中指出的,这是英雄时代"重要性"的另一方面,对黑格尔而言,这强调了史诗主人公幸福的"被引导的存在"的另一方面。人在自然的公共体中拥

33 有其自然的位置,这种事实实际上给予了他有机的维度:随着赫克托耳的死去,沉默的大众再次解放了,存在的结构始终没有改变。另一

方面,小说实质上拒绝每一位奥林匹斯神的权威性,不管人类创造的制度是好还是坏。

因而,资产阶级的"史诗"胜利地把其再现的可能性扩展成为准史诗维度的宇宙。它不仅能够理解并权威式地拒绝封建制度的结构,而且能够在历史小说中记录其自己制度的重要维度——人类创造的维度。卢卡奇拒绝把历史小说看作一种特殊的样式,他是正确的。不过,就再现而言,我们在这里看到一个完全不同的维度,这个维度给我们以史诗中仍然不可能的人类制度起源的全景。在沃尔特·司各特(Walter Scott)那里,这首先呈现为一个自然的过程。历史小说的重要性不在于一个崭新的"主题领域"的征服,也不在于对作为个体的人类性格更透彻的描绘。巴尔扎克已经注意到司各特的女主人公是如何无法确定的、没有生命的。在司各特那里,我们能够谈及人类内心世界的不容争议的萎缩,如果没有时代错乱地投射出一些现代心理主义。历史小说以极为不同的方式提供审美快乐。每一次我们看到人类制度明显由于人类独特的激情和行为被消解或形成,我们重新体验到解放的经验、人类自己创造自己的制度。除此之外,这些制度被人类自己控制以及自然社会向纯社会的社会的转型,形成了历史小说的主要领域。这是此形式较之于史诗真正改进的源泉。不过,只要法布里奇奥(Fabrizio del Dongo)从滑铁卢回来,只要巴尔扎克被迫把司各特的方式移入主人公的私人战斗,小说延伸的巨大过程就停止了,这种运动就逐步逆转了。显然这与生产领域再现中发生的情况一样皆非偶然。中产阶级生产日益拜物教、日益物化的特征本身可以被视为普遍特性,如同正常阶级社会本身是普遍的一样。自我与外在世界的分裂最清晰地呈现在那种再现的维度中,起初,这种维度最强有力地表现出新史诗较之于旧史诗的优越性。小说中的人物不再知道如何 [34] 处理他世界的制度,制度对他们自己的经验存在而言是日益超验的(因而深刻地感受到卡夫卡的真理)。他通过纯粹地忘记制度或试图忘记它们而结束。

在我们借以观察的自我与外在世界之间日益增加的敌意的第三个再现维度是**公共领域被小说抛出去**这一事实的结果。这方面过分简化,也概括了两个伟大时期之间史诗样式的对比特征。优秀的分析家能够把他们的起点定位于不可争议的**市民**社会的维度,这个维度无疑能够被雅各宾人士以及马克思的伟大分析(《论犹太人问题》,*Zur Judenfrage*)所攻击:古代共同体公共特征的毁坏,中产阶级与市民的分离。结论过去是,史诗表达了人民的精神,而小说只涉及私人的逸闻。这是不可拒绝的。然而哈贝马斯(Jürgen Habermas)的重要著作已经结束了这种过分简化的解释。[①] 他对比了封建和宫廷时期公共领域的再现性特征与中产阶级兴起的第一个世纪中的公共领域:以家庭的公共观点作为亲密领域的基础。这种公共观点在理想的、人道的公共领域建构中指向其集体的人道理想的普遍化。当然,焦点的问题过去是一个虚幻的公共领域。立足于这种基础上的中产阶级个体是一个"卷入商品和生产的私人个体",严格而不协调地对立着市场中所有的其他人,恰恰因为他只能以其他人的代价创造他自己的私人领域。另一方面,直到市民社会普遍化,这种虚幻的公共领域才是真实的。因为只有创造一种接受亲密领域的人性价值的公共观点,才有可能反对作为一个阶级的资产阶级达到封建时期再现性的公共领域世界。就早期小说而言,哈贝马斯从亲密领域的公共特征中得出了十分有趣的结论。为了我们的目的,他分析的主要元素可以做以下概括:

无疑,史诗的"显而易见"的公共领域已经被捣毁,正如我们在以后看到的,这使小说的创作极为困难。考虑到它的起点,小说面临的最普遍的危险是,它面临着沦为平庸之物的危险。甚至最乏味的史诗也是集体精神的产物,整个人类群体能够在里面认出自己的问题、经验和命定。但是小说始终冒着成为一个私人故事的危险,在最具贬义的私人意义上。不过,在理查森(Richardson)、哥尔德斯密斯(Gold-

---

① 参见他的 *Das Strukturwandel der Oeffentlichkeit*,Luchterhand,1966。

smith)、青年歌德(Goethe)和卢梭(Rousseau)的小说中可以看到,具有其普遍化倾向的亲密领域的小小共同体所预示的,不仅仅是结构的修正,而且是普遍历史的转折点。

从小小的共同体的冲突与交互中产生的力量场域,具有高雅秩序特性,因为它是一个比有机集体和同质性能更好地激励人类个体变化的多元机制。显然,**市民社会**(因而也有中产阶级史诗)不能实现它自己的动力。一方面,立足于商品生产的孤立主体之上的亲密领域只能以虚幻的方式把人性的理想普遍化。另一方面,恰恰因为其亲密性质,它与对象化的世界形成了矛盾关系。不过,这不是所有社会的问题,只是已经成为社会的那种社会的问题。

然而,在建构小说宇宙的亲密领域的背景中,有许多潜在的矛盾,这些矛盾导致自我与外在世界截然分裂。家庭是亲密领域的独特框架,原则上这并非是必然的。但是,市民社会的"经验"很自然地规定,这确实如此。

在资本主义社会,家庭是最重要的一种分配而非生产的经济单位。同样,它从来不是一个政治单位:新社会的政治的微型集体模式(显然,我们排除了准家长制的农民生活形式,这些形式持续生产在小说兴趣的边缘之外)。这从对象化领域的活动中强化了小说主人公的鲜明的超然性。这导致了亲密领域价值的**先验性**局限,并导致了他们在内心里不能适应把中产阶级公共领域所要求的人性理想进行普遍化。每一次小说要努力再现这些生产活动的存在层次之价值,就会迷失在无助的褊狭之中,例如大多数所谓的农民小说就是如此,否则它就不得不抛弃它自己的"自然"氛围和相关方式。第二,这种家庭的虚幻集体和公共特征,大多数是建立于它面对的可怕的外在世界所提供的保护基础上的。在中产阶级兴起的过程中,这样的保护事实上被采用了。在理查森或哥尔德斯密斯那里,家庭是遭受贵族专制与世俗主义迫害之人的港湾。之后,这种保护扩展到更加宽泛的意义。在19世纪后期到20世纪初,所谓的谱系小说呈现出对精心熏陶的家庭传

36

统的认可,接纳中产阶级共同体,并成为中产阶级借以呈现为一个共同体的唯一形式。不过,一夫一妻制的中产阶级家庭的逐步瓦解是 20 世纪最显著和分析得最多的现象之一——虽然其结果到现在才彰显出来。这个过程首先在家庭的经济功能的逐步消失或逐步下降中呈现出来,结果家庭不再能确保稳固的终身纽带的地位。① 家庭的价值甚至更深层地受到动摇。在 18 世纪的小说中,家庭阴谋已经成为行动的驱动力,这个主题成了 19 世纪小说的核心主题。显然,亲密的家庭领域能够保护人性的理想,反抗贵族价值,但是不能防范外在世界不断剧烈的竞争。黑格尔已经清楚地把现代个体,小说的主人公视为**市民**社会而非家庭的产物。他的评论原则上具有更高的自信而不是自暴自弃:他相信,家庭的微小共同体较之于整体化的教育和人性化力量是狭小而不充分的。不过黑格尔之后,这句格言具有完全不同的意义。小说的主人公为了成为时代之原型日益被迫捣毁亲密领域的价值。狄更斯(Dickens)进行了重建亲密的家庭领域作为人性的避风港这一伟大尝试,这时他的实验已经是特殊的,显得古怪而例外。

　　这里我们也能诊断出小说的悖论性:家庭纽带的断裂同时是人类解放的阶段之一。马克思认为发展的资本主义社会对血缘纽带的毁坏是普遍而积极的。因而人类物种的意识只能从"人类动物物种的动物学"中被创造出来。不过,一夫一妻制的资产阶级家庭本身具有伪血缘纽带的类似网络,因而成为人类解放的障碍。它不得不被征服,因为在人类发展中有进步。不管愿不愿意,时代都取得了这种进步。脱离传统基础方式与遗留的体系,接着就是自由选择的微小人类共同体的创造,这种情况很少见。在绝大多数情况下,需要经历一个过程,这个过程也许可以被称为主人公日益丧失个性特征。我们对这位主人公的出生、家庭和过去懂得越来越少。很惊讶的是,小说开始具有个性化力量的名字,失去了这种力量,不再与名字所指称的人物性格

---

　　① 　恩格斯坦言,工业无产阶级无论在哪里都没有一夫一妻制的婚姻,只要婚姻不再由继承财产所捆住,这些就普遍地被瓦解了。

有密切的联系。最终当一个人物叫作 K. 或者 A. G. 的时候，这是长期发展的结果。这种匿名性使得 K. 或者"陌生人"的身份不确定，它意味着小说扎根于亲密领域的公共维度完全消解了。在这种意义上，就这种史诗的公共特征而言，存在着某种退步：只是后来——并且通常是具有否定的结果——人们才能够看到，这种匿名主人公的行为是否具有深刻的人类意义。另一方面，我们带着积极的价值 - 内容达到了"消解"过程的终点：小说自己已经从所有的自然或者准 - 自然的链条中解放了出来。它已经撕裂了自由的假象，现在的问题是真正自由的创造。

　　史诗的公共领域及其瓦解，必然影响另一种再现领域：小说对日常生活的描绘。史诗从来没有遇到过这种困境。既然有机共同体的日常生活都围绕着集体原则进行组织，那么显然这两种生活层面的分离是极为相对的。因而，就其同质性而言，它是描绘军官议会或是其中一个主人公帐篷里的盛宴，这在史诗中都不重要。史诗的手段对这些描绘同样是足够的。在史诗中，氛围、节奏、习俗体系和集体事件都以同样的方式被规定，无论背景是家里还是公共广场。相反，就小说主人公而言，房屋，后来的公寓真的是一个使他与其邻居隔离开来的堡垒。因而，需要其他技巧来再现这个背景而不是所谓的公共场景。把日常生活等同于非公共的领域，以及把非日常生活等同于公共领域，均是明显的粗浅的简单化。我们刚刚已经看到，亲密的中产阶级领域是如何努力建构一种新型的公共领域的，就是通过把它普遍化，[38]使家庭的日常活动成为亲密领域的重要元素。不过，双重的困难从这里产生了，小说从来不能没有悖论地解决这一困难。工业文明的诞生客观地扩大了日常生活的圈子。那儿产生了许多种行为形式，这些对有机共同体中的人来说是不堪设想的。他们不依附于社会原则或惯例，就可以建立无限多样的个体习性。根据叙事诗描绘，这两个领域再现了一个沉重的任务，这个任务为以前史诗所不可知。不仅必须展示不明显的日常功能，而且更重要的是必须展示更为复杂的个人关系网络。小说很少具有像《鲁滨孙漂流记》那样的便利环境,日常生活本身在面临自然的日常生活中不得不产生出来,由于奇特的情景,多种日常生活的形式及其戏剧性特征都具有普遍的人类意义。普通地说,有两种方法来解决这种困境:要么作者尽力包含无限延伸的生活圈子(包括无限多样的习惯的描绘),这种情况下,细节在平实的描绘中急剧增加,不可能被读者吸收;要么他抛弃所有再现的尝试,这就提出了被描绘东西的逼真性问题。当古老史诗的诗性混杂的所有元素都包含着道德和人性意义时,这些元素都可能同样针对听众或读者。但是读者和批评家不断平息对小说的“不真实”的表面性指控,当我们更仔细地看这些抱怨时,我们发现它们的标准是日常生活的套话。自然主义运动甚至做出纲领性的要求,小说要给出日常活动形式的完整而科学真实可信的情景,以取代想象力的“非真实的”和“浪漫的”飞翔。这种对比暗含着这种坚信,即“科学的”描绘比要达到“不可能的”高度的尝试更加忠实地唤起人类生命的本质。假设这个问题可以提出来,那么在古代史诗的世界里,它不能得到解决。相反,在中产阶级史诗中,日常生活与非日常生活的两极化把这种情况作为结构,这种情况就是,这两个领域最终复制了公共领域和私人领域的对立。排除了两个领域更忠实地反映人的本质这个问题。那些选择日常生活或“逼
39 真性”的作家,赋予了日常生活圈子以更加细腻的图像,但是减少了作品的人类普遍性:被描绘的行为的范式性和公共性特征。偏爱第二种解决方案的作家们能够创造公共领域,他们只要从置身的生存与再生产活动王国中抽离出来,就能够赋予行为和习惯以公共的因而是普遍有效的特征。

无疑,现代社会结构的客观性,整体地激发了资产阶级史诗中坏的唯物主义与坏的精神主义的二元对立。在这种意义上,这种现象的呈现是“必然的”。但是提出来的困境并非不可解决。日常生活的成功再现,二元对立的解决从根本上说联结着亲密领域的命运。如果已经实现了中产阶级的原初希望,如果亲密领域的人类价值在理性王国

中已经被普遍化了,那么,拥有社会普遍性的日常生活活动的组织原则,就会从日常生活本身的习俗和习惯中产生出来。在菲尔丁、哥尔德斯密斯、奥斯汀、歌德或托尔斯泰的小说中,涉及纯粹"日常性"场景中的情节具有这种重要的印记。这种解决办法的再现显得不可能,因为不能尝试把亲密领域的价值进行普遍化,这导致了无数价值中立的日常习惯和行为体系。至多,仅仅是一系列冒险或历史事实的氛围可以创造一种暂时的解决办法。不过,这里小说本身也是悖论的。一旦我们回到"正常"生活,就形成了在征服异化的斗争中占据重要地位的观念,即非日常生活的形式的实质性意义,是使我们以人道的方式组织日常生活。《战争与和平》(War and Peace)的尾声虽然不是唯一的,但也是这方面最好的例子。对在伟大历史风暴之后的别竺豪夫(Bezukhovs)家庭生活一瞥,暗示了人类的丰富(以及这种观念在托尔斯泰那里暗含的所有问题),也暗示了为一个非日常活动的新阶段所做的准备。悖论的另一面被戈德曼(Lucien Goldmann)所提出:中产阶级小说愈来愈被"本真"和"非本真"的生活(eigentliches und uneigentliches Dasein)价值的二元论所支配,在这种分裂中,始终在非本真性领域找到日常生活的"散文化"。

戈德曼也把第二个问题提出来了:小说中价值的地位。他的理论 40 立足于以下的思考:小说本身是由被社会忽视的价值所支配的一个宇宙。它含蓄地把不存在的"本真"价值表现为一种明显的现实。[①] 这联系着这种事实,即小说形式和市场经济体系中的交换结构是明显同构的。[②] 最后,戈德曼认为,发生了以下的过程:只要交换价值把使用价值局限在背景中,并使之隐匿,那么本真价值也被降到了小说背景。在中产阶级现实和与之同构的形式之间,中介具有出乎意料的重要性。[③]

[①] *Problèmes d'une sociologie du roman*, 'Introduction', p. 232.

[②] Ibid.

[③] Ibid., p. 237.

这种思想可以带来诸多反对意见。首先我们能够注意到,戈德曼未加批判地采纳了海德格尔的"本真性"范畴。[①]然而更重要的是,他那种把马克思经济观念扩展为普遍价值观念的方法。只有无视在马克思那里没有这种思考的基础这个事实,戈德曼才能主张,使用价值是本真的,交换价值是非本真的。戈德曼所主张的使用价值的隐匿性观念也是有问题的。马克思的确指出,在交换行为中,被交换的东西的具体特有的质性(因而使用价值)消失了,只有其数量被普遍的价值尺度变为同质的,这种数量才被着重考虑。除此之外,就使用价值而言,"隐匿的"这个术语的使用也是很尴尬的,因为,如果商品不表露出它特有的使用价值,那么它就不可能参与交换过程。最后,在使用价值和人类"本真性"的呈现之间可能存在着什么样的同构呢?

但是,戈德曼的提问方式在两方面是重要的。虽然市场"同构"理论被夸大了,但是它在小说形式中指出了许多结构性特征,这些特性可能形成一种新的理论解释。另一方面,这个理论第一次显示了价值论与样式理论之间的关系的问题。我们可以简单地表述这种关系:每一种特有的艺术形式不管是普遍的还是偶然的,皆联系着世界历史或特殊时期,它的历史特征的一个标准恰恰是这种能力,即根据人类物种的价值发展,去再生产其时代的主导价值等级的能力。这个标准甚至更加准确地通过这种形式能够再生产的等级表现出来,以及在这种生产中发挥主导作用的价值表现出来。[②]

从这个角度看,人们同时能看见史诗和小说的世界-历史的和普遍的特征,以及它们完全的对立。在古代史诗中,价值等级与有机共同体的内在结构是一致的、占主导的,是牢固而稳定的。这种不可改变的形式承载着集体的伦理惯例(Sittlichkeit):因而,伟人亚历山大按照阿喀琉斯的楷模安排了价值等级。偶然的个体能够修正习俗(例

---

① 戈德曼把他的发明归属于卢卡奇。海德格尔可能纯粹是紧随后者的脚步。
② 对此的阐述,参见 Agnes Heller, 'Towards a Marxist theory of value', In *Kinesis*, Fall 1972。

如,荷马给我们显示了作为野蛮的符号的嗜血成性,从英雄价值表中消失了),但是甚至在这里,在既定的**伦理生活**面前,过去在叙述的当下被唤起来了。对作品建构而言,严格以价值等级的结果就是,在史诗中,只有少部分的比较好确定的人物类型才能承担组织中心的角色。黑格尔要求这种样式的角色是:最英勇的、最英俊的和最聪明的人才能完成这种使命。人物的安排、史诗的结构秩序,永远立足于价值等级。小说激进地突破了这种传统,但是保留着价值再现的普遍性。这最重要地表现在,小说已经以其形式的变化(因而不仅是内容的变化)再现了中产阶级时代伟大的征服者:价值体系灵活而动态变化的特征。戈德曼说巴尔扎克是"这种"**严格意义**的中产阶级的价值秩序的小说家,他肯定搞错了:他作品的建构、人物分配的安排始终唤起了对适应于"**一种**"既定时期的资本主义发展(当然有作者的选择)的偏爱。开始,行动中的人是典型的英雄,鲁滨孙、流浪者,这些人都按照历史行动。① 随着 19 世纪初期方向的变化,理智的斗争来寻求具有价值内容的行为的可能性与意义,而在堕落时期,活生生的体验(*Erlebris*)原则上比"非本真"行为更加重要。我们与不同时代的价值等级的关系是变化的:我们能够轻易地责难天真而自信地相信中产阶级行为的全知全能,也能轻易地责难对活生生体验的消极的、贵族式的态度。不过,我们几乎不可否认,固定的价值等级内爆以及代之而起的不断变化的价值秩序的动力,也是小说较之于史诗提高了的解放 42
内容的一个方面,这是我们前面注意到的。结果,小说原则上是**价值 - 多元主义**的,它并非认可几种仅仅有限的行为模式,仅仅几种基本或独特的德性。歌德评论说:"只有人类的总体性才能再现人性。"这可以成为每部小说的警句。之后,在危机时期,这种值得称颂的多元主义变为一种感伤的相对主义。卢卡奇经常谈及许多当代作

---

① 这是因为他能极早地听到对此的初次反对:塞万提斯的反对,他在行为中看到价值的坟墓;斯威夫特的反对,他的主人公从行为退回到顺从。但是这些对立的观点也是对最主导的框架的回应。

家对其主人公的虚伪的伤感,这与早期对主人公的自由解放的无情形成鲜明对照。在卢卡奇无情与感伤的对比背后,我们把价值多元主义改变成为价值相对主义。尽管如此,正是价值多元主义才是这种样式的形式和结构的实质,表达并激励了这个新时代的胜利者:个体的价值选择。同样,多元主义原则上允许丰富而大范围地描绘人类心灵,这在史诗的严格的价值等级中是不可能达到的。最后,戈德曼恰当地强调(尽管他的结论不是极为正确的),小说的结构本质上是一种对立性样式。它具有这个特征,恰恰是因为它的价值偏爱。即使小说对应着市场的结构,它也从来不接受市场的价值观念。金钱在小说中发挥普遍的交换手段的作用,但从来不能处于价值体系的顶峰:它不能置于那里,因为这将导致"活生生"再现的可能性的摧毁。由于商品拜物教,人们之间的关系被物化,但小说必须——至少相对地——解构这种像物的肌理,或者纯粹地捣毁这一虚假的形式。这种"解构"愈来愈不成功,这是小说危机中的决定性元素。不过,小说恰恰不是同市场体系的结构同构的,因为在主导的市场结构后面,小说把"本真的"人类价值带出了水面——这些价值尽管更少了,但是指向了"人类实体"的丰富性。

像史诗和小说这些普遍的艺术形式,必须以某种方式再现普遍的偏好的体系。就史诗而言,这容易得多。亚里士多德能够表达希腊人千禧年经验和道德信条,宣称"命运的恩赐"也是生命的道德平衡的一部分。在史诗中,这些奖赏是纯伦理德性的客观结果,每个王国反映着其他的王国。因而,黑格尔用来描绘的显示史诗的客观生命力的操作与消费的丰富领域,绝不带有物化的标志。对象和人类之间的"活生生"联系极大地被史诗情节、战争或迁徙的特有背景所强化。根据史诗样式的价值标准,从敌人或敌对自然中获得的物品,本身成为人类完美的英雄的证据。

既然中产阶级史诗是一种对立性的样式,资本主义精神(正如韦伯所概括的特征)从来不能支配它,它一开始就矛盾地呈现了这种统

43

一。18世纪的英国小说(笛福的绝大多数作品)仍然反映出炫耀的乐观主义,这种乐观主义在人类发展语境中没有看见曼德维尔(Mandeville)观念的问题:"私人的罪恶,公共的利益。"但是已经表达了抗议,这不仅在斯威夫特和塞万提斯第一批伟大的异端者那里,而且在《艾米利亚》(Amelia)的菲尔丁(Fielding)与"咖啡馆霍布斯"的论辩中。就对比("物质价值"与伦理价值)而言,小说的特征犹如马克思在道德性的政治经济学与政治经济学的道德之间阐明的冲突一样。如果我们根据小说的结构思考这一哲学格言,那么我们能够说,小说也是进攻性的:如果它想再现具有道德价值(使用任何的伦理价值体系),那么它就必须不断地摆脱物质商品与利益的宇宙世界。这个过程到19世纪末被充分地实现。已经谈到主人公的匿名,纯粹被这种事实所加强了,这种事实就是,读者几乎不知道主人公生活的客观世界,除非描绘了环境以及创造特有氛围。结果,空间的再现不仅在广度意义上(即作为维度)而且在强度上面都萎缩了。当作者排除了借以把握对象的活动时,他应该抛弃他为人的亲密描绘所需的实质性工具。但这里也出现了这种样式的悖论。史诗世界的客观性作为人类的外延是"第一位的直接性",它不得不内爆,以使生产的无限过程在长期拼搏的基础上可以开始。史诗世界与自然和敌对人群的关系——后者呈现为自然的一部分——属于"限制完成"的王国。主人公一见到他从外在世界夺取的物质商品时的满足,本身处于这样狭窄的符号中。此外,在有机共同体中,财富资源(财富、自由或依靠等)是由于出生⁴⁴的偶然为个体所有,因而也是由于这一决定,马克思认为这种决定比个体和存在权力的偶然关系更为卑劣。小说主人公非固定的、不和谐的状态在三方面优越于史诗有限的和谐。首先,小说主人公始终渴求无限——无法满足的拥有新对象的欲望——构成了面向未来的社会较之于封闭的史诗世界的人性的优越。第二,甚至小说抛弃了与道德价值相对立的物质价值的再现时,它也仍然引入了富有成效的维度:它思考对象世界,并强迫把对象的世界作为一个问题来思考。真正重要的小说始终游动在物种意识层面:它不仅懂得并彰显出,对象化的增加和拓展意味着人的力量的延伸,而且一部重要的小说也清楚地表明,只要这些对象化作为"外在的"、陌生的力量与人对立,那么它们也就没有了价值,成为人类能力展开的障碍。恰恰针对小说中的非本真性和价值的堕落,《小说理论》正确地把异化视为中产阶级史诗的核心主题。最后,在小说中,"命定的恩赐"是通过偶然个体的"技巧"和活力获得的,这可以与出生的情境优势地位进行比较。这代表了进步,甚至在这种技巧与活力以令人反感的形式呈现自己的时候。戈德曼的声望还在于突显了当代"充满问题的个体"的讨论,这在五十多年前被卢卡奇作为小说的主要特征加以分析。考虑到《小说理论》的浪漫的反－资本主义前提,它把现代个体与相应的文学样式即小说都描绘成完全充满问题的,这是内在一致的。在这困境的背景中,一方面具有形式上自由个体的解放的事实,另一方面也有缺乏共同体的社会普遍共有的价值冲突。如果我们要忠诚于我们的起点,我们就不能明确地承认,史诗中人的再现的优越性或者小说主人公"充满问题的特征"。史诗的和谐宇宙的广泛的狭窄性特别鲜明地表现在其主人公的准个体性质上。黑格尔和卢卡奇把史诗主人公视为集体的模式,超越了纯粹的个体性。史诗中个体的这种集体质性意味着,每一位主人公更多的是一个**民族德性**,很少是不能复制的唯一实体的表达。马克思反讽地拒绝这些观念,即根据唯一性来审视人的个体性。他的反讽是完全合理的:这种"唯一性"几乎类似于一片树叶的唯一性。另一方面,完全脱离任何个体性的古希腊瓶式绘画的对称,敌对格斗者(阿喀琉斯和赫克托耳等)彼此变化,比任何理论论证更好地显示出,史诗人物只是有尊严地履行天赋分工中分配给他们的功能。这里不可能有超越自然的唯一性,并且通过努力工作塑造其自己独特"唯一性"的个体性。

　　"集体的个体性"为史诗再现提供了巨大优势。首先,没有**私人化的危险**:阿喀琉斯的愤怒是私人的事,同样是公共的事件。第二,由于

44

史诗主人公的功能性和"非唯一性"特征，某些人**如何**能够完成如此任务，这从来不是一个问题。史诗中提出的问题始终如下：有某人来完成某种功能吗？只要愤怒的阿喀琉斯不完成他的功能，古希腊人就是脆弱的，当没有人完成赫克托耳的功能时，特洛伊就明显垮塌了。抛开其他视角，史诗的**直入本题**的开端也具有更加深刻的**个体**意义：主人公的描绘从不包括他的起源，至多是涉及他的谱系。最后，史诗从来不触及平庸，因为个体们是重要力量的集体的普遍体现，因而物种与个体的关系是及时的、直接的。

我们从马克思关于现代人是**偶然个体**这个观念开始，能够理解小说中个体描绘的优点与悖论。这主要意味着，给主人公以名字或谱系并非有助于我们对他的认识，情境不再提供他的性格和直接迹象。只有有机的共同体才能提供这种直接的印记，它确定其存在的必要功能———一瞥就能理解的功能———并规定这些功能所必需的人的类型。这就是为什么在史诗中，**行为与性格协调一致**。在古代的主要样式中，这种经典格言是不适用的：**尽管两人做的事相同，但结果并不相同**。史诗主人公的行为从来不是相同的，这就是为什么其性格可以借助他们的行为直接加以判断。偶然的个体脱离这些巨大的集体整体，依赖自己的唯一性，至少获得自由的表象，随之他就成为小说严格意义上的充满问题的个体。对小说家来说，最重要的问题就是对成为主人公过程的分析，甚至是这种分析的可能性或不可能性。

因而，在小说人物的个性化中，我们拥有许多死胡同，这只能在这里简单地提及。在中产阶级史诗中，自我与外在世界普遍的二元对立在人物描绘中经常会导致一种**先验的**枯燥乏味的选择。当作者试图从"客观世界"、从他的对象化中"推出"偶然的个体时，结果他把性格还原为一大堆的社会因素。但是当作者设法描绘个体的偶然性格时———如此难以解释的朦胧实体———结果，他要么忽视要么违反"世界"有效的客观自然，把他的主人公抛入偶然个体性的自由中。显然，史诗排除了这种二律背反，在那里，对象和人是统一的，阿喀琉斯的盾

46

只能从主人公存在的角度加以再现。另一方面,很明显,在小说中对人的本真的呈现需要极为复杂的技巧和一种特有的个体的发现,特别是,既然动机始终不确定、不清楚,无论什么时候,行为和性格都不协调。当小说家对主人公的描绘强调世界,强调客观的和社会的背景时,现代读者一直对此加以反对,因为这缺乏心理的真理,这纯粹指的是:我相信这行为对应着社会力量的相互作用,但是我怀疑,这对应着这个特殊的个体。另一方面,如果性格的偶然质性(在描绘中,这如同他隐藏的行为动机)变成再现的焦点,那么他的事迹从人的角度是不可信的,不再有趣。最后,这一切导致我们早就从不同角度加以讨论的结果:偶然个体的描绘需要一种**虚假环境**的创造,以便确保清晰的个性化的条件。《小说理论》的作者十分深刻地说,心理学(在现代小说意义上)是替行为**作假**。但是每一个虚假的环境如此必然,以至于现代作家被迫去创造,以便消除他的作为偶然个体的人物的所有悖论,并使这些人物看起来很自然。

47

  另一方面,正是这些后果导致了成长小说(Bildungsroman,又译教育小说)的诞生,这是中产阶级史诗伟大的人道主义的战胜者。这里我们不仅仅谈及狭义的一种既定的小说类型,诸如《汤姆·琼斯》(*Tom Jones*)、《威廉·迈斯特》(*Wilhelm Meister*)、《绿衣海里希》(*Der grüne Heinrich*)或者四部曲《约瑟》(*Joseph*)的经典杰作属于这种类型。这种小说不同于其他小说,仅仅因为教育过程本身作为行为的目标被有意地提出来(歌德通过创造一种特有的"器官"来强调这点)。这种作品,甚至微小的作品,都在民主活跃、充满希望并在呼吁用"新人"的创造以取代旧人的时期被写成。不过,事实上,直到危机的开始,小说一直描绘教育过程——自我教育过程(这也适应后来小说不屈从于拜物化的时期)——甚至其主题材料的直接意义是"逆反教育",幻觉丧失的时候。这里,从小说历史开始,就明显出现的二元对立再次昭然:鲁滨孙充满信心地学会了如何以中产阶级生产和消费的方式来掌握自然,而格列弗(Gulliver)在他教育旅行的结尾屈卑地理解到,他深爱的国家制度和道德观念与聪慧的马群的标准相比没有真正的人性。不过,两者必须经历自我教育,原因有二。第一,因为世界不是完成的,不具有有机共同体的自然特征,而是处于持续的转型中。当然,有机共同体也有教育:每一个开始生活的个体必须直接或间接地学会与其自我保护相关的功能的实践。但是每个人能够自信地利用对他一生有效的知识:阿喀琉斯的价值抵制了时间的流逝,不能像堂吉诃德那样令人吃惊。中产阶级史诗的主人公必须学会有能力而不是现成的知识,因为在其生命中,既定条件可能急剧嬗变。鲁滨孙在岛上不得不面临和威廉·迈斯特或鲁班·鲁普雷(Lucien de Rubempré)一样不可预料的任务。而且,作为偶然个体的小说主人公不断地超越存在领域:社会各个层面和每种新的适应都需要新的能力。这种持续的转型不仅是小说兴起时期的特征:在很大程度上,幻觉的丧失是这种事实所导致的,即青年一代在进入中产阶级社会的兴旺阶段时的伟大英雄梦不可治疗地被呈现为幻觉;因而人们必须重新教育自己,以便继续生活。从法布里热奥、拉斯蒂格纳克(Rastignac)到莫劳(Frédéric Moreau),我们拥有了整代人的教育史。日益增长的拜物化的中产阶级社会更加难以理解,对某些人而言,它变得完全不可理喻。狄更斯最好的人物恰恰就是这些奢侈者,他们在黑暗中摸索,其谦卑的可怜来自于他们完全不理解和漠视周围的世界。在史诗宇宙中,也有不可预测的因素,或者至少以前所不知道的事情:奥林匹斯神灵或瓦尔哈拉殿堂神的意志。一个主人公没有神圣旨意的暗示,然而其他人知道,通过预测事件自己就传递给他了。不过,即使神灵具有人的形式,天国的意志暗含着普遍的不可预测,这宇宙具有超越共同体的优越性。这是"有限的完成"的世界自己必须屈从的事实,因为它的平衡与和谐恰恰立足于其不能超越生活的领域,不过,在生活领域中无论什么东西,都可以被所有人获得并认出来。同时,卢卡奇在他的《美学》中讨论的艺术普遍的拜物教功能,清楚地呈现在小说之中。行为本身只是一种向拜物教的世界特征的抗争,结果要么突破了拜物教的范

48

围,要么在它的墙壁前面绝望地偃旗息鼓。

由于世界及其在世界上行动的个体的内在结构,所以中产阶级史诗要面临自我教育的问题,这是必然的。就个体而言,自我教育涉及一种漫长、痛苦而**根本上**可疑的运作。在这个过程中,偶然的个体调整自己,适应中产阶级社会的"自然规律",找到他的出路,顺流而下或是逆流而上。而且,自我教育的曲线是一条堕落的曲线。虽然在小说史最初的几个世纪,小说忠实地模仿中产阶级进化论,以至于它把每个个体视为事实上在双重意义上能够完美的,但是在法国大革命之后危机的几十年里,它形成了个体的对比,个体仍然能在一个他没有机会这样做的社会里发展他的人格。在 19 世纪后半叶,仍然流行的表达逐步得到阐明:个体的偶然特征以及世界向"第二自然"的转型都被视为是确定的,不可逆转的。

⁴⁹ 尽管在其兴起期间自我教育主题堕落了,小说作为一种形式——表达了一种观念,这种观念不能随着资本主义社会陷入危机——也不能被这样的堕落所贬损。在马克思看来,"个体的偶然特征"意味着两种完全不同的事情:它用来暗示,个体通过竞争和拼搏的事件实现了自己或者没有实现自己,但是它也显示出,在现实秩序或阶级中,在他伟大或微不足道的整体中,空间地位不再是他个人的质性,而是他自己活动的结果。个体的偶然特征在第一种意义上是既定的经济结构的产物,在第二种意义上它成为人性持久的结果。当然,小说广泛地涉及偶然个体的竞争性拼搏(巴尔扎克的圈子几乎涉及这些),但是它的实质倾向是再现自我实现。每一部名副其实的小说提出这个问题,"人类怎么成就他自己呢?"尽管启蒙、激励或忽悠其作者的意识形态也这样提出。答案也许充满希望,也许垂头丧气,最终结果也许意指人性的胜利或失败,但是过程本身,人寻求摆脱自己或迷失自己,创造他自己或毁灭的过程本身,再现了一种人道化的价值,这种价值远远超越了史诗所履行的功能。而且,正是因为小说把偶然的个体以及虚幻自由的主体作为起点,教育过程的结果才是悖论的。不仅就具体的

例子或是在原则上说,都是这样。通过这种悖论,与史诗的预先注定相对立的选择可能的观念进入了小说的世界观。在陈述这种对立时,我们必须避免现代的偏见。马克思的历史理论再次允许把历史视为一种可能选择的过程——并且自从这种视角支配马克思主义学界的一部分——任何抛弃这种观念的形式看来都是退步的。不过,这种观点视角不能毫无偏见地用于古代史诗。当然,明显的是,当史诗主人公接受他的命定时,他的命运、他的旅行是被预先注定的,不管他知不知道这点。但是,根据这种样式的拟人化宇宙的标准,史诗主人公把自己提升到神的高度,并在那个宇宙确定了人的尊严。原初的公众能够按等级区别人和奥林匹斯神,但后辈不能够感觉这种区别,恰是因为史诗再现的优点。但是这种样式的氛围排除了这种观念,即阿喀琉斯能够成为瑟赛蒂兹(Thersites)或者瑟赛蒂兹成为阿喀琉斯;就戏剧性史诗而言,它的效果今天减弱了很多,它建立于一种情景,这种情景那时看来很荒诞,而现在成为我们喜剧图书中十分普通的技巧之一:离奇与庄严被置于现实环境中。在市民社会以及小说中,个体根据独立于共同体的选择进行发展的可能性经常导致一种质变,阿喀琉斯随之降到瑟赛蒂兹的水平。但是,甚至以此作为代价,人类有了"收获",因为小说的人物转向了未来——他们自己的未来——而不是过去的特殊视点,注入他们不可改变的存在境况中。

到目前为止,分析的因素可以回答关于小说结构和写作的诸多问题:经常提出来以便贬低这种新样式或显示其优越性的问题,这些问题涉及形式的实质性理解。最重要的一个问题是关涉小说中人际关系的形式。

在史诗中,人物是潜在的或实际上的熟人。这一方面是由于在他们的生活领域始终极为稳固的血缘纽带,另一方面是对手在其中移动的有限而明确的空间,最后是由于空间再现了有限的改变的"制度"或"功能"这一事实。在单一的共同体中,不仅因为个体彼此熟知,而且我们只要看看瓶式绘画的对称就会明白,其他集体性活动都根据相同原则组织,具有相同的典型的人类功能,完成这些功能的所有人即使不熟悉也彼此知晓。

相反,在小说中,人际关系的起点是众多的中产阶级个人,这些人居住在房里或公寓里,彼此隔绝,相互不认识。最初,这种条件被从亲密的家庭世界中建构公共领域的愿望所缓和。不过,家庭中的联系从来没有史诗中的血缘纽带那样普遍的影响力。黑格尔的评述是极为重要的:个体不是家庭的产儿,而首先是市民社会的产物。在史诗中,祖先的亲密性记忆可以足够地避免人际关系中所有的摩擦或至少把这些维持在有礼貌交流的习惯[参见格劳康(Glaucon)和狄奥墨得斯(Diomedes)的事件],然而在小说中,亲属的提起纯粹只是显示现实的人际关系。而且,甚至家庭小说(romans de famille),也不能仅关注单一的家庭,中产阶级个体彼此隐姓埋名,完全决定了不同家庭之间的关系。开始,小说尽力赋予再现整个社会的幻觉,甚至在它后来被迫限制其再现领域时,它也没有抛弃这种目的原则。很显然,在以现代社会为特征的空间扩展的单位中,人的彼此熟知是不可能的,我还能指出社会阶层和阶级的相对独立。

这些都是中产阶级史诗中和谐关系的冰冷而真实的障碍。我们已经给出了实质性的原因:不过,个体的偶然特征揭示的仅仅是人格的表层,而不是"实质性"的人类特点。只要一个共同体的归属感也是个人的实质性,那么这质性、人格实体就立即呈现出个人与他人的联系。只有主人公有意想误导别人,如在《奥德赛》(Odyssey)中经常发生的,只有在这时才产生例外。因而不可能获得任何人,最个人的以及最实体的存在。咱们再次看看喜剧性史诗,当我们不再去寻找被英雄光环笼罩着的阿喀琉斯而是注意到他最亲密的活动时,他在史诗中就不再具有任何地位,只能以样式的滑稽模仿来处理。无论布鲁姆先生(Mr Bloom)说了什么,我们都不能说与他相同的东西。在某些共同体中,个人的实质的辨识借助于举止、习惯性姿态以及衣着的规范。这一切意味着在有机的共同体世界,集体性活动以及集体性行为举止

51

的形式始终揭示出人的实体性方面。相反,在小说中,人们得努力去获得这种实体的质性。人们需要多次相互努力,才能在陌生人中间获得相互的理解。而且,小说不再倾向于呈现主人公的客观活动,这是人际关系形式很难再现的另一个源泉。我们能够以恩格斯对费尔巴哈的反对意见,来概括人际关系的障碍:在资本主义社会中,人的存在(恩格斯说,不仅仅是无产阶级的存在)不等同于他的实质。

为了克服这些困难,小说发展了一种特有的关系结构:它以偶然事件把自己强加到命中注定的人际关系的必然性上面。小说以偶然事件开始,然后取决于作者的意愿,因而这适合于私人的和独立人格的描绘。只有当两个主人公在街头事件、某种免费的邀请、无意评说中偶然相遇时,才能最充分地概括出独立的私人个体的关系特征。但是偶然相遇必须从此开始合理地证明命中注定的必然性,换句话说,它们必须暗示出主人公所走的道路不得不遵循既定的方向。这种命中注定的必然性,几乎在每部小说结束时突出地自我宣称出来。那时,在理论上说,"要不然也可能这样发生"的悖论就被排除了,小说对象的可信性通过可能王国中最可能变化的现实建立起来。

为了清理命中注定的必然性的意义,我们必须在这里讨论这个词语的三种细微差别。第一个在此词的哲学意义上不能被视为真正的"命中注定的必然性"。一旦人物被作者的专断建立关系,它就是指人物"必须发生的事情"。必须在他们之间建立关系,要不然故事就会像怀尔德(Thornton Wilder)的习俗故事一样没有意义。这纯粹是这种形式的必要条件(*conditio sine qua non*)。(当然这种形式不像史诗,只能产生于武断和偶然的邂逅。)第二种细微之处带有通常的拜物教内容:每一个偶然事件的背后潜伏着严格的"宇宙规律",换言之,就是中产阶级社会的自然法体系。根据预先注定的必然性,小说开始就被赋予的这种普遍的秩序,必须自我合理化。第三种微妙之处类似于斯宾诺莎称之为"自我决定"的东西:人自身影响着他是什么以及成为什么,并且回过头来看,结果是不可避免的,如果你喜欢,也是命中注定的。

这种理解可以适用于理解爱情故事。想想科波菲尔德(David Copperfield)和阿格妮丝(Agnes)之间的关系。男主人公和女主人公彼此紧密地生活了几年,没有察觉他们的暗恋,最终由于他们自己的行为和性格的演变而结合在一起。发生什么事,就取决于他们:就是他们自己的作为。但是在其构建中,这件事如此确定,以至于它不仅能够呈现为一种必然性,而且是命中注定的。

戈德曼关于小说形式与市场结构的同构理论在这里是最富有成效的,因为它能够合理地解释偶然与命中注定的范畴。市场上人们的邂逅完全是出于偶然,在于它没有其他的"合理性"和"动机",只有交换商品的欲望。这种欲望不告诉我们有关人物的"实体"、起源或能力,甚至就他们而言纯粹是偶然的,他们的存在也是不可预见的。马克思在《1844年经济学哲学手稿》中的分析给我们提供了无与伦比的自我与他者之间偶然接触与邂逅的现象学。就相遇的人格而言,场合与现象也证明是偶然的:人们不能从一个人的人格中推出他成为交换行为的一部分,他的产品成为商品、成功交换的对象的时刻,也不能从中推出这种运作展开的环境。相应地,当人们思考着一切——人、其存在、实体与资本主义"永恒的自然法",这些法律在每个方面看来对个体的各种行为而言是不可改变的以及决定性的——它们证明是由许多偶然的行为组成的。显然,当我们谈及市场行为与小说形式的结构性类似时,我们想到的不是有意识的模仿。马克思的分析指出,商品拜物教首先在市场上实现,它以其自己的图像同质化了所有的社会生活,也渗透了那些看似最亲密的领域。因而,在艺术家作品中,这些作为市场或商品的"普通的"现实力量即使没有出现,如果他根据商品交换的结构,更准确地说,根据与之类似的艺术表达来安排他的人物及行动,那么,这就是普遍化的拜物教和同质化力量的结果。

偶然与命中注定的两极对立在某种程度上较之于史诗的预先注定的"直线性"体现了一种退步。一方面,偶然的东西只是私人的,因而是平庸的东西的再现,低于史诗的人类的普遍性。另一方面,在人们身后实现他们自己的命定力量的再现增加了"小说的散文性"。然而就形式而言,我们必须注意到一个**新点**:从偶然和命中注定的必然的两极性中产生的行为张力。立足于不可预见性与期待元素基础上的这种张力,来自这种事实,即我们不能预先知道主人公的"偶然"相遇,他们自己将和谁搅和在一起的命定,以及他们自己命运的本质。在古代史诗中,在人的功能被执行了的地方,而且在命运给角色的分配已经被流行的神话传递给读者的地方,读者看到功能被执行时,兴奋感取代了从不可预测和期待中产生的悬念情感。确定这两种印象[54]的等级,的确很困难。但是,很显然,功能被执行时的兴奋是一种指向过去的经验,正如史诗主人公的整个情感宇宙一样。愉快感情被这种事实引起,即已经为读者所知的东西以一种个案的形式复苏了。这把单纯的"认知"转变为震惊,转变为自我认识,转变为自我审视,转变为净化。小说的读者虽然紧随主人公的脚步,但他也不在伦敦的烟雾中摸索,至少在任何重要作品中没有。这里也最终是真实的,即从不可见的聚焦看,小说的结尾把光明和阴影投回到其主人公脸上。不过,从读者角度看,这里不可能有预见,至多是一种以偶然邂逅和偶然事件朦胧地促成的预感。它是如此预感,以至于读者在理论上有权质疑(在结尾)作者终止他主人公旅行的方式。另一方面,在特洛伊历史中,在普遍流行的神话语境中,怀疑赫克托耳死亡的"合理性"显然是无意义的。偶然的事件因而**先验地**引向未来,设计了选择。在多部小说中,这种可能性被预想的和拜物教的"自然法"逻辑捣毁了。在作为艺术作品的小说中,这个问题仍然保持着开放性:最终形成的普遍语境是人物自我决定的结果,还是拜物教世界的自然法的坏的客观性结果?相应地——这也是一种选择——从提高了的人类情感的预测中,从读者体验这些印象以及在这些印象中丰富他的生活的欲望中能够产生张力,但是正如缪塞(Musil)所注意到的,张力也能够下降到技巧的层面,这纯粹以偶然的、矫揉造作的晦涩的语言奴役和迷惑我们,而没有丰富我们的生活。小说这种意识结构的创造认识到了选择,也面临可能性的选择。偶然和命中注定的必然性的两极性是小说的结构元素,其最深刻地扎根于时代中,最紧密地联结着市场社会:未来的史诗形式将不得不超越它。在每一个历史进步的时期能够再次呈现,自由的自我决定的史诗样式,将取代建立在拜物教必然性基础上的小说结构,但是新的史诗仍然保持在原初模式的范围中。毫无疑问,既然人性不再是单一的有机共同体,那么,在主人公与其关系之间的纯客观的相遇将是偶然的。不过,在两个重要方面,看来可以超越小说的结构。首先,人类将迅速地脱掉笼罩在其他人周围的物化外壳。结果,人的实体,他们相互适应或独特的实质,将能够立即自我呈现,不需要中介,这将自动地消除偶然和必然之间的摆动。第二,人类所有可能性之一已经被有效地实现了(我们所称的实现是自我实现),这种可能性与纯粹已有的可能性相比,具有另外的价值和本体性地位。不管它是借助于主人公可能的命运平行展开,还是使某些潜能保持开放,还是使用人物对照,那么,这些人物在自我实现中表达了另一种可能性,这种新的史诗样式将能够比目前最伟大的小说赋予更重要的选择观念。

　　这里就引入了小说时间处理的问题。《小说理论》在这方面展现了一种过分激进的方式:小说被视为和时间过程做斗争的样式,这种斗争在福楼拜的《情感教育》中达到了高潮,该作品发现了作为人类意义的唯一"本真"时间的绵延(*durée*)。这个概念同卢卡奇对小说概括性的整体判断一样是值得争议的,而且是夸大了的,但是它的对比仍然有效:在史诗中,没有严格意义的时间流,而小说与时间过程进行殊死搏斗。然而,甚至就史诗而言,我们必须避免文字上接受这种陈述:每一系列行动本身都是一个时间过程,犹如从阿喀琉斯和阿伽门农(Agamemnon)之间的冲突伊始直到赫克托耳之死的过程。不过,这种连续性的特征是:我们与时俱进(*tempora mutantur et nos mutamur in illis*)。卢卡奇细心地注意到,阿喀琉斯始终年轻,内斯特(Nestor)始终是年老而聪明的,海伦始终是美的,因为就作品而言只有在人的变化具有意义的条件下，丧失的、逐渐消逝的时间力量才在艺术性上变得重要。恰恰在史诗中排除了这种转变：命运是预先注定的，为未来执 56 行人类功能的人物的教育至多是一种背景性事件，如果主人公不能充分地执行其功能，那么这种功能失误要么导致像骑士求爱这样的荒唐的逸闻事件，要么是像在阿喀琉斯的例子中作为执行功能的一种过程。因而，显示人物不同阶段的开始和结束以及所有的过程（只要作者安排角色的地方有时间过程），这些在理论上都与史诗结构相违背。当歌德和席勒指出，所有与戏剧相对立的史诗形式强调了行为的**方式**时，他们事实上发现了古代史诗的本质特征。使用极其普遍的表达来说，这种**方式**基本上揭示了我们称之为"执行某人的功能"的东西。从这个角度看，时间流仅仅是一个媒介，一个中性领域，人物在这里能够采取命运赋予自己的一步步举措。相反，小说的主人公是偶然的个体，偶然和必然的两极性是这种样式的基本结构原则，这一事实把这种形式推向未来。因而，时间过程及其转变人的力量的价值和特征问题，成为每次必须要加以解决的重要形式问题。

小说拥有许多模式来产生时间流的问题：我们简单地总结几种。"倒叙"（flashback）揭示了以往生命的时间过程，**成长小说**展现了生命完成的时间维度，两者是时间流对立而相互补充的模式。两者的共同特征是，主人公不管是从开始还是在其生命中的某个时刻，他们总是意识到时间过程及其重要性。他们随之组织命运，至少对时间过程具有评价性态度。成长小说的模式普遍建立在这种事实上，即《汤姆·琼斯》或《绿衣海里希》起初不知道浪费时间是什么意思，但是从对他自己和别人很危险的这种条件被唤醒后，他就组织他生命的节奏。我们称之为评价态度的东西在小说演变的萎缩时期最流行。卢卡奇说，莫劳（Frédéric Moreau）就是这方面的经典例证。但是甚至通常那些只记录其展开的空虚性的、对过去经验的消极狂热以及赋予特有的任意选择时刻的价值，也促进了把时间流变为意识，并将之置于人类自我意识的中心。另一模式是历史的时间过程和个体生命节奏的变化，换 57

言之,在过去几个世纪,日益典型的经验就是:在个体生命和历史过程之间有一条深深的代沟。这种悖论导致了小说特别丰富的起伏运动,这种运动来自于梦,来自于不和谐的觉醒,来自于弥补失去的时间的骚动的努力,来自于早熟的进步所导致的孤立,并来自于滞后产生的心灵惊诧。当然,小说中有持续的运动:主人公犹如沿着他生命赤道航行的航海家,从来不能达到与他开始时的那个相同的世界。最后,由于偶然事件相互作用的逻辑结果,某个瞬间在小说中具有决定性的重要性,这是领悟或迷失机遇的时刻,但小说从现实行为退却到内心体验的领域后,这个时刻取代了整体生命,取代了时间的飞跑,或至少取代了现实行为的经验客体和原材料。

这些模式的共同元素是时间成了问题,换言之,成为一个不能完成的任务,一项要人来解决的工程。这就是在小说中,在所有小说中,在这种形式本身中极有人性的东西,因为,这的确是因为,人从来不是一个蠢钝的物种,用马克思和费尔巴哈争论的短语说,沉默的物种(*stumme Gattung*),但是仍然有某种"蠢钝",以未加反思的和谐而消极的方式表现极为狭窄的东西,阿喀琉斯、赫克托耳、西格弗尼里德(Siegfried)以这种方式经验了极有限的存在。恰恰缺乏的是伦理问题,感觉到人对他自己来说其实是一个道德问题,也许是要被解决的一个谜。相反,小说这种形式透露了人类生活的主要伦理张力,时间的缺乏,事实就是,我们的存在具有一个结束,因而我们不得不以这样的方式使用赋予我们的时间过程,以至于得到瞬间的自我实现以及高雅的人类发展的总体性。虽然不同的小说可以给这种困境提供完全不同的、通常是不清楚的或人性误导的答案,但是这种形式突破了消极的和谐,因而支持了人类发展。

我们最后的结论建立在不平衡发展的历史－哲学观念的基础上,这结论因而拒绝了小说的"充满问题"的特征。我们已经发现这种新的史诗样式的悖论,在于它兴起于第一个"纯社会"的社会(资本主义),又依赖于这个社会,因而它在维护原初的结构并带来充分发展过

程中不得不同资本主义拜物化的所有问题做斗争。与此同时,小说已 58
经创造了新颖的东西,这不能迷失在社会的社会中。预先或尽力去勾
勒这种史诗样式的新发展不属于美学的任务。但是从目前我们已经
说的东西中可以看出,古典史诗的复兴之梦只是一种浪漫的幻觉:产
生史诗并传播史诗的有机共同体一去不复返了。前方的路也在维护
中产阶级史诗的收获的同时进行转型。结构的实质对应着一个功能
性使命:甚至在最拜物化的样板中,小说也强化了读者成为"社会的社
会"的产物的意识,在所有非拜物教的例子中,小说给读者带来了认识
这种社会能够实现的最大人道化的可能性。小说作为一种形式清楚
地显示了人道化在这个社会中可以拓展的范围,对熟知的读者而言,
这是最有益的净化。

三、超越艺术是什么？
论后现代理论

费伦茨·费赫尔

（一）

在右翼和左翼那里，"艺术终结"和"后现代性"的讨论目前都是理论话语的焦点。① 在这里我的意图并非是重新界定这些观念，这些观念无论多么时髦，其概念内容往往是模糊不清的。我不是要去清理它们的界定，而是要指出并且在某种程度上分析某些生活综合征，正是这些综合征使得这些概念变得很重要。

第一种情结由**质疑**命名有效性的问题组成。许多人追问，现代艺术成为受人尊重、驯服的艺术，完美地整合到体制之后，还能继续称为先锋派吗？如果不能，能够有比**这种**现代艺术更现代的艺术吗？（显而易见，在名词前添加前缀"新"，称之为已经有点过时的"新先锋派"，不会解决这个问题。）所有这些问题都是相当重要的。无论观察者对现代艺术持何种态度，现代主义革命显然结束了。虽然先锋派没

---

① 参见尤尔根·哈贝马斯：《现代性与后现代性》；安东尼·吉登斯：《现代主义与后现代主义》；彼特·比格尔：《先锋派与当代美学》；安德拉斯·哈桑：《探寻传统：20 世纪 70 年代的先锋派与后现代主义》，皆载于 *New German Critique*, 22, Winter 1981。

有达到他们原初的许多目的,但是他们的确赢得了尊重。不过,令人尊重的先锋派在术语方面充满矛盾。它引起的怀疑就是说,艺术和文学迈上了穷途末路,普遍称为大写的"艺术"已经寿终正寝了。

第二种情结包含有关现代社会中的艺术和文学的制度化特征的 61**焦虑**问题。那些依赖大众社会、异化、拜物教与操纵(特别是大众传媒的操纵)的社会学理论成长起来的人,总是倾向于把艺术视为一种社会行为的网络,由于它深入地卷入重要的公共事件之中,所以完全不能避免被制度化。但是,正如马克斯·韦伯的细心读者所观察到的,在这种社会中制度化是以合理化的符号展开的。同时,这种形势主要意味着,合理化是我们社会宇宙完全非理性的唯一港湾。如果艺术一方面像任何其他制度一样被理性化,另一方面它又呈现在世界包罗万象的非理性面前,那么,它能够生存下去吗?

第三,这是**绝望**的陈述,我们的世界令人害怕,接近于世界末日,自我摧毁的社会潜能和技术潜能过于充足。面临这些威胁,继续从事大写艺术的生产,不是纯粹无意义吗?普通人就提出了这些问题,但这必然附和着阿多诺确切的表述:奥斯维辛之后能够创作大写的艺术吗?

最后,社会更不可能去区分"高雅"和"低俗"、浅显和深刻、个体性的有意味的艺术和大众生产的"浅显艺术",尽管区分很重要。这种社会原则上不容忍精英人士,社会政治方面的两个极端都是工业设计的标准化社会。不用思考就可以知道,如果没有以上的区分,就几乎不可能有大写的艺术,更不用说有艺术作品的评价了。

所有这些理论——有的理论能够等同于某一个名字,有的理论在于匿名的-集体的起源——始终没有清楚地预示"艺术的死亡"。但是它们都是后现代性理论,因为它们皆没有再透视出早期先锋派运动那种对乌托邦的自信。相反,它们皆直接地或间接地质疑继续从事"艺术"的可能性。

（二）

比格尔（Peter Bürger）的"艺术制度"①理论是最清晰的、最连贯的一种理论，它预示或者至少提示了有关艺术的社会地位的决定性的结构变化。基本的观念就是，在所谓的历史性的先锋运动期间（其典型是达达主义），艺术本身达到了清醒的自我意识，它把过去漫长的前历史视为**制度化**的历史。比格尔把先锋派的决定性运动命名为"历史的"，因为它们第一次体现了真正的革命和突破，不过这种革命和突破已经缩减到这种地步，它们非本真的承继者跟随其步伐，假装破坏偶像，事实上心怀被博物馆收购的虚荣。

这里要理解的第一个范畴是主导风格庇护下的艺术发展的对比。比格尔认为，在**主导风格**庇护下艺术的发展较之于脱离这些风格的新的潜在发展而言，是漫长而异化的艺术前历史。随着新的潜在发展，艺术创造的所有"手段"（动机、材料、技术解决办法等）逃离了以前使用的特殊风格的束缚性语境。在新时代，它们能用于任何语境和任何角色，只要有服务于理智设计人的蓝图。通过一个反例指出毕加索（Picasso）、格里斯（Juan Gris）和布莱克（Braque）的拼贴是显然无用的，在这里，甚至训练有素的眼睛一瞥，很可能轻易地把一个艺术家的作品错认为另一人的作品，因为当观众用艺术手段作为观察的基础时，能够辨认出**风格**，但是辨认不出个体的艺术家。理论的历史哲学的自信不会被这种反驳所动摇，因为风格首先就更接近于艺术制度的重要观念。

在比格尔的理论中，人们找不到艺术制度的定义（这位理论家明显认为，他的重要概论是自明的），而是找到了关于如何接近于情结的极为详尽的说明。艺术制度应该被理解为今天艺术的生产、接受和传

---

① Peter Bürger, *Die Theorie der Avantgarde*, Frankfurt: Suhrkamp, 1974.

播的三位一体,在艺术前历史中,这三方面都被制度化了,但是在不同时期,方式是不同的。下面,我将扼要地概括比格尔著作中勾画的艺术制度的世界史。

比格尔在艺术的世界历史中确定了三个基本的时期:神圣艺术时期,这时间处于神权政治文化或者至少由宗教支配的文化中;归属于再现装饰宫廷仪式体系的艺术时期;中产阶级艺术时期,作为中产阶级自我意识表现的对象的艺术时期。比格尔认为,三位一体的一个方面——传播在历史上没有经历任何激烈的变化。在每个世界 – 历史时间里,它牢固地被既定的特有领导的社会权力精英制度化。不过,生产和接受 – 挪用的情景与相互关系极不相同。在神圣艺术时期,接受和生产都是集体的。在艺术作为宫廷仪式时期,生产是个体的,接受是集体的,因为它由宫廷生活的框架或"编舞术"组成。在中产阶级时期,生产和接受本质上是个体的。不过,生产与接受仅仅是伪个体。因为全面的异化贬低了创造或挪用艺术的框架中的每个特有制度,因而也避免了真正个体性的生产和接受。正是这种矛盾的情景激发了先锋派的造反。正如比格尔所说:"欧洲的先锋派可以被确定为对中产阶级社会中的艺术地位的攻击。被攻击的不是早期的艺术安排(一种风格),而是超然于人的生活实践之外的艺术制度。"[①]只有一条出路:激进之路,捣毁艺术制度,完全实现非制度化的艺术和非艺术的生活的融合。这意味着艺术的终结。

以我之见,这种理论的主要弱点在于它没有很好地区分**对象化**和**制度化**。无疑,每部艺术作品是一种对象化,纯粹是因为它已经离开了人类内在性王国(在这里设想其目的),已经呈现为内在(认识的和情感的)过程的最后结果,呈现为一种至少与某些主体间的规范和期盼相和谐的一个产品,并具有一种可以借之用来进行主体间体验的形式。艺术作品的概念,以及它对接受者和其他对象化的影响,都具有

① Ibid. , p.66.

广泛的社会意义和预设。

  这里,很适合回想起比格尔自己抛弃的一种重要的传统区分。我记得就是黑格尔关于**绝对精神**(Absolute Spirit)和**客观精神**(Objective Spirit)的区分。绝对精神包括宗教、艺术和哲学,是社会生活的重要理想的对象化,是制度和日常生活的组织中心,但它本身是不被制度化的。客观精神包括国家、政治和法律,人们现在还可以加上教堂和科学。客观精神**本身**属于制度层面,对黑格尔来说,艺术不属于这个层面。我认为甚至在相当不同于黑格尔的哲学框架中,这种区分是重要的、有效的。也许两个层面的分化在原初形式上,进行了很鲜明的设想。人们可能以更为灵活的表述说,最少被制度化的绝对精神是哲学。因为,如果它是制度的,那么就丧失了原初意思和意义。最能被制度化以及最多被制度化的是宗教,即使某些宗教派别强烈地拒绝合适的奉献座位是教堂、是制度这种观念。艺术处于两者之间。

  为了理解这种中间位置,首先应该给出一个暂时的制度定义,然后把这个定义应用于艺术存在的三个方面:生产、接受、传播。除了呈现于其中的"社会功用"的必然元素之外(这元素普遍地与任何艺术的概念相背),制度是一种主体间的建构物:(a)它根据规则起作用,虽然每个方面是如此有些理想,但至少日益如此;(b)是规定的人类行为,每个方面都是可以传授的,虽然有些不切实际,但日益如此;(c)倾向于非个人的。制度从来不会达到自动化的理想水平,但它们应该尽可能地接近于这种理想。现在,如果我们转向艺术(肯定完全被制度化),从**生产**方面,我们立刻看到比格尔整体理念的某些严重的困境。生产(如果喜欢的话,可以说是创作)艺术作品的过程很少是任何严格的规则应用的结果。即使人们应用普遍的规则,正如在建筑中,在被自然科学共同决定的艺术中,被决定的是艺术作品的技术,**并非艺术作品的形式**。唯一的例外可能是音乐,技术和形式大都重叠在一起。但是如果考察舞蹈或绘画,我们就会看到,在创作一部艺术作品中规则的地位虽然存在,但在程度上日益减弱了。此外,当我们进一步涉及文学时,这种地位几乎降到零。"可传授性"程度遵循着以前的模式:在技术支配的地方,走向成功的行为规则就占据着支配地位。但是每一个音乐学校的明智学生都理解到,可以传授的是过去的音乐,而不是未来的音乐,换言之,不是他自己可能的音乐生产。在每一个技术发挥较少作用或没发挥作用的地方,这种制度化的第二个构成性元素就在生产艺术作品中减少或失去了其作用。最后,就非人格而言,艺术的对象化和它的制度化急剧分道扬镳。根据韦伯的观察,虽然现代性中制度日益非个人,但是艺术作品的对象化在这个时期更加明显地带有个体性的印迹。 65

某些接受的前提条件始终被制度化。最容易被制度化的接受方面是接受发生的**场合**以及接受过程中艺术作品的**公众反应**。但是可以设想,在某种社会结构中,接受－挪用已完全屈从于规则,完全可传授,绝对是非个人的,这种社会必定就是《1984》或《勇敢的新世界》(*Brave New World*)所透视的社会。可以承认,传播是三位一体中最容易被制度化的方面。豪瑟尔(Arnold Hauser)已经令人信服地指出,在任何社会语境中,艺术作品的自发性传播是一种浪漫的神话。从最微小和最同质的部落文化到我们时代庞大而异质的中产阶级文明,始终有许多社会渠道或**制度**,提供艺术作品的传播,无论是个体创造的或是集体创造的。但是,假如生活在既定语境中的人们能够对这些制度起作用的方式施加某些影响,那么被制度化的传播有什么错呢?

无论我们分析艺术的生产、接受,抑或传播,我们都将发现制度化和非制度化的构成性元素,尽管后者多于前者。因为,按照黑格尔的标准,艺术的位置类似于宗教。它属于绝对精神,也属于客观精神,在整个历史中,它本质是制度的,也是非制度的。(两个层面的差异是显而易见的:艺术不会产生自我制度化的单一而特有的形式,然而宗教是可能的。)因而,比格尔那种在艺术世界的危急关头捣毁艺术制度的解放行为是一种激进观念,是**文化革命**一致性却误导的浪漫理论;的确,是它的一种重要的版本。它是一致的,因为比格尔最早攻击自律的艺术作品,他试图以**偶发**或**即兴**的姿态废除自律艺术作品。这种即兴是杜尚的雕像、小便器,如果命名雕像不是对不再是对象而是行为的产品的侮辱。在弗朗斯(Anatole France)的葬礼上,达达主义的聚会也是如此。同样,对比格尔来说,当即兴创作中体现的造反烟消云散时,后现代时期就开始了,即便艺术作品是先锋的,它也被重新整合到已过时的权利之中。

我把比格尔的理论视为一种误导的文化革命理论,我不仅仅想到的是在他的理论机制中呈现的不可根除的困境,我已经阐明了。还有两个特有的**社会－道德**方面内在于生活和艺术的社会理念中,我发现这是充满问题的。这就是**生活的审美化和范式性艺术作品的消除**。

生活的审美化主要是先锋派和后现代性世纪末(*fin de siècle*)的遗产。克里斯蒂瓦(Kristeva)在作品中列举马拉美狂热的新浪潮绝非偶然。但是世纪末的唯美主义者从相反的方向接近这个问题。虽然他们不情愿颁布一个现代艺术的健康清单,但是他们的主要针对目标就是中产阶级——技术时代的丑陋的、散文式的和非审美的(日常)生活。他们希望,通过把丰富的艺术强有力地融入生活,以使这肮脏的宇宙适宜于栖息。相反,后现代主义者虽然也有生活问题,但主要关注现代艺术,除了把生活和艺术融为一体之外,他们不希望挽救人类敏感的生命之物。在两种情况下,真正的偶像造反者、非马克思主义时期的青年卢卡奇,早就对克尔恺郭尔及其所谓的"审美阶段"进行了批评,这种批评可以适用于生活的审美化。① 卢卡奇强烈地反对生活的审美化和"科学伦理学"即专家伦理学。他警告,如果艺术变成生活,那么生活就变为艺术,这意味着审美范畴不可接受地流入生活,这意味着"生活的审美家",天才与庸才都将把同伴视为艺术对象。现代文学不乏这些生活的审美家,不过这是我们自己的个人体验。生活和艺术的融合意味着,生活的审美家可以对鲜活的存在者进行艺术实

①　参见 Georg Lukács, 'Esztétikai kultura' (Aesthetic culture), In *Ifjúkori művek* [*Early Works*], Budapest: Magvetö, 1980。

验,这当然是陀思妥耶夫斯基的主题之一。这意味着神圣的个人主义、现代艺术的伦理学,施莱格尔(Friedrich Schlegel)称之为宗教的东西,将毫不后悔地公开夸耀自己。天才诗人的个人主义暗示了生活就是艺术,现代创造艺术所要求的恰恰就是这种道德性。回到比格尔,这意味着在生活和艺术的后现代融合中,在非对象化的偶然、**即兴创** ⁶⁷ **作**取代艺术作品的过程中,生活将成为永恒的即兴创作。正是这种生活,这种连续的即兴创作,构成文化革命理论的方法论模式。

我的第二个反对,涉及后现代性理论对范式性艺术作品的消除。这与比格尔的观念是一致的。对于那些把客观化因而独立的艺术作品存在视为异化的理论家而言,范式性的作品意味着更坏的东西,即是对天才病态的狂热。德国的后现代性理论家流露出对经典的歌德发自内心的憎恨,这并非偶然。虽然他们正确地认为,歌德是对艺术家的自我几乎病态的狂热的最伟大的例子,但是他们都没有获得他的有益的经验教训。事实上,范式性作品不是模仿的蓝图,而是指向新的感受、情感和艺术经验的标杆。如果缺乏这些,我们的生活就像没有范式性人格一样贫乏,不过,这种人格不应该被视为虔诚的对象。这最后的评论也许阐明了后现代主义者敌视范式性作品背后的秘密。这里有一种巴布人(Babuvian)——平等主义的热情,渴望绝对的平等,这种欲望不利于自律的艺术作品,因而间接地不利于这些艺术作品中的自律的人类人格的可能性。既然范式性作品是自律最终的浓缩,那么我们可以在人类学上而不是在美学上来解释这种憎恨。正是这种专制的(人类的和道德的)色彩,致使后现代的激进理论问题重重。

(三)

阿多诺的"启蒙辩证法"理论的审美之维代表了第二种"艺术终结"的典型理论。我想到的不是他死后出版的美学体系,而是他的音

65

乐理论,我认为这是他对艺术实质进行理论的历史的研究的核心。阿多诺的方法论模式是被人们不公正地忽视的韦伯的杰作《音乐社会学》(The Sociology of Music)。韦伯这部杰作具有一种极其简单的基本观念。韦伯把西方文明视为一种结构,这种结构由连续而彼此联系的**合理化**领域构建而成。他在这种普遍的体系中把音乐作为合理化体系之一。或者,换一种方式说,音乐成为西方文明最伟大的成就之一,恰恰因为它是特有的理性化建构物,恰恰因为它是唯一一种通过最大化组织和合理化而达到完美的艺术。西方理性思维把音乐技术的所有构成元素融合成为技术上可以控制和传授的结构形式。音乐通过同质化所有音乐结构因素,通过消除偶然的和多余的解决办法并创造一种一致性的秩序,接近于数学的精确和完美。对韦伯而言,到目前为止,西方音乐中最伟大的人物巴赫就是当代的莱布尼茨,具有其特有的**和谐建构**(praestabilita harmonia),具有他的数学的理性,同时他也是一位虔诚的清教徒。

阿多诺的理论 – 历史研究从这里开始,即音乐形式前进中的合理化不仅达到了其辉煌的顶点,而且也第一次在音乐史上显示出这种逆转的地方,即从晚期的维也纳古典主义那里开始。对《庄严的弥撒》(Missa Solemnis)或钢琴商籁体《作曲Ⅲ》(Opus Ⅲ)的精彩分析是一部哲学形态学,这是阿多诺奉献给托马斯·曼(Thomas Mann)的《浮士德博士》(Doctor Faustus)的形态学,这种分析以从未听见过的精确性分析确定了绝对的合理化转变为无政府和非理性主义的时刻。这种令人愉悦的体系一直把声音组织成为一个秩序,一种集体的存在,它突然呈现为对其个体性的压抑,因而激起了无政府的反抗。数学上的组织的音乐结构的宇宙,似乎是所有可然世界中最合理的一种,毫无预见性地透视出潜伏在合理组织下面的非理性**渣滓**。这恰恰是否定的启蒙辩证法,从理性的高雅的希望和自傲的诺言转向理性**工具性**使用,人们可以说是艾希曼(Eichmannian)的理性的用法,"理性"一词在这里不再有任何严肃的意义,即根本没有道德的意义。阿多诺经常

带有偏见的然而又不可忘怀地对 19 世纪和 20 世纪早期作曲家梅乐
（Mahler）、瓦格纳（Wagner）、新维也纳音乐、斯特拉文斯基（Stravin-
sky）深入的分析，就是立足于这种辩证法，即伪合理化的必然性以及
创造合理宇宙的不可能性。只有这些作曲家同时把这种深层次的矛
盾情境转变为他们工作的基础，他们才能成功地创造真正的作品。这
些是真正范式性的艺术家。同时，他们是有限的，必须是数量上有限 69
的。在阿多诺敌视的呈现中，巴尔托认为自己已经在他所谓的新古典
主义的辉煌音乐表层下面，掌握了令人愤恨的无序状态，但是对阿多
诺而言，这仅仅是一种伪解决办法。斯特拉文斯基假借着自律和创造
的秩序，培植不自由和非理性，他同样走入了死胡同。几乎没有人能
够抵制现代普遍的反艺术倾向，这种倾向不可抵制地走向后现代性。
维也纳新音乐学派是西方作曲天才最后的伟大浪潮。之后，值得听的
音乐几乎不能出现了，"音乐终结"的时代就必然降临了。最后人们可
以看到，上面引过的阿多诺关于奥斯维辛之后创作艺术之不可能的评
述，不仅仅是粗浅一瞥。而且，它有机地来自于启蒙堕落为艾希曼的
理性用法的理论。

对阿多诺的作为艺术终结时代的后现代性理论可以表达三种批
判的评述。

第一，整个理论，包括卢卡奇的晚年美学，是阿多诺所极力反对的
然而极密切地联系着的，它是一种历史－哲学的建构而不是从创作者
和艺术接受者的现实生活的观察中获得的合理预测。就我而言，从一
种特有的历史哲学中推演出美学理论，并没有什么错。从黑格尔到卢
卡奇的所有典型的艺术理论，或明或暗地依赖于从历史哲学中得来的
前提。① 但是所有这些理论都是**经典文化**的热切支持者。经典本身就
古典主义者卢卡奇而言可以是积极的，就绝望的阿多诺而言则是消极
的，他坚持认为，艺术描绘了一种否定的辩证法，勋伯格（Schoenberg）

---

① 我（和阿格妮丝·赫勒）在这卷的第一章《美学的必要性与不可改革性》中已经分
析了来自历史哲学的美学的必要性与悖论特征。

之后,没有任何能够充分地面对严格设想的应该的规则。但是在这两种情况下,理论家均草率地抛弃所有那些不适合他们的严格规定和经典的新作品,并简单地把它们排除于他们的美学伊甸园之外。

我的第二个批判性评述是说出阿多诺艺术终结理论的伪理性主义特征,就是从韦伯继承而来却未加批判地认同的伪理性主义。理由是足够清楚的:这是阿多诺对非理性的纳粹之前的狂热艺术的不信赖。但是不论什么原因,这种夸张的独立性狂热抛弃了一大堆艺术的新需求,这些需求展现在姿态中,而不是呈现在理性论证之中:即兴创作、心理剧、叫喊等,不充分但是都表述了新需要的表现。只要这些需要存在,人们,甚至艺术教育的裁决人就不能够合理地宣称新的创造尝试提前就注定死亡。

第三种评价与上面的评述相连。虽然比格尔的后现代性理论是浪漫的渴求运动直接的和未加反思的表现,但是阿多诺的理论完全从创造的世界排除了这种运动,以及与集体生活动力相连的接受者。这显然来自于他的《音乐社会学导论》中听众的等级。在几乎应用于所有听众的长长的贬义清单中,有一个例外,这种听众类型被视为是本真的,即**职业人士**、**专家**,技术与理性的高雅牧师。阿多诺理论的这种不可根除的精英主义,不仅使他在大众社会中必然是悲观的,而且使他对创造性成果备感惊诧,因为这些创造性成果**纯粹**不能从他的优势地位中得到预见。

(四)

这里要分析的后现代性理论(或"艺术终结")最后一种类型,几乎不能联系名字,肯定不是关联所谓的名人。它体现在言语、论文、散漫的宣言与反文化的条目中(或者几种不同的反－文化中),在某种意义上,这愚钝地同化了比格尔的论证。他们宣称,现代主义已经死了,其中一些明确地说,现代艺术的代表人物已经成了叛逃者,已经向艺术收藏家和博物馆出卖了自己，而这些是他们早已激烈地批判的。但是这种以后现代名义向现代性的宣战，绝不是怀疑的或绝望的，虽然阿多诺自我挫败的合理性理论，甚至比格尔的对艺术制度不成功的造反理论是这样的。反文化的宣言可能大多数是表面的、浅薄的，但是它们只是挑衅的、乐观的和自信的。它们主要的设想是废除早期的贵族时期区分"高雅"和"低俗"文化的所有界线。总之，其核心命题可以概括为一种合谋的理论。所有"高雅"和"低俗"艺术的区别是文化领导权人为设定的产物，是被领导权力量所发现的，由社会渠道，主要 71 是学院和大众媒介所传播的，是由这些领导权力量所支配着的。事实上，"高雅"和"低俗"的区分没有表达社会现实，而是表达了支配权的急迫需要。这种情形的矛盾特征正如呈现在反文化的文献中一样，这种特征被拉德洛蒂(S. Radnóti)的重要论文《大众文化》正确地进行了概括：

　　卷入高雅艺术的公众没有办法来界定高雅艺术本身，除非是否定地和排他地，通过拒绝大众文化来进行。结果，它牢固地被势利小人的怀疑所包围着。并且，一方面，高雅艺术通过创造与其自己的共同体的不和谐以及与其他共同体的不和谐产生，另一方面，文化工业，通过为高雅艺术的有效力量建立机制，共同地确保了，高雅文化的观众，作为趣味共同体，本身成为低俗，更准确地说，成为大众文化的有机的构成部分。①

　　显然，这种定义牵强地诉诸康德的"非功利的愉悦"。自然，现代性中所有审美的定义必定对抗着市场关系。更重要的是，我们目睹了**两极彼此不相容**，在早期文化中不是这样的。所有主张对"高雅"和

① Sándor Radnóti, 'Mass culture', chapter 4 of this volume, pp. 88 – 89.

"低俗"的等级持有牢固信念的文化,都把它们确定为"低俗的"东西,视为是生活的必然组成元素。高雅文化的人们分享着这种"低俗"文化,正如维克多尔的绅士们利用他们道德上谴责的妓院一样。现在在文化史上第一次透视出两极关系成为不可调和的"敌视关系",每一个都希望毁灭对方。前面我使用了"合谋理论"这个术语来描绘反文化对待某些"高雅"文化定义的态度。现在还得补充说,"高雅"文化的人们不仅认为产生于侦探故事、通信报、迪斯科和大众媒介中的特有文化是"低俗的",而且认为是**有毒的**,将其视为某种如癌症肿瘤那样应该从社会有机体中割掉的东西。我们清楚地面临着文化两层次的战争状态,这种奇怪的形势需要加以解释。

基本的问题是,"高雅"和"低俗"的区分来自哪儿?在所有自我意识意义上的精英主义者和文化保守的社会中,对这个问题有一个简单的回答。在神权政治国家,正是社会的牧师阶层来界定文化;在宫廷社会,界定文化的人是统治者和他的随从。文化中产阶级、著名的文化中产阶级(*Bildungsbürgertum*)不同于其伟大的前辈,不在于它更少的自我意识,而是在于它更加宽容。早期的文化类型只认为领导权的文化价值和态度("高雅")是真正的文化。"低俗"的是非文化,但是悖论的是,它又要作为生活的附属物被容忍,在这种生活中,也要容忍心灵与身体的二重性。承认"高雅"和"低俗"都是文化的神圣王国的让步,其精神类似于中产阶级自由主义解放犹太人一样。但是,这种让步对文化中产阶级支配的社会的文化自我意识来说,是破坏性的。很快,这个新型的群体要求总体的平等,并通过其存在发挥着所有需要的表现同质化和还原化的恐怖主义狂热。

尤其是两个因素促进了"高雅"与"低俗"文化的自身意义和实践之间的不合法则的关系。第一个是**技术**时代的充满问题的民主主义。在这个时代,艺术作品离开了博物馆以及其唯一性存在的保护伞,走向了表演场地,在这里它能够为成千上万的人所接触,甚至只有被复制时它才合法地存在。这个时代的一个著名而热切的支持者,在本雅明的著名论文《机械复制时代的艺术作品》中看到了优点，几乎没有看到新型创造的技术星座化中的缺点。① 就我而言，我愿把这种新时代视为充满问题的，或至少良莠不齐的，因为这种完全削弱高雅与低俗、浅显与实质、深刻与空虚的区别，是虚假地超越文化保守主义开创的文化界线。这种超越是合法的、激进的，因为它认可每个对自我创造的平等的需求与平等的权利；但更重要的是它是一种虚假的超越，因为它把所有的自我创造的行为都视为是平等价值的行为——这种观点潜在地是专制意义上的集体主义。

促进"高雅"和"低俗"文化之间的不协调的第二个因素可以在目前文化生产和消费的**普遍标准**之中见到。准 – 宗教灵韵围绕着逃到诺尔 – 诺尔(Noa-Noa)的高更，熟悉这种准 – 宗教灵韵的文化人，现在带着尖酸的蔑视领会到，多亏有了通信卫星，在诺尔 – 诺尔的这些人与亚利桑那的凤凰城里的人一样，一边啃着同样的肯德基，一边看着 73 同样的《无敌绿巨人》(*the Incredible Hulk*)。但是，这些蔑视地微笑着的人易于忘记，这些平等化的倾向有可能按照统一性原则来选择和判断这些产品，他们认为这些产品在全世界都属于高雅文化。即使在极抽象的水平上，这里也不必要来分析统一的人类文化的优点。我的问题则相反。审美理论常谈道，我们不再居住在共通感的世界中，在将来的同质体中的确不再有这些共同体。要追问的是，这些共同体根本上还可能有没有？在这方面，有益的普遍标准及其生活 – 基础，即作为艺术评价的共同基础的人类，反对而不是支持趣味的统一化。作为整体的人类不仅不可能变成单一的趣味共同体——这的确会是一个极权主义的噩梦——而且更重要的是，**区域性趣味共同体**的彻底消除也将会消除文化**中介**，通过那些有益的等级化，每一个文化有共同的价值判断的等级到现在已经形成，这种等级也传递给我们，即使我们反复重新思考它的特殊的判定，我们也必须接受那些有益的等级化。

---

① In *Illuminations*, tr. Harry Zohn, Fontana, 1973.

无论我们是否接受或重新思考善与恶、低俗与高雅之间的传统阶级－等级,仍然有一种**等级的**遗产,生活在文化真空、缺乏区域性趣味共同体的我们,不会把任何这样的遗产传递给——大概看来——我们之后的那些人。

但是,我绝不是想创造一个艺术上上帝缺失时期的新的浪漫的神话,也不是设想我们现在面临着更多的生活形式的危机。尤其是在文化生产、接受和传播生活中有两种冲突的倾向,我们还没有找到借以能够协调它们矛盾的市场的社会渠道、制度。一方面,有一种建立文化的伪－民主主义,就是我上面分析的虚假平等世界的很有影响的倾向。其支持者把所有有关艺术对象的等级秩序的价值－判断视为是创造权力领导权的尝试。这是一种虚假的潮流,但是这种潮流保留着把每个人普遍提升到文化世界的古代梦想。非质性的自我创造的狂热者要求,所有自我－创造的需要应该同样地被认可。这无疑是一种激进的需要。另一方面,在每个人的生活中,在各种类型的人类活动包括艺术活动中,有一种同样强烈而不可根除的倾向,就是去区别真实与虚假、浅显与深刻、有价值的和无价值的东西。这些基本的需要类型现在处于冲突之中。但是,对我而言,这不意味着"艺术的终结"来临了。因为我们处于后现代时期,具有这个过渡时期所意味的所有的不协调,但是我们肯定不是处于后艺术的时代。

后 记

我把这篇论文提交到一个研讨会之后,获得了对艺术不可根除的需求的一个极意外的、强烈而令人信服的证据。一位极富有敏感性的妇女给我寄了一封信,我征得其同意发表了下面的一个长长的段落。当然,一个人的文献仅仅是一种姿态。但是姿态始终是需要的暗示,这种需要是深层的。事实上这是有说服力的:

> 你考察的命题,即"艺术的终结",在我脑中回响着"语

言的终结"、"思想的终结"、"想象的终结"。只有核武器大
屠杀才能使之发生……就我而言，艺术始终是我的日常生活
以及我与人们交往的极为实质性的一部分。它拥有如此多
功能，以至于我不能描绘得很全面。我的妈妈告诉我，我小
时候在她的熨斗上烫焦了手指，并通过说"秧鸡、秧鸡，捕鸟
能手，我已烧焦了我的手指"，抑制了抽泣，这说出来的东西
使得哭显得不必要，给我带来赞美和钦佩，从那时起就作为
警告各种热的危险的家庭格言。我仍然以这种方式来处理
困顿。我的姐姐去世时，我极度悲伤；我几周都有一种幻觉，
她在一个黑暗的童话般的森林里逃避我。我尽力编织这个
故事，但没有我可以写下来和表达的东西。那时，我的父亲
找到年代久远的诗和寓言，有效地抑制了我的痛苦，我反复
吟咏，我生活在其中，正如在森林中的样子，但是有意义，并
非强迫的。我少年时有强烈的有时是自杀的情绪，倘若去咨
询医生是可以用药片治愈的。我的治愈直到现在是在我的
巨大的句子节奏和诗节模式库存中寻找这种情绪的节奏性
呈现。我走过它，跳过它，独自哼唱它，正如某人心中的音调
一样，最后它通常充满了词语。我一切骚动破碎之时，十四
行诗这种严格而具有挑战性的形式自然就呈现了，我的无意
识，并非有意识的心灵把将要考虑的一切事情反复地凝缩为
十四行诗歌这种极其灵活的形式。我自己致力于这些诗篇，
不是作为我的创作来加以体验，而是作为赋予我有助于我对
付困境的东西，它们的确极为成功。替代它的东西肯定会是
一个神经质的失败。我最大的女儿处于青少年时，有一段时
间，她问我几百种事情，然而她似乎不能说什么。我的无意
识又来挽救，很快赋予我以连续的 16 个故事，每天她放学回
来就急切地阅读这些故事。这些故事不是关于我的也不是

75

73

关于她的,它们是有缺口的圆环。孩子们小的时候经常想听有关我"小时候"的故事,我不喜欢把我的生活变成故事的理念,特别是孩子们易于坚持说,故事从来没有变化,但我的确为他们写作了故事系列,这些故事在一个虚构的背景中游戏性地涉及我童年的事实,他们快乐地辨识出什么是"真实的",什么是"编造的"。在这游戏的语境中,我能够给他们谈许多事情,包括我儿童时的自己。孩子们有一种知道他们的父母是谁的极其强烈的冲动。上周我写了两封信,一封信写给一位濒临死亡的我的至爱之人,我不能立即去看望她。我说的话必须具有最后诀别的充实的深度,然而听起来是合情合理的,甚至心情愉悦而不让她害怕。另一封信写给我因某些原因不再给其写信的人,这是一位想要我写信但又不想我解释的人。在后面这种情况下,我求助于梦。它可以被轻松地讲述——有些陷入疯狂——并且驶入一种语境中,意味着整个事情,解释——我限制在这里——事实上任何需要解释的事情,而不直接地泄露什么或欺骗任何别的人。在这两种情况下,如果没有梦,我将是无助的。在某一个阶段,孩子们和我都害怕永远地失去我们深深依恋的风景。在这种情况下,我收集材料、布匹、纺线等,我们从一个点到另一个点走过,讨论什么才使之更加独特,然后我坐下来为我们所有人"制作",即编织、打结、刺绣等等。我可以不确定地以此方式进行,因为没有一天我真正不必求助于文学或艺术。我指向的观众的范围和本质是变化的,当我为某人写作并且围绕他的需求和环境创造了我表达的形式的时候,我感到最幸福。不过,在每种情况下,我都几乎意识到,这个人潜在地代表了成百上千人,他们犹如他一样欢迎这种"工作"。总而言之:文学对我来说是人类自由的表达和馈赠,在我的生命哲

76

学中,它是人类本质的真正核心。我自己过着生理上和精神上受到限制的生活。我像如饥似渴地需要食物和饮料一样需要文学,从来不可能因为太多而不去探究。

四、大众文化

山多尔·拉德洛蒂

  艺术的合法性危机与自由解放奋斗是同一硬币的两面。这种复杂过程已经产生了现代艺术中高雅与低俗、流行与精英、庸俗或大众文化与**真正**艺术之间的二元对立。艺术的自由解放意味着观看方式与审美风格的动态多元化:选择的自由、艺术活动范围的扩大、标准与价值自我决定的可能性不断提高以及对传统的批判性的阐述。但是艺术作品多样性存在随意地超越了规则,这种存在只有在同质的背景中才是可能的。这种多样性的形成涉及对统一的艺术概念的阐述。因而在为艺术解放而斗争的过程中,两件事情被融为一体。一是艺术作品的特殊化:艺术的原创性成为艺术家内在规则的而不是外在规则的一个功能。二是艺术作品被整合到普遍的艺术概念之中。

  以这种方式,不相关的领域从属于统一的艺术概念,在这种过程中,传统开始被重新解释。18 世纪后半期,普遍概念逐步取代经典的个体性的艺术、样式、惯例,也把所谓的美的自然性体系普遍化了。虽然这些新的概念可以使精选的传统统一起来,声称为真正的艺术提供唯一的界定,但是它们也包含着一种内在的相反倾向,这种倾向就是脱离特有的艺术作品,有时甚至超越这些作品,目的是获得更多的普遍性。现在,艺术作品的形而上学的使命是从它们形而上学的屈从地位中解放出来,这种使命要求艺术作品的自我决定。这是由每一部艺术作品达到的,但它也是被艺术作品的哲学沉思所完成的,哲学沉思必然用这种沉思的设想来面对它们。

德国浪漫主义是第一次艺术运动,在这里艺术的普遍概念整合了几种异质的倾向,并变成一种独立的实体:这就是施莱格尔(Friedrich Schlegel)著名的**进步的普遍诗**(progressive Universalpoesie)。① 在最初的艺术哲学中同样可以看到艺术和艺术作品的解放。谢林设想了天才产品的自由,即他以个体艺术作品的自由开始。到最后,他不得不创造一个排除了不自由作品的普遍艺术概念。他这样区分审美产品和普遍的艺术产品:

> 所有的审美创造原则上都是绝对自由的,因为艺术家可以被矛盾驱动进行创作,事实上只有被处于其自己本质的最高领域的矛盾所驱动才进行创作;而其他每种创造被处于实际生产者之外的矛盾支持着,因而在每种情况下有其自身之外的一个目标。这种独立于外在的目标是艺术的神圣性和纯洁性的源泉,这走得如此之远,以至它不仅排除了所有纯粹感官快乐的关联,后者主张艺术是野蛮人的真实本质;排除了功利的关联,后者认为艺术只有在人类精神最高成就和经济成就一致的情况下才可能存在,它事实上排除了与关涉道德性相关的任何事物的联系。②

---

① 对诺瓦利斯而言,诗是绝对的现实,每一个个体分享着诗性的真理。当蒂克(Tieck)把薄伽丘(Boccaccio)的作品整合到他的《幻觉》(phantasus)中时,后者就是前者的楷模。但是这里,艺术作品作为个体性的碎片脱离了其参与者处于相互娱乐艺术作品而建构的对话,同时这个框架本身不再是一个故事而变成了一种生活方式的艺术概念,由于它的普遍性,这个框架用来展示更高雅的现实秩序。

② F. W. J. Schelling, *System of Transcendental Idealism*, tr. Peter Heath, Charlottesville: Va. ,1978,p. 227.

这必然导致立足于自由基础上的独立的艺术概念。一种新的神话学不能被单一诗人而只能被新的人类物种所发明,人类物种可以超越单一的诗人。

如果一种新的有机的神话学,即伟大的浪漫主义运动的灵感可以存在,那么自律的艺术作品与自律艺术的本体论概念将不再存在。所有艺术普遍的概念皆包含着自我消解的维度和对自由的专制统治,包含着主导或消除其他的艺术概念的欲望,尽管它们渗透的基本经验恰恰是艺术作品的自由和多样性。自由与多样性也意味着我们与艺术活动的关系不再自明。解放的逆反一面因而是合法性危机。普遍的艺术概念被用来解决危机,确证艺术活动的合理性。这个概念的现实性是具有实际现实化的现实性,支持或者反对每部艺术作品与每种接受行为。但是每部艺术作品实际的现实化又同时支撑或反对这个概念的现实性。这就是为什么在既定艺术运动、传统或文化中,被视为艺术的东西具有超越个体作品的某种前瞻性的原因。

这种"前-概念",我称之为"向艺术的意愿",当然比它的概念化和意识形态的构成、自然和普遍的艺术概念要宽泛得多。但是,正是这种构成,各种向艺术意愿概念的整合成为现代艺术最突出的特征。这种普遍的概念即现代艺术的伟大的野心从来不能停止,其前瞻性从来不能固定在任何一种形式上。它始终不可能成为单数的。就文化史而言,这种普遍的概念只能以复数的形式存在。在过去的二百年里,固定的合法性已经被动态过程中不断出现的合法化所取代,这更准确地被作为一种存在模式而不是一种危机。个体的艺术作品主张自由,不仅反对古老艺术的非-自律的地位,而且反对从历史哲学或形而上学推演出来的所有普遍的艺术概念,并反对借以从传统、运动或其他任何艺术作品中建构的所有艺术概念。不过,这种独立宣言肯定产生一种新的艺术概念,否则就陷入武断性和相对主义。艺术概念和艺术作品之间的争论不是理论与实践的矛盾,虽然通常被误解,也不是演绎解释和归纳解释之间的方法论矛盾,也不是意识和自发性之间的一场斗争,而是在解放过程中美学的两种基本构成成分之间的张力,这种张力内在于每一部艺术作品以及每一种解释之中。

这种动力普遍化涉及艺术接受结构的激进转型。哥尔德斯密斯(Oliver Goldsmith)评论说:"公众的惠顾已经取代了'杰作的保护'。"①过去的文化史证实了无限丰富的接受类型,每一种类型从社会学的严格意义上来说是可以确定的;相反,"公众"的概念是抽象的,它是异质的和变化的。恰恰是公众对象的这种抽象性解放了艺术家——尽管不是以文艺复兴时期关于艺术家轶闻中讲过的英雄式的方式——纯粹是由于公众定位的不可预测性。实际的冒险世界被可预测性的理想支配着,这种理想作为艺术家和公众之间的调节器,本身说明了他们之间的直接关系的消失以及日益抽象的特征。 80

这里我们可以方便地运用在市场上出卖劳动力的自由的工资劳动者进行类比。洛文塔尔(Leo Lowenthal)从这方面分析了18世纪的英国文化,描绘了文化市场的出现,文化市场伴随着作为生产者的艺术家和作为消费者的公众以及中介制度的发展:出版社、书商、可以借书的图书馆以及面向趣味的杂志。这种社会学的星座化在某种程度上说明了艺术家对各种风格的运用和阐述。在过渡时期,艺术家在公众的惠顾和杰作的保护下生产作品。②

艺术和**公众**的文化接受行为都是市场机制,其组织原则和市场原则是完全一致的,都是抽象的,因为创作的和接受的主体都自由地彼此面对,脱离他们的传统语境而面临集中化的大众。在资本主义之前,公众始终出现在市场机制形成的地方。文化市场和自由工资劳动者也为艺术打开了不同类型的自由,包括不参与这种生产的自由。显然,这种拒绝有助于艺术普遍概念的出现,这是通过区分的终极性艺

---

① 引自 Leo Lowenthal, *Literature*, *Popular Culture and Society*, Englewood Cliffs, N. J., 1961, p. 6。

② 最显著的例子是荷迦兹(Hogarth),弗雷德里克·安塔勒(Frederick Antal)认为,他持续保持着变化的主题和公众的类型,有意识地从风格主义、巴洛克、洛可可和古典主义的艺术库存中挑选。

术作品及其与大众文化产品"生产性艺术"的对立所实现的。①

现代艺术最盛行的图像是艺术家站在市场诱惑和他自己灵感的十字路口。艺术家**可以**向世界说"不",因为他创造了一个新的世界。把艺术作品视为一个"世界"的理念是一个现代理念。这是唯一的世界——它是再现了被每个有文化的人掌握的千禧年的许诺王国、地球上精选的很少的伊甸园,还是赋予法则和天才的独有领地——回答在方向和内容上可以有所不同。但是可以肯定的是:作为对现存世界拒斥的这个世界事实上属于极少数人。艺术作品作为一个独特的世界,是一种新的世界观的预构,一种审美状态的预测或关于审美社会存在的报告——总之,是人的乌托邦家园,是人类物种价值,是在民主意义和贵族性方面可以确定的,甚至能够浸透于艺术家的人格之中。

81　　艺术概念的普遍化和艺术作品的日益个体化已经建构了这栋乌托邦大厦。同样,艺术和艺术作品的宏伟的统一,包含着时代和人民,以及个体作品的独立的总体性,在某种程度上必须切断阐释的关联并排除艺术作品的内在实体。现代观念和现代经验认为,艺术作品是一种形式,它的理智的建构能够大致从它的审美本质中推出来,而不是从它的实质的定位和承诺中推出来,这种自由恰恰能够形成审美接受的快乐,独立于意识形态的迎合,在这种意义上是非功利的。形式对抗日常生活,正如席勒(Schiller)希望发生的,艺术呈现必须战胜现实,其本身变成了现实。

---

① 一方面马克思的批评注意到了艺术和文化屈从于市场的枷锁,另一方面浪漫主义观念把艺术作为对市场诱惑的抵制,对普遍生活、庸俗性和普遍的散文化的中产阶级生活进行抵制,尽管后者具有精英主义倾向,但是两者并非激进地对立,正如某些学者所认为的——例如,J. 达维多夫(J. Davidov)分析了艺术与精英之间关系的哲学问题。经济学和浪漫主义视角是互补的。这不仅在阿多诺、本雅明和马尔库塞那里通过最后两个传统的综合得到了阐明,而且也在马克思的《剩余价值理论》中得到了阐明:弥尔顿创作《失乐园》,他是非生产劳动者。相反,为书商提供工厂式劳动的作者,则是生产劳动者。弥尔顿生产《失乐园》,像蚕生产丝一样,是他天性的表现。(参见《马克思恩格斯文集》第 8 卷,人民出版社2009 年版,第 526 页。)即使自然的艺术活动的概念是古代的,使之与"社会的自然"相对的是完全浪漫的理念。艺术是不能生产的东西,这就是马克思的主题。

所有自律的、普遍的艺术概念包含着审美宇宙的主张。艺术所表达的激进"否定"创造了一个深渊,这个深渊分离了艺术和现实,最明显的证据就是存在着艺术作品和"人工制品"(作为"现实中的艺术作品")之间的区分。谢林关于审美产品和普通的艺术产品的理论区分——早在5年前,施莱格尔对自由的理性艺术和服务于需要的机械艺术的区分(以"功用的"和"愉悦"的形式)——都注意到高雅和低俗艺术之间的鲜明对比。两者都把这种对立的出现作为现代艺术的独特性。施莱格尔写道:

完全漠视一切形式,只渴求艺术材料,更加精细的观众甚至只能从艺术家那里获得有趣的个体性。如果某种东西只具有强烈而新颖的效果,那么观众就不关心它的方式和语境,而是关心单一效果和完美整体的统一。艺术的作用就是满足这些需要。然而在审美的跳蚤市场,大众诗(Volks-poesie)和高雅诗(Bontonpoesie)均同时被提供出来,甚至一位形而上学家也不会徒劳地找寻适合其心情的某种东西。那里有对北方神秘恐怖的喜爱者而言的北欧日耳曼民族的或基督教的神话传说,有对诗有好感的喜爱者的食人颂诗,有酷爱古代之人的古希腊服饰,有三寸不烂之舌的人们所喜欢的骑士传奇,甚至还有德国腐才们所喜欢的民族诗(Na-tionalpoesie)。但是你要从这些泛滥的各个方面搜集有趣的个体性,这是徒劳的。传说故事的内容永远是空洞的。每一次快乐,欲望就更多,每一次欣赏,要求更高,最后满足的希望变得渺茫,越来越远。新的变成旧的,唯一性的变成普通的,魅力的刺激暗淡了。①

82

---

① Friedrich Schlegel (1795), *Ueber das Studium der Griechischen Poesise*, In *Seine Prosäischen Jugendschriften*, Vol.1, Vienna,1906,p.91.

这种特征怎么不同于下面的呢?

> 但是既然观众有两种——一种是自由的、有教养的,另
> 一种是由机械师、劳动者等构成的平庸大众——就应该也有
> 为第二种阶级的消遣而设置的比赛和展览。也有音乐来适
> 应他们的心灵;因为正如他们的心灵歪曲了自然状态一样,
> 那儿也有歪曲的模式和不自然色彩的旋律。一个人从对他
> 来说很自然的东西中接受快乐,因而职业音乐家可以在低俗
> 观众前面实践这种低俗音乐。①

首先的区别明显是平静地认可低俗艺术的存在。但是这也许是
最无趣的方面,因为就亚里士多德的真正观点而言,这里的读者仍然
在黑暗中摸索:就在引述的句子前面,亚里士多德鲜明地拒绝容忍这
种类型。但是这两种区分的结构是类似的吗? 现代的公众、市场抽象
化在亚里士多德那里一开始就被分割成两个不同的社会阶层,两个独
立的接受群体,具有相应的不同的艺术类型。在既定的例子中,声
乐-器乐表演的歪曲变体对应着"庸俗的大众",虽然可以认可原创的
艺术特征的扭曲,甚至自然的音乐规律。在其他还没有文献保留的文
化史的故事中,甚至可以认为,在两个群体的"艺术"之间没有相同的
东西。有教养的人不会认为未受教育的或陌生的野蛮人的平庸娱乐
可能是艺术。

无论如何,亚里士多德没有一个艺术的普遍性概念。他通过牵强
的类比使多种艺术——并非所有——彼此关联。但是正是由于这种
原因,他绝非通过反思——正如伽达默尔所表达的反思(*Herausreflek-
tieren*)——使艺术脱离内容的语境和影响的语境。因而,在上面引述
中,音乐呈现于以快乐的方式"消磨时光",那种放松娱乐、熏陶消遣以

---

① Aristotle, *Politics*, tr. Benjamin Jowett, New York, 1943, VIII. 7. 1342a, pp. 335 – 336.

及教育公民的语境之中。①

只有在现代,高雅文化和指向大众生产的工具性的低俗文化才怒 83
目相视,作为一个概念统一体的分裂而敌视的部分,两者各自独立、自
我包含,然而也是彼此关联的复合体。正如洛文塔尔所概括的情形:
"大众文化的反概念就是艺术。"②两者都是中产阶级时代的产物,其
中一个"肯定"大众文化和文化工业机制,另一个对之加以"否定"。
显然,艺术普遍概念的意识形态的催生有助于各种现代艺术作品的诞
生。无论在悲剧、弥赛亚、古典主义还是自然主义 – 教育的形式中,它
始终包含着社会乌托邦的王国。的确,把内在于这种构建中的激进批
判和乌托邦的标准献给历史唯物主义或者解释学的重构,都是不可
取的。

然而,我愿意逆转解释的方向,回到我前面提及的观念。根据这
种观点,对大众生产和文化工业的解释不能根据市场经济来弄清楚大
众文化的同质化。这种大众的、封闭的统一体重新出现于每种新的定
义之中,它不能被市场**生产**所解释,因为这构成了一个总体的系统,市
场机制因而也被转变成为一个绝对的、理性的、社会解说原则。大众
文化的统一体的设想是一种意识形态的建构,也是市场的绝对普遍
化,它恰恰是另一种意识形态的建构目的的需要:艺术概念的自我定

---

① 显然,不可能概括出"低俗"与"高雅"艺术之间区别的前历史:文化史提供了无限
变化。甚至可以质疑我们是否在谈及"前历史",因为作品本身预设目的论和文化史的直线
演变,这些是我们不能找到痕迹的。在中世纪文化的各个不同时期,我们能称为"低俗"和
"高雅"的东西,也许指的是不平等的或独立的阶层的文化地位的相对界定,或者是根据不
同接受阶层的一种非分化的艺术意愿;或者涉及无历史和记忆而留存的某种区域文化与那
时普遍散播的国际性的拉丁文化之间的一种对照。但是所有这些观念都与现代低俗和高雅
艺术的观念无关。我们没必要去明确中世纪文化(或它的一个时期)是否是一个有机整体,
尽管它在许多特殊方面是;或者没必要去确定谈论两个或多个基本上彼此独立的文化是否
合法;没必要去决定中世纪文化是否统一了互补的(封建的和城市的,圣教的和世俗的)文
化,它是否有意图地整合或边缘化各种**野蛮艺术**。无论如何,在这种文化(或这些文化)中,
特有的艺术以及随之而来的各种传统、样式和艺术技巧却是不同的实体,**没有**包括一切艺术
的共同的艺术概念。众所周知,**艺术**不是意味着这样一个普遍概念。在这个世界,没有单一
的艺术,仅有复数的艺术;因而,也就没有任何艺术的反概念。

② Lowenthal, *Literature*, p. 4.

义。它呈现出一种反面的乌托邦,积极乌托邦的消极的反面图像。洛文塔尔的名言也颠倒了:艺术的反－概念就是大众文化。

换言之,不仅艺术通过拒绝大众文化来解释大众文化,反之亦然。根据前面引述的施莱格尔的段落,需要的实质丰富性与兴趣、娱乐和欣赏的无限可能性,均遵循着相同的模式。如果回想起文化工业在德国18世纪末期还没有起作用,那时低俗和高雅文化之间的对比才第一次得以阐明,那么,可以合法地主张,高雅艺术的概念不仅是资本化过程中的文化理论的反映,不仅是对艺术商品化及其合理化的有关利润的一种回应——即使它是这样——而且是这些机制的概念整合,这种整合是"自由的理性艺术"统一化的前提。

我们只得从这种假设开始,即正是高雅艺术本身使大众文化拜物化,去思考高雅艺术和低俗艺术之间的二元对立的内在逻辑。这如何且为何能够发生呢?我的解释涉及动态社会的起源,甚至市场机制在其中发挥的作用,但是以不同的方式发挥作用的。我愿意回到这种论点,即现代艺术和现代艺术作品之所以开始发动解放之战,是因为艺术活动的自明特征已经消失了。在这种形势下,自由的氛围有些稀薄了。艺术作品在生活中的作用变得更加不确定,或者是多元决定性的,因而艺术家在生活中的作用变得更加抽象。就我而言,来自于塔科夫斯基(Tarkovsky)的电影《卢布廖夫》(Rublyov)的一系列镜头,最为显著地表达了艺术自明特征消失的悖论:其同时性的自由与抽象的悖论。在他脱离神圣传统的深层危机的极点,《卢布廖夫》的反偶像画家把仍然带着湿润染料的破布扔向白色的墙,这个地方就是为经典形式的规定秩序中的神圣绘画而准备的。在我的眼前,破布的无形式的痕迹在空洞而自由的统一体中转变为艺术形式。

但是,抽象性没有在艺术作品的开放性中取代内容的自律,或者接受与体验作品的多元主义的属性,抽象性也融入普遍的艺术概念之中。的确,这个概念在某种程度上始终是抽象的。文化使自己脱离了物质文化,摆脱其原初的局部语境,再现那些可以被相对自由以及有意识地选取的理智的价值的宇宙:它再现脱离直接的生活关系及其现实的可能性。文化、艺术和艺术作品变成自为的价值,文化本身与所有以前的传统制度和所有的宗教文化相对立,变成主导的文化权力。

在这种形势下,艺术的参照框架可以被质疑。它不能从封闭的生活语境和传统的相互关系中采取它的新参照点,而只得适应突破这些关联网络的新动力。艺术通过确定其自己的概念并在理论上区分自己来成为它自己的参照框架。新和旧、高雅与低俗构成了两组概念的配对,在这种配对中,概念的区分与定义就出现了。旧等同于古代、古老(民俗),等同于伟大的风格,它统摄天真的和自然的一切事物。新等同于非实际的,等同于探索、献身的追求、渴求,新将会发现或者不 85会发现旧和永恒的艺术家园的统一体。这样,要么新把旧作自为的尺度(形式上从简单的摸索到建立最普遍的形而上的尺度),要么它就只满足低俗的需求。

艺术普遍概念出现的这种简单框架是从艺术自身材料而来的参照点、标准以及反 – 概念的阐述,是现代艺术在古代之镜中的界定以及艺术在伪艺术之镜中的界定。只要这种框架变成动态的,那么它就更加复杂。并且,连续的艺术普遍概念开始建立在彼此的否定和再发现的基础上。但是在两对概念的相互关系中有一种早就存在的矛盾,这种张力促进了动力的演化。在真实与虚假、高雅与低俗的区分中,主导的价值必定是原创性、个体性、新颖性。然而另一方面,在新与旧的对立中,旧在某些方面必定是范式性的。不过,后者也是新的,因为这种范式不是直接被提供的,而是通过一种选择的传统被提供的。古希腊艺术**高贵的单纯性**、基督教欧洲前拉斐尔时期的艺术的同质文化、民间流行艺术、古老的民族艺术、原始艺术皆重新被发现了。

这些重新发现同时也是建构。推行一种有选择的传统,始终比对传统的直接而自明的继承更加是有问题的和暴力的过程。在这过程中古老的也许变成过时的,高贵的单纯变成"古典主义"学院派空洞而专制的规范,流行的形式和同质的文化也许变成一种非理性主义的神话,席勒的天真变成心胸狭隘,自然的狂热变成为盲目地信赖科学制造的自然主义。普遍的艺术教义的接力赛继续发生,在这里,激进地面对古老的东西的姿态变成自为的艺术价值和艺术的标准。

先锋派(或现代主义)的策略在这个词语被创造出来以及这个运动的自我意识出现之前,就相当成形。这种策略的一部分就是把任何被视为过时的教义等同于低俗的、庸俗的、大众的产品。大多数新的艺术概念把它们直接的祖先推向反-概念,即大众文化,这种做法越激进,就越能够提升它们的新颖性。① 同时,文化工业为最新的艺术创新的大众生产而得以建立起来。同样,时尚,一个比文化工业生产更加具有包容性、更为基本的范畴,也成为最新的、原创的、艺术革新的**小贩**。在这种意义上,不断更新的艺术普遍概念找到了现成的材料,它们借助这些材料自己呈现,只要它们把这些材料普遍地变成低俗或大众文化。

过时与创新的这种交替以及以前高雅的艺术湮灭在低俗艺术的领域[正如梯尼亚诺夫(Tinyanov)在《文学事实》(*The Literary Fact*)中所显示的,甚至,以前低俗艺术也可以成为新的高雅艺术的基础]在过去150年间普遍地、加速地发展。在这种倾向中,我们能够辨认出一种面向市场的方向,以及对新产品的系统性引入的需要。新颖性在艺术中变成如此重要的主导价值,以至于它已经支配甚至在某种程度上排除了其他诸如美、和谐、比例、完满性以及客观形式这些价值。不过,走向市场不可能还原到这种事实,即文化已经变成经济的一部分。有人设想,迎合大众消费的工业组织,部分刺激性强迫艺术家逃离大众文化,使之沉醉于时新的东西,部分引诱他们冒险地实验新颖性,而这种新颖性后来又被大众文化所吸收,这种设想是不充分的。我不质疑这种操纵的存在或可能性,我认为,任何还原到作为决定性因素的

① 是否拥有那些范围狭窄的或者众多的观众并不重要;拜罗伊特(Bayreuth)的精英没有把尼采的词汇转变成为拜罗伊特的乌合之众,因为那种公众的质性与数量已经随变化着的判断而发生了变化,而不仅仅是因为尼采的艺术概念已经变形了。

特殊倾向,都是片面的。

人们也许会说,现代艺术表达的两种重要的形式是艺术运动和独立艺术作品。事实上,人们能够注意到,先锋派的所有批评都把伟大的独立性的艺术作品作为其标准。批评家建构起新与旧的对立,以摆脱其传统语境的旧的独立杰作来与新的杰作对立。只有那些现代真正独立性的艺术作品才满足这个标准,因为它们"逆流而动"。根据这种逻辑,现代主义先锋派也包括在主要"潮流"即低俗文化的伪审美领域的范畴。这种低俗文化由那些无意地或有违初衷地服务于世界的作品组成,这些作品并不与世界背道而驰。

如果不牵涉这种意识形态的批判,我想直接关注它和其对手共有的结构。不是在还原性经济定义上而是在整体文化意义上的市场,对最独立性的艺术作品产生了影响,因为作品依赖于不为人知的异质的 ⁸⁷ 公众接受,并且,为了达到艺术效果,它通过全球性地对抗任何其他显在的或潜在的方案来区分自己。对不为人知的公众的这种依赖变成了艺术普遍概念的基础。共同的价值标准可以运用到整个宇宙,为了使价值有效以及为了这种共同的价值标准,普遍性以及超越封闭共同体边界的艺术扩张和同质的观念范畴,都密切联系着共同权威性的假设,这种价值标准可以与物质市场构成相互补充关系。这样,人们可以解释低廉的艺术和有价值的艺术之间的差异。个体作品和运动作为"财产"进入这种市场机制。原创性、独立的形式概念、典型的材料的精选、一个新的艺术概念——这些都是个体艺术家的私有财产,或者是潮流和运动的集体财产。[正如魏勒(Simone Weil)正确理解的,作者默默无名,这只能够在艺术没有自身价值即没有普遍概念的世界秩序中设想。]在这个语境中,交换价值等同于普遍认可的新价值,虽然这种交换行为相对立于物质交换,没有时间的限制;它可能是纯想象的,并且没有普遍性的量化标准。

正是从这种星座化中,我们才能理解新颖性的基本价值以及低俗文化成为反概念的普遍化。所有艺术作品依赖于接受者,这种期待是作品本身的结构性元素。我仍然认为:中产阶级时代的艺术根据抽象的(开放的)和自由的接受来得以估价,这种接受原则上能够整合完全不同的文化-知识背景的接受者。既然它想支撑起自己,那么这种抽象化的估价只能否定地确定:通过它的非日常的特征、非此岸的特征、古怪的特征、特殊性以及接受的失调性来加以确定。

每一部现代艺术作品产生了趣味和形式理念之间的张力。这种张力只能以艺术趣味和质性感知之间的历史性分离来加以恰当地评定。因为一种新的艺术作品面对的不仅是一种趣味共同体,而且原则上是所有以前的趣味共同体,所以每一种特殊的趣味共同体就成为自律的艺术作品以及普遍的艺术概念的敌人。每一种特有的趣味共同体敌视主张普遍性的艺术作品——作品从这种共同体中产生出来,因为共同体抵制扩大。这种共同体也是陌生的共同体,因为它们的传统拒绝入侵。因而,普遍化的主张显然不创造**一种**特有的趣味共同体不协调(除非这个趣味共同体象征性地再现了所有其他的共同体)形成的过程,而是在低俗文化的普遍范畴内部,统一了所有的特殊趣味共同体的过程。当然,特有的趣味共同体的弱化以及无趣味的世界共同体的出现促进了这个过程。但是普遍化倾向的敌人不仅仅是"坏的"趣味,其存在模式与所有的现存的趣味惯例构成了张力。这同一过程的另一面则是,艺术作品变成与世隔绝的东西,变成一个宇宙、一个单子。

如果我们要得出激进而合理的结论,即艺术的普遍概念与趣味本身相冲突,那么这就涉及这种认识,即我们时代的高雅艺术不是创造文化的艺术。病态地支持文化进化的缓慢过程的因素是:时新狂热,艺术作品的孤立绝缘的个体性以及对纯粹维持价值或支撑价值的艺术和艺术欣赏的贬低(正如在当前模仿或浅薄等范畴所营造的气氛所表达的)。更加准确地说,如果现代艺术的存在模式真是产生和共同趣味的不协调;如果本雅明的发现是有效的,即波德莱尔期望被渴求娱乐的漫不经心的、干扰的公众所接受,并因此利用了可计算的震惊

效果;如果真是在"传统与发明的漫长争论"中(阿波里奈尔,Apolli-
naire)才诞生最伟人的现代艺术作品;并且倘若真是马雅科夫斯基
(Mayakovsky)的格言"我们将要给共同趣味一耳光",仅仅是现代艺术
家典型行为的无情而极具煽动性的表述,那么,我们时代的高雅艺术
及其悖论的确是创造文化的艺术,因为它创造了它的对立面,大众文
化。它产生了一种生活文化,以及在与其构成的张力中表达自己。

卷入高雅艺术的公众没有办法来界定高雅艺术本身,除非否定地
且只有这样,通过拒绝大众文化。结果,它牢固地被势利小人的怀疑
所包围着。并且,一方面高雅艺术通过创造与其自己的共同体的不和
谐以及与其他每种共同体的不和谐产生,另一方面文化工业通过为高
雅艺术的有效力量建立机制,共同地确保了高雅文化的观众作为趣味 89
共同体本身成为低俗的,更准确地说,成为大众文化的有机的构成
部分。

至此,我已讨论了解放的高雅艺术及其自我解释,这种自我解释
根植于它的形式和存在模式之中。这种自我解释,即艺术的普遍概念
具有两重性结构。一方面,它是一种获得形式结构存在的**倾向**,联系
着向艺术的现代意愿,即处于艺术的生命中以及处于艺术作品之中;
另一方面,它是一种作为意识形态乌托邦的**结果**,这种乌托邦始终是
一种观念,这种观念的物质现实化会导致自我矛盾。到目前为止,我
把接受视为形式和艺术意图的有机组成部分。不过,正如在实际接受
者中发生的,接受提出了新的问题。讨论开始于艺术的自我解释,它
属于高雅文化的领域。不过,在此,问题产生了,除了这种自我解释之
外,还有没有把艺术王国区分为两部分的普遍标准。

在艾柯(Eco)的论文《坏趣味的结构》中,他注意到了艺术的巨大
变化,并设想了先锋派与庸俗艺术的辩证关系。"接受效果在以下文
化语境中产生平庸艺术,在这种文化环境中,艺术不被视为一系列多
样化运作中的内在技巧,而是被视为意识形式,这种形式由自为的形

式创造产生,并有可能形成非功利的凝视观照。"①坏的趣味和平庸艺
术的特征是被迫预制效果和竭力复制典型的艺术效果:"当共同而流
行的文化不再出售艺术作品而是兜售作品的效果时,艺术家的反应则
是移向另一极端,他们自己既不关心唤起效果也不关注作品本身,而
是注目于形成作品的过程。"②既然如此,那么平庸艺术包含了艺术概
念并为艺术的出现做了贮备。"革新设想与合理化的适应之间的持续
辩证法控制着大众文化的人类学情景;前者不断被后者所蒙骗,因为
欣赏了后者的大多数公众事实上相信自己也就沉浸于前者的欣赏
之中。"③

显然,我阐述的观念和艾柯的是一致的。不过,他的注意力集中
于先锋派策略的诞生,这种策略是对获得牢固基础的平庸艺术的一种
回应,这种平庸艺术是在市场经济对"艺术的谩骂"的强力影响下产生
的。不仅先锋派和平庸艺术之间的关系是辩证的,而且它们相对的优
先性也是辩证的,这些都没有引起艾柯的关注。这是对这个问题的有
些实用的限定。艾柯严格在大众文化中排除掉了信息的传播以及不
拥有艺术概念或不能称为艺术主张的一切东西,但是他只批评余留下
来的东西。

我们也许可以称后者为平庸艺术,正如艾柯所做的把它等同于坏
的趣味,但是在坏的趣味和无趣味性之间的极重要的关系问题仍然没
有得到解决。

一方面,艾柯的怀疑主义 – 现实主义观的概念框架排除了意在改
变大众文化无趣性的所有方案和理念,这种大众文化对趣味和精致的
文化极其漠然,而在精致文化中,日常生活的对象、"信息"和消遣都会
具有好的趣味和有目的创造的形式特征;另一方面,艾柯未加批判地

---

① Umberto Eco, 'La Struttura del Cattivo Gusto', In *Apocalittici e Integrati*, Milan, 1965,
p. 72.
② Ibid., pp. 74 – 75.
③ Ibid., p. 78.

维护着生活与艺术之间的分离。这是自然的,因为他是过去 10 年中足有影响地总结两个世纪艺术为解放而斗争的经验的学者之一。他的著名的短语"开放的艺术作品"[可以与歌德的"**保持开放,永不封闭**"(*oft gerundet, nie geschlossen*)相比较],恰恰涉及这种现象,即现代艺术作品拥有能力去砍断联系任何参照框架或接受者共同体的明晰性的铁锚。古代的艺术作品在现代接受中也发生了相同的事情,因为接受的事实已经指向了开放性,更准确地说,用稍微不同于艾柯的表述说,指向了"被打开的东西"。对于是否存在着评价低俗和高雅艺术的普遍标准这个问题,恰恰只有古代艺术作品的现代接受才可以提供重要的经验。

众所周知,一些经典作品变成了大众文化的一部分,降到了平庸艺术的水平。例如,阿多诺在他的研究《论音乐中的拜物特征与听力的退化》中涉及这点,他涉及了某些贝多芬的交响乐。艾柯的解释是,在这种情况下,正式开放性不再有了:接受的多样性不再彼此丰富,特有的接受模式变成一种框架和普遍性,结果作品获得极度的清晰性。由于这一过程,作品的风格式的"潜能"被耗尽了,被耗尽的东西呈现出来就是平庸艺术。

这是一种令人信服的解释。不过问题是,我们是否就不能设想相反的过程,在这过程中,"封闭的"平庸艺术被打开了,作为艺术作品被接受[例如,布洛赫(Ernst Bloch)"打开"了梅(Karl May)的作品,刺破它的外壳,然后探究它,但是,他为"大团圆"、**地摊**文学辩护]。但是,[91]艾柯自己被迫否定地回答这个问题,因为他认为开放性不是一种主 - 客关系而是一种客观的结构,一种在有证据的客观性中提供的潜能。他写道,明显"被耗尽"的平庸艺术:

> 建立在惊讶和习以为常之间关系的基础上,这种关系在接受者那里唤起对诗性信息的特有结构的兴趣。事实上,这种交往关系现在面临着危机。但是这种危机不预测关于信

息结构的任何东西,这种结构从客观视角看始终没有改变,
如果消除所有的历史上确定的接受者的参照。这种信息必
定仍然包含着交往的潜能,当作者想起一个理想的接受者
时,他就把这些潜能带入信息之中。①

不过,这是双重不可能的。历史确定的接受既不能从我们自己的
接受也不能从艺术家的"理想接受者"中根除。如果我希望在平庸艺
术、《乔康达夫人》(*Gioconda*)背景下"重新打开"列奥纳多(Leonardo)
的作品,那么我们不能从作为艺术作品生命的接受史中抹掉它,使其
变成平庸艺术的系列事件。(的确,"事件"这术语已经是评价性的、
充满争议的,是一种选择性视角的表达。)无疑,在某种不同于艾柯概
念的意义上,还是有一种非时间性的接受,有艺术作品的复兴,的确,
随着时间的接受,其持续的生命,后者必定最终导致前者。但是这种
非时间性又意味着一种客观主义上或形而上学意义上的"固定"的**先
验**,因为争论的并不是艺术作品起源的现实时刻的抽象固定,而是作
品创作和接受者的生命之间流逝的时间的消除。这种超 – 历史的方
式不能消除具体的不可重复的历史时间,在这时间中,消除的行为本
身也在发生。复兴这词暗指这点,已经复兴的东西历史性地又流入到
艺术作品的生命中。可以下面的方式简单地概括这两种接受方式
的特征:第一种是文化中既定作品的永恒的呈现;第二种是它的起源
个体性的重复(换言之,始终被重新解释并且被不同地解释)。

开放和封闭:这些概念不可能具有普遍的评价意义。作品没有被
某人"打开",它仍然是开放的。艺术的解放逻辑必然导致这种认识,
92 即认为不存在艺术价值本身。正如我们已经看到的,能够作为一种独
特艺术作品的价值是**被设定**的自为价值,这种价值预设了一种自为艺
术的普遍价值。(因为艺术的普遍概念设想价值:它使自己与大众文

---

① Ibid. , p. 102.

化的非价值构成对比。)两者由于个体自由的行为都缺乏它们的普遍性,因为个体接受同样是自由的行为,并且它设想了其他的普遍价值。如果艺术作品的接受史是它的生命,那么就不难通过揭示脱离接受的某些客观的价值结构来确定接受是真实的或是错误的。的确,从来没有这样一种决定的东西,只有关于什么是低俗艺术、什么是高雅艺术的争论。艺术解放的整个过程仅仅是这种价值的论争。

这种论争达到哪个阶段了呢?最显著的因素是艺术作品不断增加的开放性。现在没有篇幅来讨论音乐、剧场、电影、诗或美术中开放性的限制、参照物的消解、丰富性的减少。不过,看来无疑的是,这个过程本身就把普遍的接受自由有策略地整合到艺术作品本身之中了,换言之,就是承认这种可计算的整合的不可能性。艺术家甚至认为,他自己与其作品的关系也可能仅仅是许多接受中的一种;他拒绝在创作过程中发挥引导主要解释的独特作用。这些新的潮流,有时称为新 - 先锋派(或后现代主义),会产生一种伟大的风格,还值得怀疑。无论如何,他们主张一种新的态度,批评追求宏大风格的普遍性,挑战对反现代主义或新 - 先锋派的不准确或错误的规定。理由在于,这种新的发展恰恰意味着,游戏性地、苦行地抛弃了现代主义先锋派倾向于恐怖主义的能量。

这种能量的抛弃在两个方面割断了艺术概念的普遍性。第一,这种观点减弱了对一个既定作品是否为艺术作品的兴趣。游戏、实验、实录和行为,作为自为的价值,挑战艺术作品的概念。第二,与第一个相联系,减弱了对这些自为产品的普遍性评价的兴趣,即对它们的普遍可接受性的原理的兴趣的减弱。这与已经谈到的普遍的接受自由的可计算的整合并不矛盾,它纯粹意味着承认接受自由,即许多人根本不想接受一个既定的事物。这种认识的最终结果也许是,艺术活动和生活行为几乎是相同的。这将会意味着,只有实践艺术的人才能成为其接受者,生活方式的指涉开始取代艺术形式的指涉,这将会抛弃对不为人知的接受者可计算的、有策略的整合。这样一种偏执性的内 93

向性特征已经呈现在许多现代艺术潮流中。在这些条件下,艺术和生活的自律、艺术和艺术的普遍概念都消失了。结果,低俗文化的普遍化神话也瓦解了。

那么,这就是低俗**文化**和高雅**艺术**的二元对立的解决办法吗?自律的普遍艺术概念会被消除,艺术会被分割成无限多样、再现自明的彼此漠视或彼此宽容的小群体和亚文化的艺术活动吗?假设在小群体中最终的关系没有了等级,能够兴起一种创造的和生产性的审美自由的宇宙,来取代普遍的艺术吗?立足于这种倾向基础上,每个人能成为艺术家,审美领域不再独立于或超然地对立于生活而是一种内在的民族精神,在这里这种乌托邦以及其内在的价值和标准是重要的,但是不是普遍艺术的替代物。我们不需要艺术的消除,而是需要改革(或改革运动),这种改革将消除艺术和大众文化的对立性的互补性,并且把小群体的审美的民族精神视为一种文化上革新的浅薄主义,这种主义就其普遍的艺术价值的整合而言同样必须受到批评。①

　　总之,在下面的预想中,我自己的观点则是,现在有必要缓解艺术的普遍概念,结束艺术解放之战。卢卡奇晚年《美学》最后一章的题目就是"艺术解放之战"。虽然我不再分享我老师的艺术哲学,但是我必须回到他的范畴。正如已显示的,我最主要把这场解放战争的存在视为一个不能抹杀的事实,既然艺术在宗教宇宙中没有自为的价值,我也承认,艺术的解放之战、它的自我解释、普遍化的张力主要是指向宗教的普遍主义,至少在艺术起源方面是如此。但是我认同卢卡奇的观点,即审美的此岸性和宗教的超验性实质上如此矛盾,以至于如果我

94

━━━━━━━━

　　① 为了有助于改革普遍的艺术概念,这种批评必须悖论地思考,创造艺术的小群体是否真正抛弃了普遍的艺术概念或者说是否真的具有等级意识的新先锋派,结果,它们内在的开放性和外在的封闭性(不是在贵族式而是在防御性－宽容主义上的封闭性)是纯粹的意识形态的表象。我正在思考两种批判的可能性。第一,这些群体没有顺从阐述普遍的艺术概念的主张,并且这样的顺从事实上只是古老的动力的持续,断裂的新的循环,挑衅性地把低俗文化的东西提升到高雅文化的行列之中。如果批评说明事实真是如此,那么很清楚,高雅－低俗二元对立再次被复制,虽然这本身对于思考着的艺术价值来说没有直接的意义。第二,艺术的概念被抛弃了,但是尽管具有一种严肃而顺从的世俗精神,如我的普遍化的努力**没有抛弃**。这种态度也具有深层的根源。让我谈及布莱希特,只有他的名字还留在黑板上,那时,在戈达尔(Jean－luc Godard)的《中国姑娘》(La Chinoise)中,小群的无政府主义者把高雅文化巨人之名字从黑板上抹掉之时,布莱希特发现,生活与幻觉主义艺术之间的矛盾是不可容忍的,因而放弃自律艺术的概念,支持在生活中的艺术作品的功用性和可运用性。他因此能够更加贴近大众文化;更准确地说,对布莱希特来说,意指低俗文化的不是原始寓言,**地摊**小说,"犯罪小说",港湾、殖民、流浪者的异域情调,卡巴莱歌舞表演(cabaret),爵士音乐,淫秽色情或者狂欢节和市场空间的"低俗艺术"的逗乐而说教的效果,而是没有任何生活意义盲目地吸纳高雅文化。对直接生活的效果而非艺术效果的追求(当然在布莱希特那里导致永恒的艺术效果)不可分割地联系着好战的教条,这教条拥有人类社会发展的主导方向的"坚实的知识",并且部分地想分享信息,部分地想以这个方向引导人民。也是在这第二种意义上,必然存在着某种教条的背景,一小群艺术家想传播和普遍化的正是教条,虽然他们抛弃了艺术概念。他们完全拒绝高雅艺术以及过去的价值,把它们视为是对胜利者的破坏。(尼采关于文化本质是奴隶性的冷酷评论被瓦尔特·本雅明转变为文化批判。)马尔库塞(Herbert Marcuse)在《论解放》(波士顿,1969)第25—26页中写道:"作为自由社会的可能性形式的审美出现在那样的发展阶段……在那阶段,审美价值(与审美真理)已经被垄断和脱离现实的高雅文化弄崩溃了,并且消解于没有升华的'低俗'的破坏的形式中,在这里,年轻人的憎恨爆发出笑声和歌唱,混淆着障碍和舞蹈地板、情爱剧和英雄主义。"这种解放,结果是人类的解放不得不违背绝大多数人的意愿和利益得以实现。在小群体的文化革命中,即在逾越它们自己边界的斗争中,自由的幻想变成其对立面——事实强迫的幻想——没有保留着接受的开放性和自由的痕迹。低俗文化与高雅艺术的二元对立的改革并非"混淆障碍和舞蹈地板"。

们注意到这种冲突,那么一些伟大的艺术时期在美学的主流中将是纯粹的"反－运动"或"原始阶段",并且,"此岸性"的某些本质内核可以从但丁或乔托作品的超验的宗教躯壳中提取出来。相反,我认为,我们作为怀疑论者,在没有理念或宗教意识的共同体的情况下,能够成为但丁或乔托作品的接受者,这是解放了的艺术深刻的特征和最重要的成就之一。

而且,卢卡奇对现代艺术的诊断是,在现代主义先锋派中,审美态度屈从于宗教意识(结构方向是宗教的,教义也是宗教的)和宗教需要。如果我们把这种思想线索的重点从先锋派转移开去,说"取代"而不是"屈从",那么这种评价在某种意义上概括了整个解放的艺术战争的特征。卢卡奇在某处说,歌德和浪漫主义时代"是从面向客体的宗教普遍性向局限于主体的宗教需要的转型的序幕"①。普遍的排他性艺术概念真正满足了宗教需要,提供了宗教的替代物,但是正如卢卡奇所认为的,这不仅是艺术中某些问题倾向的特征,而且是在为解放了的自律奋战中必要的能量－源泉。②

宗教需要本身要依附的正是自律艺术的特殊性、乌托邦主义,更准确地说,这种乌托邦主义部分地表现了普遍的艺术概念的准－宗教结构。康德把直接地挪用感性和审美现象的能力称为直觉理性,与推论性理性相对,"从综合的普遍或整体的直觉移向特殊——即从整体到部分。对整体的这种理解或再现不意味着可能要把部分综合力中

_____

① Georg Lukács, *Die Eigenart des Aesthetischen*, Neuwied and Berlin, 1963, vol. II, p. 872.

② 各种艺术的经典化遵循着自律的艺术规范的审美创造,并且被这种审美创造所取代,因而解放了的规范－目的论的审美实体结构,在某种程度上重构了最高的目的论结构,这种结构在过去的宗教文化中已经包含了整个世界本身。这就是美学在古典和浪漫的德国哲学中占据如此关键地位的原因,它作为一个调节器(康德、费希特),作为等级之顶点以及普遍体系的**研究方法**(谢林),作为立足于体系的隐藏的结构原则之上的人类个体性和普遍性(施莱格尔)的保证,正如在黑格尔的历史哲学中,普遍的历史被自我意识的推理的辩证理性建构,艺术作品本身作为一个被创造的总体性,一个有机自然有目的地建构的**世界**,成为世界创造的模式或者剩余,但是无论如何是一个不同于既定世界的"他者世界"。

的偶然性变成整体的确定形式"①。这同样涉及神圣的目的论意识的整体直觉,这种直觉已经安排了创造杰作的艺术天才的本性和目的意识。显然,艺术作品的直接的事实的"可挪用性"以及它的扭曲功能化(即其日常功能和观点的悬置、多元化和开放化)是艺术概念的自律性和普遍性的前提条件。

在艺术概念解放过程中,艺术具有准宗教特征,并复制了恩惠、神 95 秘、神圣诺言、拯救、启示性期盼、揭示性与绝对性这些范畴。勋伯格在 1946 年给柯柯什卡(Oskar Kokoschka)写的关于后者的追随者的一封信中说:"不幸的是,像我自己的追随者也甚至更加钦羡亨德米斯(Hindemith)、斯特拉文斯基和巴尔托一样,他也有许多神,克利(Klee)、康定斯基(Kandinsky)等。然而'你拥有一个上帝'……"②我挑选这个奇怪的文献,正是带有一种目的。它清晰地显示了依附于艺术的宗教需要的局限性——这些局限性随着需要本身而同时出现了。这些局限是其他艺术家把他们自己的艺术概念加以普遍化的自由,是接受者熟悉并偏爱"其他神灵"的自由,最后也是当年主张普遍性的普遍化的情境特殊性。正如在过去的 200 年里,艺术家必须把作品带到精神市场上去,并考虑到陌生接受者的多变的语境化。艺术多元主义已经激怒了概念的一致化,它也阻止自己走向完美;换言之,它阻止任何一个敌对的艺术概念取得最终胜利。

结束艺术解放之战以及达到这种解放的第一个条件,自从这场战争伊始就在艺术概念中积极地起作用了。我指的是从个体性中形成的普遍性以及在个体性基础上可以视为普遍的普遍性。如果这种演化是一种解放的行为,那么,在这场战争中,自由的行为甚至专制就必须经受自由的自我交往,经受马尔库塞的没有自我撤退的自由幻想:自由地**团结组合**。这种个体的普遍性,就其本质(并非其内容)而言,

---

① Immanuel Kant, *The Critique of Judgment*, tr. James C. Meredith, Oxford, 1952, Part II, para. 77, p. 63.

② Arnold Schoenberg, *Briefe*, Mainz, 1958, p. 254.

联合着其他普遍性的个体"样本"以及个体接受的行为,它呈现的不是审美普遍性的消除而是普遍性的弱化。对抗着普遍性的无限性理念以及艺术作品的永恒有效性和对立性,它强调了有限性——因为在每一个时代,在每一种接受行为之中,一些永恒作品的生命并没有继续,而是开始了一种新的生活。正是有限性和不断重新开始确保了接受者共同建构的地位。

不过,这预设了进一步缩小范围,拒绝把完美观念作为普遍性构成元素。我在这里指的不是很久以前就抛弃了的经典的完美,而是认为(以多种方式表达的),艺术作品的价值排除了它各部分的偶然特征。但是偶然性能够从直觉理性建构整体之观念中被排除掉吗?接受也许可以再现作品自我创造中的一个过程,在那里,偶然性可以在结束的时候到来;在等级化的美学中,这可能称为高峰体验。但是,由于它的稀少性,这不能穷尽整个美学领域;由于其有限性,它也不能完全凝固为永恒的客观价值的领域,而忽视事实上既定的接受者。这只是某种程度上的统一性凝固,但它没有发生在现实的艺术接受中。在现实接受中,艺术作品始终是一种现实的生活,不过在这里,作品把它的生命事实上体验为以前的作品的蓄水池中:在文化中。

这就把我们引向成功地结束艺术解放之战的第二个条件。自律的、普遍的艺术概念实质上只考察最高等级的艺术。它希望,充分满足艺术概念的艺术作品应该激起高峰体验,具有净化作用并改变接受者的生命。形成等级是合法的,正如里尔克(Rilke)著名句子所表达的乌托邦希望。但是把等级的高峰和其他部分分割出来,这设立了高雅文化、伟大作品集和低俗文化、其他艺术活动的同质化集合、最多样特征产品之间的对立。普遍的艺术概念的改革目标不应该把非普遍的艺术(如非自为的艺术,区域性甚至狭窄的艺术,非对象化的艺术活动,修饰的、娱乐的、本质上是说教的或功用的活动,意在维护和保存价值的保守性模仿的艺术或者浅薄主义)排除在艺术概念之外。

这些实践艺术意愿的不同模式不应该根据其缺乏个体性(如陈词

滥调、连续剧、非个体的传统形式、一个主题的变体或模仿)或根据其缺乏普遍性(如只涉及一个传统形式、共同体、群体或特有实体)从艺术概念中被排除掉。艺术概念不应该排除缺乏趣味的任何自律观念或形式的建构物,也不应该排除引导我们走向个体-普遍的艺术作品的宽广的文化领域。这再次呼吁保持一致——要与人类对艺术的需要保持一致,这种艺术需要潜伏在这些产品和人类活动之中。

这种文化的重构,即艺术概念的扩大以及普遍性的弱化,不意味着有机文化特征的重构(即维护艺术从产生的传统的持续性的艺术偏见)或者开始完全崭新地断裂传统的一种极其新的文化创造。自然地,这种论证不意味着是一种限制;它纯粹表达了这种理论理念,即两者都是不可能的,所有试图在运用中保持一致将导致自我矛盾。虽然高雅文化与低俗文化的裂痕不能胶合,但是这种裂痕会进一步被打碎,以至于低俗文化的普遍性被去拜物化,艺术的普遍性也得到了修正。

毕竟,结束解放之战不可能意味着抹杀解放之战的成就。它不可能消除伽达默尔所谓的审美意识的异化:

> 过去宗教意义上重要的文化艺术家都以这种意图创造其艺术作品,他认为,他的创作应该根据它所说的和所呈现的来接受,它应该在人们群居的世界中占有一席之位。艺术意识——审美意识——始终屈居于从艺术作品本身中产生的直接的真理主张之下。这样,当我们根据作品的审美质性判断艺术作品时,我们颇为熟悉的某种东西被异化了。当我们自己退缩,不再向控制我们的直接主张敞开时,这种审美判断的异化也始终发生着。因而在《真理与方法》中我反思的一个起点就是,主张在艺术经验中的有其权利的审美霸权,与使我们面对作品本身的本真经验相比较,表现了一种

97

98   异化。①

　　我已设法思考这个问题,并设想生活与艺术距离的新的缩短如何在理论上变得可能。要消除这种异化在动态的社会中不仅不可能,而且甚至是不合理的。之所以不合理,是因为那种把归属世界作为认识要求的独特性,会消除艺术作品批评世界的功能。这种批评功能之所以会被消除,是因为其审美特征的持续而普遍的东西(以及在每种接受的新行为中)屈从于它的直接的真理主张,它直接掌握现实的需要;最后,它能够吸收和整合时新的现实。虽然艺术作品的价值界定不断从接受实践中唤起,但是在某种意义上这种界定在于艺术作品的结构特征:它不提出关于获取了什么东西这种直接主张,即是说,它的"**经验现实**"是开放的或者可以被"打开"。这是艺术乌托邦特征的源泉,这种源泉既存在于多元的动态世界最重要的艺术作品中,也存在于过去的伟大作品中。

　　但是在非普遍的和低俗的艺术中,也可以辨识出批评功能和乌托邦冲动。它们内在于向艺术的意愿中,内在于艺术的需求中。可观察到的例子是在每种艺术创造性之中,在创造**新**的事物的形式,甚至在退步的消费中,在梦和草率的幻想、逃遁主义、节日性和礼赞、感性、美的表象、大团圆的渴求、庄严、分配性公正、净化、游戏和力量之中。当然,不能忽视的是,文化工业建立起来是为了所有这些东西的机械的大众生产,并历经了许多类型的自我批评;并且,通过机械化的预制形式,这些希望和意愿变成了需求。大众文化的神话学由洛文塔尔以传记的形式分析了,罗兰·巴特(Roland Barthes)用多个领域的例子阐释了大众文化的神话学,这种神话学在这种语境中的确形成了。值得注意的是,巴特使用了复数形式的神话学,这暗示了它们和古代文化的单一的强有力的神话学之间的决定性矛盾。这些新的神话学是微弱

---

　　① Hans-Georg Gadamer, *Philosophical Hermeneutics*, tr. David E. Linge, Berkeley: University of California Press, 1976, p. 405.

的,因为它们不赋予生活以形式,而是作为一种补偿。反对世界的高雅文化与处于世界之中的低俗文化之间的对立,最终证明是没有根据的,甚至低俗文化的大众生产也意在创造其他的世界。它强调自己的建构是幻觉,目的是以互补或补偿的元素同生活相对立,或者它把幻觉融入生活之中,激励对幻觉的体验,作为现实生活的幻觉复制幻觉。真正的矛盾处于高雅文化中的普遍的开放的形式观念和低俗文化的普遍的(即整合的、拜物化的、神话学的、本身缺乏的)封闭意识形态之间。但是低俗文化微弱的源泉正在于封闭性和普遍性之间,以及生活方式和替代生活之间的持续而激烈的矛盾。这种微弱性有可能使得大众文化个体化,打破其普遍性,而不是捣毁低俗文化。大众文化是一种封闭的意识形态,而这种封闭的意识形态在每种个体性的接受语境中可以被"打开",可以超越它的既定语境。[99]

(费伦茨·费赫尔、约翰·菲吉德 英译)

五、论欧里庇得斯的戏剧

G. M. 托马斯

血淋淋的吸血之神,英雄的赫拉斯,粼光闪闪的军队、**尸体**、魔鬼、诗人的奥林匹斯之神——读者如杨树之叶一样瑟瑟发抖,像阿波罗摇动的月桂树一样战栗。结果最后,他迷迷糊糊地被放纵的古典的美人海伦所吸引。他最终受到这种超自然的钢铁框架力量的侵犯。最后,他俯卧于这种力量之下,这种力量数世纪已经被验证为仅仅是人性学派。读者说,这足够平等,足够宽恕我们的弱点和内疚,我们对"之前的与反抗性的东西"厌烦至极,对规矩、例外和慰藉厌烦至极,我们讨厌对意图和后果进行半心半意的评价,讨厌理解,讨厌接受脆弱之缘由,讨厌阉割英雄,讨厌把真正的力量化解为没有力量的证据。我们不再需要谨小慎微和中庸之道。让山谷喷发大火,让森林犹如火炬一样熊熊燃烧,让狂喜之精神渗透进我们的鲜血,让我们流浪在命运所设定的道路上,让我们舞动起来,让我们不再需要任何中介! 这就是读者讨论的方式,当他选择这样谈论时就谈到了尼采。

亚里士多德说,欧里庇得斯是最悲剧的诗人。尼采说,欧里庇得斯是一位蹩脚的现代文人——在他之后所有那些羞于成为那样的人就出现了。同样,在尼采之后,这是文化的判断,思想被悬置了,尽管人们还在思考。

那么,在这过程中,焦点是什么呢?

尼采在 1870 年至 1871 年的法国 – 普鲁士战争期间写作了他的著作《悲剧的诞生:来自音乐的精神》(*The Birth of Tragedy From the Spirit of Music*)。此书希望,非基督教的艺术、宗教和哲学仍然是可能 [104] 的。瓦格纳的异教 – 德国的音乐之声,叔本华那痛苦而优雅的觉醒,对他来说就是这种可能性之证据。即使在欧洲,非基督教的东西成为可能,那么人道主义梦想也许可以实现:古希腊的东西能够得到复兴。但是如果可能,应该忘却所有那些的确是古希腊却又导向基督教的一切东西。我们这个世纪伟大的异教神学家,西门·魏勒(Simone Weil)清醒地意识到,一条如以西结(Ezekiel)开辟的大道一样宽广的道路,从克利西安(Cleanthes)的《宙斯之歌》(*Zeus Hymn*)走向福音书。不过,尼采是基督教的对抗者,他也较早地明白这点。他评论道,苏格拉底的魔鬼哲学已经用思想玷污了艺术与宗教。一种没有绝对真理的宗教对启示来说是陌生的。灵感对宗教和艺术同等重要。当然甚至尼采也没走得那么远,去说苏格拉底已经改变了古希腊宗教的意义。事实上,《旧约》的教义流露着受难耶稣血液之气味,这种教义完全不同于苏格拉底。

尼采认为,苏格拉底的过失是寻觅普遍的真理。对每个人皆有效的**道德**真理创造了平等的最低层次。这适用于非突出或非有力量或非例外的那些人的利益。对古希腊而言,竞赛的支持者自己意识到具有忌妒的原罪;古希腊把所有过度的和非中庸的东西标为傲睨神明;对之拒绝并加以惩罚,最著名的傲慢是苏格拉底的傲慢,他已经为此而受到惩罚。尼采认为,一种低俗的精神即是乌合之众的精神,它在这种傲慢中表达出对优胜生活的忌妒,这种生活为死亡做了准备。尼采不介意说,正是民主——通常等同于乌合之众之精神——置苏格拉底于死地。虽然他不憎恨民主,但在这一点上他与之是一致的。非宗教性（*asebeia*）的哲学家只好被流放或者被毒死，因为就信仰而言，不允许把人类的道德规范应用于超越人类的、血腥的、放纵的、淫荡的神之中。苏格拉底、怀疑主义者及其后辈、剧作家欧里庇得斯皆相信，一位罪恶之神不是神，而是充满幻想的打油诗人的纯粹捏造。对他们来说，神正论——对神如何与为何承受此岸世界罪恶的回答——比残酷而狂喜的信仰本身更重要。根据这种神正论，处于这个世界高位的罪恶都是罪恶，正如神性本身是善一样，善不仅是纯粹的愿望，而且是宇宙的圆满。

尼采认为，这种对善的信仰创造了弱者的规则，控制了强有力的暴力。它也因此弱化了插入天国与公海之中创造神的剑之弧。愚蠢者、没有天赋者、没有灵感者、蹩脚者、杂种的忌妒使得准神、新贵者、立法者名誉扫地。沉思挫伤了行动。生命的自然色泽被真与善的沉思的苍白投射弄得支离破碎。"克里托，我们应该唤醒医药神阿斯克勒庇俄斯。"苏格拉底说，"我要死了，我欠了治疗之神很多"。尼采解释说，生命是病魔，死亡才是治愈。

那么，哲学是死亡之恶魔。

尼采的目标（他认为是古希腊的）是：精神健全要从堕落、单调、曲解中，从福音书的卑贱道德性和奴仆之忧郁中恢复。虽然在《偶像的黄昏》中，在他捣毁偶像之前，他不再相信不可表达的瓦格纳的音乐幻觉，但是他对苏格拉底的憎恨没有减弱。尼采认为，他看到了苏格拉底面孔上最卑微的、**受压制**的标志。苏格拉底的对话是被扭曲的、净化的色情主义。但他在其他地方说，苏格拉底是伟大的色情主义者。这里，尼采肯定隐藏了什么，因而充满着明显的矛盾。古希腊文化在很大程度上是由同性恋打造的，虽然在尼采的时代，同性恋仅仅影响到牛津和剑桥贵族的亚文化，普鲁士军官精英团体的亚文化。完全可以理解，生活在瓦格纳环境中的尼采在巴伐利亚国王路德维希二世的肤浅而悲情的故事的影响下，把同性恋视为堕落偏见的重要形式。无疑，同性之爱在古希腊悲剧中没有占据实际性的角色，然而在抒情诗、阿里斯托芬的喜剧中,特别是在柏拉图对话中占有重要地位。假如悲剧真是起源于狄奥尼索斯的丰产的仪式之中,那么把具有吸引力的爱搬上舞台是可以理解的,但这种起源绝不是确定的。[①] 正如我们所领会到的,阿提卡的悲剧演出是群体－国家的行为。正是因果关系和必然性逻辑提出了普遍性的指引,虽然以特有的方式,但是严格的和统一的。不过,与道德哲学相反,悲剧中不只行为而且举止和情感以及位置均有结果。但是,只有在一种位置中,人类的自然情景才具有一种本体论式的结果:一个孩子出生的时候。在《旧约》和古希腊悲剧中,婴儿因为父母之罪过要受到惩罚。的确,给予惩罚是由于过失,但惩罚的原因纯粹是由于**存在着**父母。

如果人们相信虔诚的宗教信徒把这种安排视为是正确的,或认为神把它视为是正确的,那么就会错误地认识宗教的实质。道德逻辑始终是可能的。只有信仰悬置了判断,信仰陈述着物的**存在方式**;宗教之人持续地信仰神。信仰的真理一直是经验性的。信仰者所沉思的方式是这样的:我看见了命运之物——它由神编制——命运是可怕的——神是可怕的——但是他们是神——我继续我的职责。

男人不会和男人结合而怀上小孩,女人不会和女人结合而怀上小孩。在同性恋中,只存在着仅有的行为,这种行为产生激情,激情反过来产生行为。独立于两者的**第三个生命**是不可能诞生的。尼采相信,悲剧是色情的、宗教的,但是他错误地认为苏格拉底的哲学不是宗教的,不是色情的。存在着苏格拉底的宗教和柏拉图的色情主义——只是它们不同而已。思考(道德分析)观照着行为;宗教观照着存在。"如此存在"的存在断言本身,就是一种宗教的设想。尼采认为,宗教对判断(*epokhe*)的悬置等同于悲观主义。在他《论悲剧的古希腊哲学》(1873)的章节中,他断言,还是苏格拉底首创了乐观主义,即非艺术性的东西,目的论(换句话说,是相信目的性),"抓住善之神",借助

---

① 参见 Ulrich von Wilamowitz－Moellendorff, *Euripides Herakles*(1895), Introduction, II。

对自然本能的认识和控制而成为善之人。从悲剧世界观来看,德性的可领会性的确是毫无意义的。悲剧之德性(*arete*)抛弃了普世性的标准,它表现了创造(*poiein*)的唯一性和独特性。"知道什么"不是人之尺度,而是宇宙之尺度,人不是依赖实践(*prattein*)来评价,在实践中我们向某人学习,在这里某人领会某物。

与埃斯库勒斯(Aeschylos)的悲剧相反,在欧里庇得斯的戏剧诗中,宗教和英雄神话无疑被哲学宗教取代了。因而,在这诗性文本中的神话变得模棱两可并且多样化。

107　　即便尼采错误地判断了公元前 5 世纪的雅典哲学,但不用说,他很好地意识到,思想已经在艺术上建构起来。唯一的问题是,思想作为反思的、沉思的,是否可能是悲剧性的。

尽管尼采有关古希腊的理念频繁地受到了批评,但始终是从古典主义的角度、从魏拉默韦茨(Wilamowitz)的激情宣传到乔治集团的冷酷而令人尊敬的柏拉图式的批判。① 古典主义者——从莱辛和温克尔曼到格奥尔格·卢卡奇的《美学》——仅仅是通过感性媒介来思考艺术作品;简单而言,他们与尼采是一致的。古典主义试图分开思想与感性,目的是造成两者的和谐。尼采也是这样做的,或者他亦是如此认为的。要不然,文化将会蜕变为白色。事实上,尼采颠倒了欧里庇得斯的成就:他把悲剧艺术精神植入到哲学中。

思想可以是悲剧性的吗? 肯定和否定回答的人们均同样脱离了欧里庇得斯的剧本。吉尔伯特·穆雷(Gilbert Murray)在他精彩的、慎重的而极为深刻的著作②中评论道,现代读者被欧里庇得斯从怀疑主义修辞学拿来的东西弄糊涂了,而古希腊修辞观念是追求清晰性(*sapheneia*),与现在称为修辞的东西相反。欧里庇得斯打断了情节,其主角吐露出智慧的格言(*gnomas*),追求娴熟的争论——换句话说,他们

① K. Hildebrandt, *Nietzsches Wettkampf mit Sokrates und Plato* [Nietzsche's Competition with Socrates and Plato] (1922).

② Gilbert Murray, *Euripides and His Age* (1918).

干着训练有素的现代读者所做的一切事情。不过,后者不期望智慧,而是期望浪漫的朦胧、迷惑、神秘。对现代读者而言,艺术不应该太狡猾。

但是,为什么现代大多读者与观众拒绝欧里庇得斯呢? 他为何在古代也被拒绝呢? 因为欧里庇得斯在他的生命中从来不是"受欢迎的热点"。咱们依次分析诸多缘由。

这种拒绝在过去和现代都有一个共同根源。人们普遍认为,思辨是**外在**于行动的,而戏剧是关于行动的。到目前为止,一直这样认为。但是,戏剧以何种方式关乎行为呢? 按照主角谈及其行为的方式,通过对话准备行为,通过独白评论其行为。但这样的言语不得不创造出拥有行为的样子,而不是言语特征。这可以通过戏剧言语达到,因为这种言语暗示了神话,或者说暗示了后来取代神话的共识;也就是说,这不是借助于创作这种印象来达到的,这种印象就是,言语说出了正在发现的某种东西。

信仰所接受的感官资料的普通形式是我们所熟知的,这种资料只能是命运。从另一种角度看,命运就是在神话的感性形式中呈现的我们关于人的本质的概念,感性形式与这种概念是一致的。换言之,这是普遍的东西,但又不可论辩,因为没有命题可以断言,只有故事可以叙述。当然,只要仍然相信神话,或假装相信,那么所有这一切皆是可能的。当神话的价值贬低时,非悲剧性的时代就降临了。正如一位现代阐释学大师所说的,非悲剧时代也有悲剧。在这里坐在观众席上的观众抓获道德超验性的信息,这种信息从舞台传递到孤独的**心灵**中。在现代非神秘的悲剧中,舞台上偶然性事件是外在的(超验的),因为它本质上始终是道德的,而非宗教的。究其实质,它不是"问题",虽然道德论证是一个问题。同一作者写作古代剧场,演出也是**偶然**的,是宗教节日性意义的副产品。①

①　Hans－Georg Gadamer, 'Über die Festlichkeit des Theaters'〔On the festive character of theatre〕, in *Kleine Schriften*〔*Essays*〕, II(1967).

　　一旦节日性的灯被关掉,神话就不再潜伏在一切事物之中。不过,欧里庇得斯解释说,不仅类似的行为,而且类似的语言行为却可能是悲惨的(至少在言语发生的戏剧中),流血战役,同时伴随着**最终**的冷漠;这不同于现代非神秘的悲剧,后者的舞台本身是崇高的沾满鲜血的道德超验性,这也不像莎士比亚戏剧,后者的小丑特征预设了脱离基督教幻觉的固有的修饰性的感性悲观主义。首先,正如我们将看见的,进入欧里庇得斯剧本的哲学本身是悲剧性的。第二,就现代意义上说,命运本质上只能在宗教崇拜性空间中才得以再现。不过,在古希腊,神话社会地位的震颤并非必然地削弱了宗教崇拜本身。因为在雅典,宗教崇拜显然不是神圣故事的纯粹符号性重演,换言之,不纯粹是仪式,而是**严格意义上**的崇拜;城邦的隐喻也是如此。黑格尔在其《美学》中说道,在古典艺术中,艺术家和诗人也是神的**代言者和教育家**。他们向人们宣扬和揭示什么是绝对的和神圣的。悲剧诗人受到崇拜,他们严肃要求从事教育。甚至当激动的复兴的宗教神话力量以及维系宗教信徒神话的**必然性**情感(必然性、迹象,"因此它是,并必须是"的情感)处于式微时,城市的崇拜仍然是宗教的。其崇拜的功能即培养和文化功能变得更加重要。并不是每一种思想、每一种艺术理念,都来自于历史和政治提供的经验教训。

　　但是,不管道德判断的起源是什么,都没有人可以回避这些经验教训。正是判断在悲剧舞台上发生了,在欧里庇得斯的舞台上,判断经常发生,照亮了作出判断之可能性。正是这种情况,在道德存在物的类似行为的对话中呈现为悲剧[毕竟,除了合唱的音乐和**卡门·橹古波里**(carmen lugubre)之外,欧里庇得斯的戏剧正是由这样的对话构成的]。因为这些道德存在物陷入非道德性命运之中,这种命运不再显而易见,不是确定和**预先给定的**。欧里庇得斯说,罪恶之神不是神,只有善良之神才是神。然而,塞普丽斯(Cyprus)可以恶意地惩罚希波吕托斯(Hippolytus),不是因为他犯了任何罪过,事实上是出于忌妒。正如荡妇不可能忍受事先确定好自己身边的男人一样,阿芙洛狄

108

忒(Aphroditē)被真诚的追寻者希波吕托斯也就是阿尔忒弥斯(Artemis)的崇拜者所激怒。塞普丽斯没有惩罚希波吕托斯,她以一种特有的方式让他爱上他的继母,从而伤害了不幸的费德拉(Phaedra)。费德拉和希波吕托斯皆是天真的:恶魔的力量驱使他们干坏事。他们白白地成为道德存在物。非道德性之命运高高地支配着他们,这种命运只能是恐怖的,而不是令人尊敬的。

查姆福特(Chamfort)正确地评价说,天命的另一个名称就是偶然性。不可预测的任意的又不确定的命运是对神圣秩序的断然拒绝。因而道德性本身变得荒谬与"不可能"。良知没有用,它一直是对抗恶魔的荒谬可笑的尝试。悲剧性过失也成为相对的。责任感被捣毁了。亚里士多德在一种特殊语境中,把这种相关问题与悲剧诗人之名联系起来,这绝非偶然:在欧里庇得斯的悖论性句子中是否存在一定程度上的真理:

"'我杀我母'——四个字讲述了一个故事。/ 两个皆愿意,抑或两个都不愿意?"[阿尔克芒(Alcmaeon)]

当干一件坏事时,一定是干坏事的人允许才可能。如果没有干坏事的人的赞同,那么他做了不公正之事,这是可能的吗? 或者说,从来不会发生这种情况吗? 其次,忍受错误之痛楚始终是自愿的,还是不自愿的,还是两者皆有呢?① 110

在某种意义上,欧里庇得斯的悲剧就是思考这些问题。不过,这些思考又不是来自于作者,而是来自于外在因素。主角自己吐露出作出决定的动机、决定之无能或决定的义务。理解动机并把它与其他人的动机比较,来自于比较之不可能的不可理解和孤独,所有这些和神圣意愿的乖讹以及神圣意愿与命运的乖讹——这些都是戏剧本身所

---

① Aristotle, *Ethics* [The Nicomachean Ethics], tr. J. A. K. Thomson (Penguin, Baltimore, Maryland, 1965), Chapter 9, Book V, 1136a, p. 162.

涉及的。

俄瑞斯忒斯(Orestēs)在《伊莱克特拉》(Electra)中询问,人们如何辨认这些并作出判断呢?① 菲德拉尖刻地陈述道:"我们领会和辨认善的经验,然而实践时没有经验……"②欧里庇得斯的剧本并非道德小故事,其主角没有呈现出清晰的道德性。而且,道德冲突,源自沉思道德性的困境,在这里再现了主题,在某种程度上正与埃斯库勒斯的作品一样,后者的主题就是表现**先验**形成的神话或者历史当下性的宗教升华的经验。

我们能够不断在欧里庇得斯那里捕捉到怀疑主义的痕迹,一种悲剧性思想。③ 公元前 5 世纪最伟大的怀疑主义者里奥提尼(Leontini)的高尔吉亚(Gorgias)已经发现,语言是任意地操控人类存在的一种恶魔力量。当然,古希腊已经意识到,说服(peitho)是一种真正的力量,但是高尔吉亚在为海伦的辩护中补充说,**逻各斯**因为具有本质性的双重特征,所以它容易欺骗人,聪明人能够从正确中推论出错误来,因而词语和**爱欲**或者命运一样,皆是不可抗拒的。对最广泛的对象而言,人们都可以说出相同的和矛盾的陈述,每一条最终的真理皆是一个谜语。欧里庇得斯问:"那么标准尺度是什么呢?"怀疑主义者普罗泰戈拉(Protagoras)回答说:"人是万物的尺度。"人是什么呢? 既然人是万物的尺度,那么人也是他自己的尺度,是他行动的尺度。这种行为的评价是针对他表达的词语。**逻各斯**之前的平等尺度仍然是有效的,即使逻各斯是悲剧性的,因为就算我们不行善也意识到善是什么。同**逻各斯**合在一起的**说服**能把我们引向真理,但是也可能是欺骗的手段。甚至最可辨识的人也不可能是安全可靠的。人是尺度:是一种普遍的非理性的尺度,因而也是野蛮的,妇女和奴隶都是人。《安德洛玛克》

---

① *Electra*, tr. Arthur S. Way (London, Heinemann),p. 373.

② *Hippolytus*, tr. Arthur S. Way (London, W. Heinemann and Cambridge, Mass. Harvard University Press, 1921), Lines 380 – 381.

③ 参见 Mario Untersteiner, *I sofisti* (1948) esp. V, 2 – 3。

（*Andromache*）、《赫克白》（*Hecuba*）、《特洛伊妇女》（*The Trojan Women*）向我们显示出，海伦可能比野蛮妇女更坏。《美狄亚》[111]（*Medea*）也是如此：一个野蛮人是野蛮行为的人。"内在"与"外在"、"我们"和"你们"之间的分界线发生了变化：这条线变得不再可见，如果它**不可见**，那么它会是一种调节性原则，是一种对血缘逻辑设定的秩序加以逾越的规则。伊俄卡斯特（Jocasta）向所有人说：

> **大自然赋予人类以平等的法则，**
> **愈来愈少的，曾经的仇敌对抗，**
> **伟大者，卷入憎恨之黎明。**
> **她颁布了人类之尺度，即平等，**
> **她规定了重量和数量的测定，**
> **黑夜里那不可见的脸庞以及太阳的耀眼之光，**
> **都年年沿着其轨道前行，**
> **没有任何嫉妒的空间。**[①]

咱们不要误解：不可见的秩序不是理性的秩序。人类在可见和不可见的秩序中都是不幸福的。但是不可见的秩序更能够为诗人打开心扉，甚至不可见之人也会被看见。正是雅典人感觉到这种不可见的秩序，然而雅典人追随其自己的血缘的部落之神。如果在这里，就有民主；如果没在这里，就是专制。真的，维克多尔的英国不是更好的。雅典使者要求，保持中立的米洛斯岛加入共同体，否则就会占领这个岛，杀戮岛上的男人，把妇女和小孩作为奴隶出卖。米洛斯岛上的人民回答说，那么神会……接下来雅典的答复同样简洁：我们将要冒险；我们和你们同样是有宗教的。然后，米洛斯岛被践踏在脚下。

克里斯提尼（Cleisthenes）的改革是用领土原则取代自己的血缘纽

---

① *The Phoenician Maidens*, tr. Arthur S. Way, lines 538–545.

带。由这条原则形成的十个"部落"的代表轮流主持**民主**联合大会。同样,一年分为十个月。**市民辩论地点**被放到城市的精神和事实的中心,群体和个体之间以及公共和私人之间的区别取代了神圣和世俗的区别,这在那时已经很重要。这种组织性的和城市的改革既是精神性的又是政治的。柏拉图在《理想国》中将**雅典卫城**置于中心,置于**市民辩论地点**,这绝非偶然。空间和时间也改变了:由万神殿的十二位伟大神灵所保卫的十二进制系统消失了,由世俗所环绕的宗教崇拜空间变成了精神性的,并受到震动。其中,悲剧的功能就是以城邦本身的精神共同体**来填补**这个空间。悲剧把古代宗教狂热崇拜加以精神化,把这种狂热转变为艺术和国家职责,换句话说,转变为世俗的义务,当然也意味着可以自由地拒绝它。文学和音乐的品质是没有用的,没有对共识的呼吁。欧里庇得斯徒劳地高谈阔论,显示爱国精神,反对斯巴达,观众没有接受他崭新的新人性,而是公开地宣扬宗教怀疑主义。克里斯提尼的改革重新形成了**城邦**,这种城邦是根据精神原则形成的,而不是赋予城邦以精神。

维尔南特(J. P. Vernant)在对古希腊空间概念①的陈述中说,雅典市民与作为中心的**市民辩论地点**的关系是对称的和可以互换的——当然这是在克里斯提尼之后的情形。(轮流执政系统和抽签决定的选择依赖于此。)人类关系的这种精神化强化了市民团结的情感和联系,以至于如果雅典不是支配性精神,那么与外在于城邦任何生活的精神联系就不可能被建立起来,外在的世界只是一种屈服性的肉体。在联合大会上,着迷的**说服**规则被激发出来:少数人的观点被认为是傲慢的,并且要受到迫害。精神不得不默默地在身体政治中发挥作用:由于它已经被弄明白并得以表达,所以它不再被辨认出来。苏格拉底、欧里庇得斯、怀疑主义者体现了雅典精神,但是他们使之变得明晰,因而他们必须为之赎罪。阿里斯托芬讽刺了雅典精神;在某种意义上,

---

① Jean – Pierre Vernant, *Mythe et pensée chez les Grecs*(Paris, Maspero, 1974),I.

他讨厌它,因此他获得了成功。他的讽刺指向这种关键点,即雅典精神变得普遍的,这与城邦的自我主义相冲突,与男性的和女性的自私相冲突。这就是在阿里斯托芬那里女性主义者欧里庇得斯会变成为憎恨妇女的人,他的高贵的母亲变成为普通的女人。埃斯库勒斯能够说出这种真理,因为这就是乌合之众的自私而又崇高的真理:它不会延伸到其他人,它不关别人的事。克里斯提尼和伯利克里的雅典真理不可能说出来,因为这种真理由于其精神的抽象性特征,能够为每一个人所适用和主张。自由的秘密成为国家的秘密。在雅典联合大会中,最嗜血的教育家克里翁(Kleon)完全正确地说道,没有一个民主能以民主的形式支配被民主压制的区域,只能以恶魔的形式执行。这里也可以得出结论——原则上——如果民主要成为民主,它又必须让其他州屈从于民主自己。不过,伯利克里已经充分地意识到,我们无疑进入了错误的道路,但是倘若我们不再追逐这条道路,我们会有危险。雅典人平静而清醒地意识到他们的罪过,但是如果说这是命运的意愿,他们会持续地犯罪,继续复仇,继续紧紧握住他们的长矛。 113

欧里庇得斯是其中之一。他和他的同辈市民具有共同情感,但是他也不赞同这种情感。不是轻蔑而是同情、痛楚和广泛的不确定性支配着他的激情。当然,那里有善与恶之区别:恶要受到惩罚。差异存在着,并且这是很重要的;那里没有回报;神是不公正的;命运是盲目的。就最有智慧和哲学思维的悲剧诗人而言,词语不再是艺术的:它是不可思议的恶魔力量之一。词不再是描绘坏的命运:它本身就是带来不幸的。

在索福克勒斯(Sophoclēs)的《俄狄浦斯专制》(*Oedipus Tyrannus*)中,推理、逻辑、理性的词语被用来搞清楚发生了什么事。在欧里庇得斯的戏剧中,它们却用来提升命定的东西。主角被他们自己的言语按照命运的方向引导。欧里庇得斯笔下主角们的生活充满许多对话、争吵、辩论与吵闹。言语可以成为任何事物的缘由。第一次出现这种情况,即悲剧**作为戏剧**的使用材料,词语用来体现超越词语之上的东西。

悲剧变成为总体的:激情、偶然和自然均有逻各斯参与。这样就不再有治愈了。欧里庇得斯许多的心理学专业知识受到斥责,这些知识反讽地注定是反古希腊的,其目的在于唤醒我们:富有同情心的、宽慰的和安抚的言辞以一种本真的方式透露出丢脸的、残酷的和狰狞的灵魂。如果我们需要安慰,我们就必须接受可怕的酒神女祭司,接受她的愤怒所驱使的半癫狂状态,接受带来愤怒的可怕的和倒霉的谋杀者。悲剧变成哲学的,因而所有被理智所设想的东西皆可以包括在悲剧中。鲜血不仅仅从颤抖的手上滴落,声音、视野、灵魂也是有过失的。被压迫者知道他正渴望的激情是什么——只要他被压迫着。克吕泰默斯特拉(Clytaemnestra)是谋杀者吗?伊莱克拉特真是如此。特洛伊妇女们在床上呻吟,饱受谋杀其丈夫之人的压迫。阳具(Phallos)和利剑把胜利者的秩序铭刻在她们身上。她们一心想什么?想复仇。

114　　　布莱希特有些类似于欧里庇得斯把戏剧哲学化、史诗化,他在我们这个世纪写作的《戏剧工具论》中说:

　　　　正如我们现在所看到的,剧场没有显示出社会的结构(被舞台描绘的),这种结构是可以被社会所影响(在观众席上)的。俄狄浦斯违背当时社会的某些原则而犯下罪孽,他因而被惩罚。神灵们注意到,这些原则是不能受到批评的。莎士比亚笔下的那些伟大个体,怀着命运之星星,四处肆虐,他们毁掉了他们自己。不是死亡而是生命在其崩溃中变得令人憎恨,灾难得到肯定。到处是人类的牺牲:野蛮的娱乐!我们知道野蛮人也有艺术。咱们创作另一种!①

　　　欧里庇得斯并非野蛮者。不过,假使他以埃斯库勒斯的方式成为海伦式的人,虽然他真正意识到这点,那么他也会成为野蛮者。在埃

---

　　① B. Brecht, *Kleines Organon für das Theater* [Little Theatrical Organon], in *Gesammelte Werke* [Collected Works], vol. 16 (Frankfurt – am – Main, Suhrkamp, 1967), pp. 676, 33.

斯库勒斯那里,宗教崇拜空间和剧场空间结合为一体,因为剧场空间是城市的隐喻:受害者献身于贪婪之神灵。只要持续下去,那么神灵和人性的东西就得到呈现,一切皆在那里被神圣化。无论好或是坏,宗教崇拜的空间都受到城市隐喻边界的限制,古希腊处于里面,所有其他的处于外面——并且只有这样才是重要的。秩序普遍存在:判断被置于里面,处于在家状态。命运是可怕的,但是它并不陌生。在欧里庇得斯那里,宗教崇拜只是与剧场空间**相交叉**,神灵们不断地逃脱剧本。显而易见,它们在别处,也许在国外;我们与我们的神灵不在同一空间中。剧场空间不再是城市的隐喻。在内心里划出来野蛮与非野蛮之间的真正的分界线,正如基督教让我们将精神与肉体划出分界一样。在可见的秩序里,男人、国王和富人占据上风,这种秩序纯粹是无序的,因为正是善的、高贵的、有人性的人才应该占据世界之上乘,而妇女、奴隶被神灵所辱骂。这就是事情应该如何,但是欧里庇得斯几乎没有希望这会发生。不可见的秩序不能普遍传扬,恰恰因为它是**真实**的。一旦是真实的,它就没有时间普遍化,因为它适应世界的无奈,甚至赋予这些无奈以新的维度,它潜伏在可见事物之中并变成恶魔似的。阿多诺在论贝克特的文章中①写道,戏剧意义的显灵(**神圣的幻象**)作为形而上学的内容是古代剧场的一条规则。在欧里庇得斯那里,戏剧的**总体**意义的确在回忆中,作为一种缩写呈现出来,但是作为不可确定的东西,分解成为剧本的任意性元素。整个意义也可以呈现为部分的,成为一种幻觉而不是神的显现。萦绕在戏剧周围的思想不得不成为一场游戏,这场游戏和思想均变得荒诞离奇。

使悲剧变得情感枯竭的因素不是沉思的和分析性的理性,而是干扰不幸的事件的理性变得可悲,因为它不能够摆脱这种干扰。一旦理性不能**完全**保持于局外人位置,它就不能把毫无疑问的道德意义赋予

---

① Th. W. Adorno, 'Versuch, das Endspiel zu verstehen'[An attempt to understand *End Game*], in Th. W. Adorno, *Gesammelte Schriften* [*Collected Works*], vol. 11 (Frankfurt, Suhrkamp, 1974).

戏剧。总体意义的最终出现,把这种道德意义变成一种反讽。我们也许会询问,如果这种总体意义在场景与情节展开的过程中不可能有所裨益,那么它作为结论性判断有什么用呢?

怀疑主义传统为我们保存了怀疑性思考:"善要么是作出决定,要么是我们根据这种决定来作出决定。"[1]在欧里庇得斯那里,**善的选择**和选择的**善**却是悲剧性的,罪恶始终存在,因为时间在流逝,冲突与融合之结果只能是痛苦的。罪恶可以从善中推出来,善不能从罪恶中推出来。当我们认真思考时间时,我们几乎没有了巧合。

《阿尔刻提斯》(Alcestis)的女英雄决定不让死神拖住她的主人和丈夫阿德墨托斯(King Admetus)下地狱。阿德墨托斯的父亲菲勒斯(Pheres)能够以牺牲自己来替代儿子之死,他已经活够了,而这位年壮的儿子有用得多,但是这位自私的老人拒绝去死。这就是阿尔刻提斯所说的:

> 哦太阳,白日的可敬的光芒,
> 然而乌云在滚动着的天堂的轨道上
> 永远地飘浮着。

阿德墨托斯是这样反应的:

> 他看见你和我,两个受难的人儿,
> 哪个神灵没有错,你应该死。[2]

116　　　男人必须活着,女人必须为男人去死,这不是困境而是灾难。阿尔刻提斯的告别很简单:

---

[1] Sextus Empiricus, *Hupotuposeis*, III. 183, in Sextus Empiricus, *Opera*, rec. Hermannus Mutschmann (et J. Mau) Lipsiae, in aedibus (B. G. Teubneri, 1958–1962), 3 vols, v.1.

[2] *Alcestis*, tr. A. S. Way, lines 244–247.

亲爱的,永别了:闪闪发光
你也许活得很久:——我祝福你
在你母亲面前,直到虚无消逝。

然而,阿德墨托斯的反驳是明显夸大的,因为他的态度是不诚恳的:

我啊! 因为你的言辞向我表达着痛苦,
故痛苦流过死亡的厌恶!
现在不要抛下我,我向神灵哀求你。
你的孩子会变成孤儿……

阿尔刻提斯确实想到:

尽管如此
某神已来审判:应该是。①

她的理解是,男人更重要,他应该活下来,因而她准备去死。阿德墨托斯也是同样理解的,只是稍有些不同,即对他来说活下去更重要。他指责父亲没有为他可爱的妻子去死,因为王后是他更需要的。但这位老人愤怒地驳斥:

我怯懦! 这来自于你,懦夫,还不如一个女人
她为你而死,为荣耀而英勇的年轻人!②

---

① Ibid. , 270 – 275 ,297 – 299.
② Ibid. , 696 – 698.

三位主人公的价值等级是类似的,但是阿尔刻提斯的道德价值更具普遍性,它是无私的。这个故事的寓意使欧里庇得斯缓解了去宣扬判断的职责。事实上,不是说根据阿尔刻提斯和阿德墨托斯,男性的价值比女性更为高雅更重要,而是说同样的事情被不同地思考着。因为,如果男人比女人更有价值,那么他应该更加英勇,应该比女人准备更多的牺牲。但是,除此之外,相同的信仰意味着对一个来说是生,对另一个来说是死。思想是模棱两可的;如果我们选择一种价值等级,那么就可以根据这种价值等级来选择特有人群,我们也就不再拥有选择。阿德墨托斯最好能够为自己的不利来作出决定,因而恢复平衡。不过,这意味着拒绝他们两个共同的价值等级。

克劳狄奥·帕都阿诺(Claudio Paduano)观察到①,在《阿尔刻提斯》中感情(philia)这个词语在何种程度上吸收了情爱(eros)。然而激情和本能愈少,个人情感的恶魔就愈多:他引诱了阿尔刻提斯下到地狱。阿尔刻提斯的道德说教、阿德墨托斯的自私性弱点,都不是我们通常视为悲剧性的激情。然而结果是极端的:阿尔刻提斯死了。赫尔克勒斯登上了被上帝抛弃的舞台。阿德墨托斯,温文尔雅的主人,隐藏着令人悲恸的事件。赫尔克勒斯在无人知晓的房间里酩酊大醉。事实真相被揭露。赫尔克勒斯自己极度羞愧,并从死神那里挽救了阿尔刻提斯。阿德墨托斯在阿尔刻提斯面前证明了自己的忠诚。虽然三天之内不准去接近死而复生的人,但这个故事最后是个大团圆。

这里发生了什么呢?

为了捣毁以不公正的标准衡量的道德性的罪孽,必然唤起什么样的巨大力量呢?被誉为狄奥尼索斯的酩酊大醉的赫尔克勒斯,下到地狱去和死神斗争,重新得到必须被涤罪的阿尔刻提斯,此后他向地狱之神灵献出自己,然后她活过来了。当赫尔克勒斯面临王后和主人,泊尔塞福涅(Persephone)和冥王(Hades),合唱队,他提到了奥菲士

---

① *La formazione del mondo ideologico e poetico di Euripide* (1968),Ⅳ.2.

（Orpheus）。这位英雄与死神、坟墓、忘却有着亲密关系。三个必须下到地狱，震撼地狱的柱子，唤起所有迷糊的恶魔和被蒙蔽的记忆，以便为英雄的同情达到非对称的、非克里斯提尼的道德性的核心。这种野蛮的灵魂将只能被宙斯之**子**从过失和死亡之中得到救赎。

宙斯和阿尔克梅尼（Alcmene）之子——不过其实质在克莱斯特（Kleist）的《安姆菲特翁》（*Amphytrion*）中得到很好的理解——下到地狱，战胜了死神，占有了阿德墨托斯的过失并救赎了他。这个宙斯之子从死亡阴影中挽救了单纯、脆弱而被欺骗的阿尔刻提斯，阳光沐浴着她。

我们看到的不仅仅是狄奥尼索斯和奥菲士的轮廓，而且更像人类的神的轮廓从赫拉克勒斯这个人中呈现出来。欧里庇得斯把哲学的思想引入了悲剧，神秘性得到了复兴。这种新的思想，看来是极远离 118 悲剧的，促使古代元素吐露出异于寻常的言辞。

如果深度是沉默不语的，那么只有**逻各斯**才能使它言说。

（费伦茨·费赫尔 英译）

六、绘画中的审美判断
与世界观

米哈伊·瓦伊达

绘 画 与 再 现

不同的时代与社会具有不同的绘画。我们现在可以回顾一下,在绘画史上,复制可见的(自然)世界的尝试似乎只是在一个时代中产生的。

人们可能追问,绘画是否能够复制可见的世界,是否能够创造这种幻觉,即在图画中可见的事物是"真实"。这个问题是有价值的,但是**这本身不属于美学的领域**。只有我们已经作出先验的决定,即绘画必须复制"现实",这个问题才能得以恰当地在美学的框架中提出来。假如我们不把对可见世界的复制作为绘画的任务,假如我们不把绘画的视觉领域视为可见世界的复制,而是作为可见的形态,这种形态依赖于可见世界但是不完全与之等同,那么从审美的角度看,复制可见世界就变成不感兴趣的事情了。这个问题可以涉及感知心理学,即"感觉欺骗"的部分。

不过,除最极端的自然主义美学之外,这个问题丧失重要意义将

意味着什么？当然,这个陈述仅仅对另一种极端主义美学即纯粹行动
主义的支持者才可以被接受。这些人采取这样的立场,即艺术作品之 120
所以是一种创造之物,恰恰是因为它没有复制任何独立的可见世界。
就这种情况而言,人们可以再次询问,是否可能创造出这种视觉领域,
人们不可能从中"读出"其他的事物、独立于它的事物、我们在以前见
到的事物。这个问题也属于感知心理学而不属于美学。

从美学的视角看,这个问题必须在一定程度上被重新表述,以追
问绘画的视觉领域和可见世界(外在于但又不必然独立于艺术)之间
的**关系**是如何阻碍绘画发展的。"现实主义"与"反现实主义"美学之
间的区别不在于前者要求对可见世界的最忠实的复制,后者要求拒绝
绘画与可见世界的相似性。现实主义美学认识到,图画不必复制可见
的世界,反现实主义美学也同样认识到,绘画在某些方面的确复制了
可见世界。

尽管贡布里希(Gombrich)的《艺术与幻觉》(*Art and Illusion*)的精
致审美论证没有涉及严格意义上的审美问题,但是这种论证认为,在
美的艺术中现实主义与反现实主义美学的基本原则仍然是修辞性的,
事实上是不能解释的,除非这些美学说明——在艺术作品、绘画类型
中——他们看见其理想被实现了。贡布里希的著作显示出,甚至我们
体验为最唯物主义的图画也不是——**不能够**——复制可见的世界(甚
至摄影也不等同于其对象!①),尽管我们能够在一个抽象的框架中,
甚至在一点墨迹或一幅图片中读出现实元素。贡布里希的著作尤其

---

① 这项研究构成了更长的论文的一部分,其第一部分是讨论趣味判断和审美判断的
关系。结论如下:一个审美判断(例如,"这图画是美的")纯粹就是一个趣味判断(例如,"这
图画令我愉悦")。然而与主观的、个性化的趣味判断不同,审美判断具有某种"客观性",虽
然后者不是凌驾于人类和历史之上的某种东西,但是其根基在于确定的历史时期与人类共
同体的主体间性和社会 - 历史价值的偏爱。趣味判断和审美判断的分离是中产阶级时期的
产物,在这一时期,具有共同的、公认的、与内在不可置疑(缺乏历史意识)的价值体系的共
同体不再存在了。中产阶级时代的个体竭力形成了极个人化的趣味,同时也尽力使其个人
的趣味模式化,作为被其他人认可的模式,因而萌生的二律背反必然是个体割裂共同体期待
的世界的特征。

涉及视觉心理学方面的问题,并得出了颇为确信的结论,因此我下面不必涉及这些问题。一件真正重要的艺术作品"必须反映现实"或者它始终创造一个以前从未存在的新现实——这两种明显截然对立的观点都适用于丁托列托(Tintoretto)和毕加索(Picasso)的作品[甚至蒙德利安(Mondrian)的作品]。

但是,如果说丁托列托和毕加索的绘画均没有涉及一个独立的可见世界,那么这将完全是荒谬的。在绘画史上有一个时代,我们称之为**幻觉主义绘画**的时代——尽管不可能有完全成功的幻觉,尽管对这种目的努力有些讽刺,有些讨厌。我们可以按照下面的方式来表达这些努力尝试的框架:艺术在这个时代竭力用这种方式来实现其目标(除自然主义以外,这种目标没有成为对可见世界本身的复制),以至于最后的绘画应该**作为可见的世界来理解**,它能够从地面上接近眼睛水平的一个固定视点,通过一个确定的"窗口"被观看。

我应该强调,这种表述构成了现代欧洲(以及相关)艺术的努力尝试的边界,并非共同的原则。这些边界区分了现代欧洲艺术与其他社会和历史时期的艺术。在美的艺术中,幻觉主义在公元前五世纪的古希腊第一次萌芽,它在某种意义上是现代"文艺复兴"的前期形式。尽管我们对此很清楚,但这不影响我们把幻觉主义艺术限定在欧洲现代性之中。根据我们的表述,如果我们认为幻觉创造主要不是特别的工程而是作为不可超越的框架,那么我们对严格意义的审美问题的考察,将不会受到可见世界与在平面上受到影响的对可见世界的"复制"之间的关系的心理学问题的干扰。

人们不太可能去争论说,幻觉主义作为一个普通的框架,始终不是艺术的特征,追求幻觉的努力仅仅是上述提到的那个时代的特征。不过,把幻觉主义——努力使绘画像可见世界那样可以加以图解——和对现实的再现或根本上是再现的要求等同起来,这是错误的。再现等同于对可见世界的复制这个观点,毕竟不是显而易见的。在某种意义上,任何绘画,甚至纯粹装饰性绘画都在再现,但它绝非始终再现可见世界。必须提出这个问题,脱离开历史要求和条件,是否有一些区别装饰绘画和再现绘画的方法呢?

就个体而言,要区分装饰艺术和再现艺术很困难,有时是不可能区分的,因为正如卢卡奇所说:"许多种过渡形式不仅是由于历史的必然性而且是由于审美的必然性而存在的。"但是,他也立即补充说:

> 尽管通常很难在美学上准确地定位个体的情况,但是我们仍然确信描绘理论边界的可能性。这些恰恰是通过占突出地位的抽象反映的作用而存在的。无论在哪里,只要外在世界的具体对象被构建进入审美系统,那么第一,每件事物取决于这些对象是根据其内在的独立结构被复制,还是在抽象形式的意义中为装饰而形成——换言之,它们存在的深度是用来打开装饰的二维性,还是其原初的客观性被还原为现实情境中必然有的实质的意指;第二,现实的对象——事实上,在具体的反映中与其现实的环境不可能分离——是否在审美的构形中被再现为彼此联系的元素,抑或它们被撕裂了这些彼此联系,以便被转变为抽象关系的抽象-装饰性瞬间。

既然这也是个体的情况,卢卡奇一开始就避开了有争议的问题界线,即圣阿波里奈尔教堂(San Apollinare Nuovo)梁柱上方的那排人物形象是被视为装饰还是视为再现。但这是那个时期特有的个案。整个拜占庭风格——不仅就不属于绘画的马赛克而言,而且就绘画本身而言——都唤起一种如何定位的不确定的感觉。当然,我们可以说,无论它是装饰还是再现,仅仅是偶然的。只有**对我们来说**才是艺术世界,因为其原初的功能是用来作为东基督教的礼拜仪式的,本质上不是审美的。我们可以概括:在当时视为艺术的艺术世界之中,明显满足主要审美功能的"艺术作品"的数量微乎其微。

123

我愿意承认,美**始终**在人类历史上发挥作用。人类不仅始终想赋予他们多样化的对象化以美的形式,而且始终渴望用装饰来服务于各种类型活动之目的,**超越**了任何内在于其纯粹功能性的美。如果把陶罐打造成为适当的尺寸,那么它可以与现代斜拉大桥一样美。如果这个陶罐被配备"几何形的"装饰元素,或者如果这桥上的石质栏杆被雕刻装饰,那么可以公正地说,这些对象化的制作者渴求着**美本身**。但是,装饰——无论是功用对象、崇拜工具,抑或别的任何东西,不论它是"再现"的或由严格意义的抽象形式构成——始终是装饰:它用来提升服务于其他目的的对象和对象化活动的美。**为美而存在**、仅仅服务于并实现审美的对象,在艺术史上是一个例外。

那么,区分装饰或**修饰**与**艺术作品**具有合理性吗?这很难确定。不过,毫无疑问的是,这种区分不是在每一个历史时期都被理解——因为虽然人类始终进行美的对象化活动,但是只有在确定性时期才创造美的对象化——并且,这些区分不应该与**装饰艺术**和**再现艺术**的区分相混淆。

卢卡奇认为,装饰是"抽象的形式",装饰元素是"抽象关系的抽象 - 装饰性瞬间",相反,艺术作品中被再现的对象"不能脱离其现实的环境而存在"。但是装饰很容易是抽象 - 几何形的,也容易是"再现的"——因而古希腊经典瓮之上的艺术是装饰性的,但是它也许比陶罐上的纯粹几何装饰物更美、更个性化、更有艺术性——同样,艺术作品或者绘画可以是世俗的,也可以是抽象的。

这里,我们要论及这个问题,即现代艺术中所谓"抽象"与"非形象"是否是艺术危机的产物,是否是与绘画的实质相矛盾的充满问题的历史现象。我们必须承认,确实**存在**这种情况。康定斯基(Kandinsky)和蒙德利安是画家,并非"装饰工"。如果我们要把他们的作品视为纯粹的装饰——为什么不可以? ——那么,论敌马上就会反驳:最终,甚至伦勃朗(Rembrandt)的绘画也是阿姆斯特丹富裕的中产阶级之家的装饰物,或者至少伦勃朗不会也不必反对他的作品满足这种功能。

如果我们沿着这样的反应更向前一步,那么艺术和装饰的区分就开始消失了。倘若我们认为每一幅画都是装饰性的——无论抽象的还是再现形式的——如果它用来美化物质性的对象化活动,恰恰能够 124 或多或少地履行独立于其上的绘画的整个功能,并且倘若我们认为每一个对象化活动的功能是美本身,那么它就是一部"艺术作品",我们就是在构建另一种区分,其"实际的"运用导致可怕的结果。

一方面,把绘画视为中产阶级家庭的装饰物看来是人为的——无疑,这不是伦勃朗绘画的"自然"空间,尽管我们相信他的热忱的追崇者不会把他的作品视为中产阶级家庭的装饰物,而是把中产阶级家庭视为作品的自然空间;为什么这些绘画最终**不得不**留在博物馆,这在什么程度上充满问题,这属于不同的研究——但相反,要拒绝装饰基督教堂的圣坛图画或者壁画是履行宗教的狂热功能的对象的装饰物,这相当困难。不过,对我们而言,最多样化的宗教狂热和崇拜对象的装饰物无疑也履行艺术的功能。举两个世俗的例子:马丁尼(Simone Martini)和洛伦泽蒂(Ambrogio Lorenzetti)在锡耶纳公共宫殿(Palazzo Pubblico of Siena)的墙上所画的壁画是对建筑物本身的装饰,同时与建筑物不可分离。

我们不会摆脱这种日益精致的然而"实际"上说也是日益无用的盘根错节的区分,除非我们认识到,装饰和艺术的区分以及装饰艺术与再现艺术的区分——大家的确都竭力进行这样的区分——依赖于**一种特有的审美概念**,依赖于对绘画任务的特有的表述。奠定这个概念的前提是,**绘画的任务是再现世界**。如果正如卢卡奇在他的《美学》(Aesthetics)中所做的那样,把这视为我们的起点,那么在设定装饰/艺术的对立时,我们就不需要考虑绘画的位置空间性——无论它是一种独立的对象或是被放置在服务于其他目的的某个对象上——同时,装饰艺术和再现艺术之间的区别就转变为装饰与艺术之间的区别。

这种区别缺乏上面谈到的那种**功能性元素**;它立足于看似纯粹的

125

内容基础之上。不过,功能性元素以不同的形式呈现在这种内容区分之中。**艺术作品**本身**被视为**一种功能。审美领域在多种客观化的人类活动中被视为一种相对区分性的领域——因而美不能够成为这种美学的核心范畴——此外,人们认为,这种对象化领域具有审美意向性特征,即独立的艺术领域区别于其他类型的对象化活动,它也是创造纯粹理想性对象化的认识领域的一个分支。最重要的是,艺术是认识,是对世界的复制,而不是对世界的创造——更准确地说,创造从属于复制。

这些美学把我们称为伟大的绘画幻觉主义时代视为其理想。当然,他们并非认为,在绘画中对现实的再现等同于现实世界发生的事情。但是,他们根据类似卢卡奇的原则区分装饰与再现的时候,他们最终把对现实的再现和对幻觉的追求等同起来。毕竟,即使是哥特风格的绘画,也没有像下面这样再现对象,即像呈现于我们眼前的"根据其独立的内在结构进行复制"或像他们"不可能脱离其现实的环境"那样再现对象。他们并没有"突破装饰的两维性"。

当然,这有多种原因。如果提出一个直接的解说——具有自身结构的可见世界,在哥特式时期为人们,至少为画家而存在着,它完全等同于我们自己的时代,但它不是画家希望再现的,因为他们的艺术不同于我们的艺术——那么我们的描述首先看来是极为武断的。的确,对不可改变的事实也许有无数的原因,每一个社会事实上具有绘画大师,他们的绘画如此不同,以至于稍有实践经验的眼光就会立即注意到他们决定性的风格差异,而且能够辨认出一幅绘画作品起源的时间和地点。

在下面的关键点上,我们可以寻找这种现象的具体原因:

(1)所有社会的画家都努力创造幻觉,但是在不同社会中,人们的观看是不同的,甚至在具体的生理学意义上也是不同的。既然他们的幻觉是不一致的,那么,在一个特定时代,对可见世界的完美复制所经历过的东西,在另一个时代就不会出现。

（2）所有社会的画家都努力创造幻觉，但是现实社会所认可的幻觉的手段根本不相同。

（3）绘画努力创造幻觉的时期具有例外情况。大多数社会根本不认为"复制可见世界"是绘画的使命。

（4）所有社会皆努力复制可见世界，但仅有特有的社会才能够做到这样。

（5）绘画努力复制可见世界。问题是，它希望复制可见性的哪些维度和方面呢？

我相信，除原因（1）之外，人们可能为其他几个原因列举合理的论据，而且，原因（2）—（5）尽管在某些方面彼此矛盾，但是都在艺术构型模式的发展和转型过程中发挥着重要作用。关于视觉生理学变化的设想是荒谬的，因为自从人类起源以来，人类的视觉器官没有经历重大的转型，更不用说在过去的两百年间了。但是如果设想同样的视觉器官能够在具体生理学意义上不同地观看，那么我们提出的以下观点是合理的。

咱们问一问现代画家，面对两个产生在现实时间和空间里的摄影和绘画，哪一个更接近于固定时空的观众可以看到的可见世界？这位画家会说，摄影显然更像世界，但他立即补充说：他作为一位画家为何要去纯粹地复制自然（更准确地说是一个既定的自然片段）呢？如果某人为了一些特殊目的需要这样的复制品，他可以从摄影师那里订购一个，这比找画家画画好得多。

开始分析上述原因之前，我们需要面对目前截然不同的反对意见。我们一开始质疑装饰与再现艺术区分的可能性，更准确地说，我们认为，这种区分本身不是建立在客观区分基础之上的，划分这样的区分的尝试始终隐藏着一种关于视觉艺术的特有的、基本的审美立场。我们主张，再现与装饰彼此不可分离，再现的尝试只是一个有限时期绘画的要求。因而，我们的反思很容易允许我们把不同于现代欧洲艺术的尝试同样视为是再现的，相反，**如果装饰和再现艺术作为对**

立的一对（根据形式，并非根据功能），**那么再现将始终意味着是对可见世界的再现。**

卢卡奇面对"照相式的自然主义"观点的指控并没有显示软弱，他的确反复体验了印象主义充满问题的特征，因为后者最终成功地把自然主义的原则推向了可能性的限度，然而任何读到前面卢卡奇区分的人就会发现，卢卡奇最终也把再现理解为对可见世界的最可能的忠实接近。毕竟，倘若不这样来理解再现，那么拒绝装饰的再现特征的根据在哪里呢？甚至最抽象的装饰元素也能够被视为是对某物的再现！

如果有任何人寻求有根有据的、精确的和多方面的证据，来对这种观点进行实质论证，我们建议他去读读《艺术与幻觉》。这个文本是令人信服的，它限制自己，不去提出审美的问题。贡布里希的论据极为明晰，一个既定的形象是否被视为某个现实对象的再现，这涉及心理学并非美学问题。我既不想重复贡布里希的论证，也不想清理"心理学问题"该如何理解（无论这与历史问题怎样互相联系着）。我们只需要弄清楚这个"非美学问题"是什么意思：它不局限在具有"艺术主张"的形象与再现物。当一个小孩用火柴摆出的形象"再现"肥胖的男人时，没有人把这形象视为艺术的或装饰的，任何人都说，这个毫无疑问的抽象形象真正再现了肥胖的男人。

这里涉及的是意指和再现之间的关系。对这个关系的反思必然得出下面的观点，即我们不仅不知道，而且原则上不可能在借助于线条（素描）或颜色对某物的意指与对这种事物的"再现"之间划出一条严格的区分线。结果，每一种装饰均可被视为一种简化的再现（的确，多数装饰事实上最初并非是"抽象的"），并且，每一种再现，甚至照相式逼真的再现可以被描述为"抽象的"，并非是可见世界的翻版，而是这个对象的纯粹意指。的确，原初的可见世界本身就其真实性方面不可能被任何其他东西翻版，除非是通过它的原初的"完全真实的"空间模型。

不过，我们还没有对卢卡奇区分的第二个关键点加以反应，即装饰对对象的处理脱离了其环境,而再现作品没有使之脱离现实的环境。但是问题在于:对象的范围是什么呢？咱们举例如下:以一片树叶为模型的装饰与再现一片森林的风景画。这片树叶(其抽象程度不再占据我们的注意)无疑被脱离其环境,它从树上被摘下来,这个对象自身是突出的,不再处于其原初的环境中。

那么这片森林呢？它也是一个对象,并且它也脱离了其环境！这个图画框把这个被"再现"的对象拔出其环境,想象力自由地建构这片风景,围绕这片森林片段或者草地、村庄、城镇想象出更多的森林。就这个图画而言,想象力要承认——并且只要这被承认,那么图画就被视为一个图画而加以理论化——这图画已经使这个被再现的对象脱离了其现实的环境,只是因为这图画没有再现整个宇宙。贡布里希与尼采皆认为,再现自然就意味着再现无限的东西。

如果我们仍然想进行装饰与再现性图画的区分(不关涉功能),那么我们可以在卢卡奇的两个基础标准上提出第三个标准。这将依赖于对被再现对象的复制与单一性。早先我曾在提及圣阿波里奈尔教堂的马赛克时,就想到了这个方面。毫无疑问,那一排现实主义构造的形象具有装饰性特征,这使我们感受到,实质性的东西是装饰而不是再现,因为这些形象一瞥就显现出类似性。在此,只有"一瞥"才显得重要,因为最抽象的重复性形象只有在"一瞥"中才呈现出相同性,甚至两片"抽象"的树叶也不可能完全相同。不过,借助于我们选择的"技巧",我们还是很容易消解边界。例如,没有人会认为马丁尼的作品《尊严像》(*Maesta*)本质上是装饰性的,虽然其形象也是极为一致的。[129]

我极有可能是以夸张的例子分析,也许过分强调了我的关键点。我的意图的确是这样。同时,就这点或以后而言,我也承认有区分这两种类型的艺术的可能性。我想"证明"的是,这样一种区分和作为"现实再现"的普遍意义的再现概念是不一致的,区分的基础(除功能性之外)是把再现艺术等同于努力创造幻觉的艺术。

掌握了这些"证据",我们现在可以开始考察绘画风格变化的原因。我们已经说过,不必预先就认为绘画是在某种意义上再现现实,或者认为绘画从来不是再现现实的。两种观点均是可以接受的,并在某种意义上都是"真实的"——尤其最终只有在画布上涂抹的画作才能去梦想整个世界,照片是如此忠实于现实,结果还是需要在其中梦想某种东西,以把它建构成为一个世界。因而,如果现实与再现的概念逐步削弱到这种程度——这是两种对立性术语互补的基础——那么就没有道理从一开始就排斥解释风格变化的(2)—(5)这些原因。

不过,在依次思考这些问题之前,我们需要回答另一个问题。从根本上可以把绘画"风格变化"的历史设想为绘画与**可见世界**的变化关系的历史吗? 更准确地说,只假设能够与可见世界即与幻觉创造相联系的这些原因,是合法的吗? 匆匆(或者是草率)地肯定回答的东西就是说,绘画严格来说只是联系着视觉,正是其独特性与视觉感受相联系,才构成绘画和所有其他艺术的区别(除马赛克之外,这种艺术能够"合适地"被视为绘画的分支范畴,就这种艺术而言,高层次的抽象要求作者不去体悟艺术技巧)。

只有音乐联系着听觉感受,同样绘画是另一种"纯粹的"艺术样式。即使雕塑同样要用眼睛来欣赏,但是雕塑不只关联着视觉。我们可以诉诸触觉来欣赏雕塑作品。除了我们标记"禁止参观者触摸展品"之外,我们不借助于触觉可能干的事就是,视觉能够在几乎每个层面具有触觉的功能。原则上,盲人可以欣赏雕塑,无须语言信息可以获得雕塑再现的准确意识,但是盲人不能欣赏绘画,他们只能间接地形成绘画的观念。

不过,绘画只关涉视觉,这意味着它必然与绘画之外的可见世界不可分割吗? 正如上文提到过的,这是被极端的艺术行动主义支持者所否认的,这些支持者认为,虽然画家必须在画布上**创造**某种视觉领域,但是这不——或者不必——关涉在绘画之前并独立于绘画的可见世界。我涉及行动绘画,并非抽象或并非不形象,因为抽象合并了与可见世界**关系**的元素,它是从可见世界的"抽象",譬如,甚至非形象的东西也不**必然**是对可见世界的拒绝,因为它尽力把颜色看作是可见世界的一个关键点。

我们简单地看看(2)—(5)这几点,从(5)开始,它是真实的,因为它预设了要加以证明的东西。它把绘画的一切都视为可见世界的复制,即它挑选出与绘画世界相应的可见世界,并非是充分地翻版可见世界的绘画手段。如果每一个奇怪的图像都由可见世界构成,如显微镜下具有自身细胞群的水滴由可见世界构成,那么事实上,每一幅画 131 皆是可见世界的翻版,即便画家没有察觉这点。针对这种情况,批评家的任务就是唤醒处于画家纯粹"下意识"的东西,来说明绘画中客观的图像"源泉"在哪里并以何种方式存在。

某些现代艺术理论家的确借助于这种论证,有一些人借此想"拥护"现代对可见的日常生活的"抛弃"。由于现代欧洲绘画到 19 世纪中期或者下半叶尽可能地获得了翻版日常可见世界的能力,所以绘画被迫实验其他种类的可见世界,在画布上获得心灵深层或者科学仪器中展现的"视觉",这些导致了我们视觉器官功效的多方面提升。我不想否认这种艺术实践的正确性,也不否认这些因素对某些现代画家或在现代画派发展中也许发挥了作用。但是当他们在**普遍**地解释现代绘画发展的原因时,我发现这些解说不能令人不满意。之所以不令人满意,是因为它们本质上是**维护性**的:它们希望有效地接受现实主义,尽管带有某种内心不真诚性,通过这种接受来逃避具有现实主义要求的系统控制。

(2)和(4)是紧密相连的。它们体现了同一事物的两极表述。我们已经提及,不可争论的是,除了我们称之为艺术行动主义的现代潮流之外,每个社会的绘画都与对可见世界的复制相连。无疑,在两维平面上对可见世界的复制不可能从来是完美的,因为原则上不**必然按**照以下方式来作画,即观众从两个**不同**角度观看一幅画的时候,他不可能必然注意到,他正涉及的是一幅图画并非"现实本身"。这种复制并不完美,还因为绘画必须是被限制的。① 因而,既然这种复制不是完美的,那么什么东西能够视为对可见世界的**充分**接近,在某种意义上仅仅是惯例的问题。因而,什么东西是或者什么东西不是创造幻觉的绘画,这事实上依赖于社会共识。

不容争论的事实是,绘画不是由纯粹任意的标记构成的,一些人把这些标记视为对可见世界的意指,有些人则不这样认为——绘画毕竟不是语言表达。无疑,只有现代欧洲绘画由于完善了绘画手段,才尽可能地从一个固定点通过确定的"窗口框"接近可见世界。贡布里希的书对这个主题的客观层面进行了彻底的多维考察,对此我没有什么可以补充的。

不过,我认为——这儿从赞同转向责难——贡布里希不仅仅限制回答审美问题,而且不能提供这些答案。不是因为他作为艺术心理学家不具备能力,而是因为他不能决定一个策略性问题:他应不应该把绘画历史视为一个**关联性**的历史,一个展示日益完善地去掌握可见世界的过程的历史呢? 有时他根据我们提出(2)的精神作出反应:可见世界不可能完美地复制;有时以一种方式接近,有时以另一种方式接近;最终不值得追求这样的复制。有时他们更倾向于(4)提出的解决方案:人类不断完善复制可见世界的手段。

我认为,他不能作出决定,因为他不承认普遍的可见世界的复制与绘画中的可见世界的复制是相联系的,他认为两者应该区分。严格地说,他创造的不是艺术心理学而是对可见世界进行复制的心理学,这是一种幻觉主义再现的心理学。的确,人类日益完善其手段。一个埃及"绘画艺术家"不能够做现在任何人做的事,即使不具有任何艺术天赋,只要他能够画得很好:根据直线透视法则再现可见世界,我认为这是可能的。但是埃及人可能从来不喜欢这个。如今成为普遍的、日常的、技巧的东西,已经在艺术中通过持续要求对可见世界的再现发

---

① 这里所表达的意思是,绘画以形式构成了自己的限制范围,而可见世界是无限制的,所以绘画的复制不可能是完美的。——译者注

展了起来。(这种要求不仅关涉艺术而且涉及许多其他社会因素,但这是另外一回事)在这种意义上拥有历史的东西,不是艺术而是人类的实际能力。

通过(2)和(4),我们形成了艺术风格变化的极为牢固的理论描述。这不会让任何人惊讶。在某些具体历史解说的帮助下,这样的描 133 述对每一种转型来说都是有效的。我们可以将如下事实视为我们的起点:当人类"开始"作画时,他就画他所看见的,尽可能好地理解如何画。最终在一个确定的社会,就把什么视为"正确的"再现而言,存在着某种共识。因为每个人从别人那里、从更熟练的人那里学会再现,一代人从其他代人那里学会再现,所以一个社会的(艺术的、非艺术的)再现基本上是相似的。当说和做确实如此时,稳定的社会在上千年的过程中,以基本一致的方式勾画和绘画,如果它根本上要变化,那么其艺术变化也是非常缓慢和有机的。

不过,在两种情况下——在整个人类历史仅有两次——发生了一些事情:在古希腊和欧洲文艺复兴时期,风格突然地、非有机地被转型了。有些事情(暂时排除解说,因为即使我们不能解说事实依然在那里)推动着人们突然去追求对幻觉日益完美的接近。首先在雕塑中(古希腊人立即把这个任务推向完美),然后在绘画中(幻觉的创造是相当复杂的),手段日渐完善,现实主义日益形成,这将会产生出日益遵循**先验**和谐规则(比例、组织结构、颜色关系)的艺术作品。

我们不打算去梳理欧洲中产阶级时期的特有发展历程。但是,毫无疑问的是——随着某种突然停顿,带着革新艺术家有时悲惨的内心挣扎,绘画此时此地跳跃到欧洲,抛弃所有以前的"偏见"——绘画日益开始接近可见世界、"日常生活中的可见世界"。这在每个方面都是如此,不仅主题日益世俗化,而且日益对线性透视法则进行成功的阐述,相关的还有与颜色的透视效果相协调。

就形式而言也是如此,例如,甚至基督神话的财富、盛大场景的描绘可以被视为从画家自己的时代抓取的在世的日常场景[不再有基督诞生或《圣母怜子图》（pietà）中的彼岸世界的任何东西。一个共同的观察结论是，甚至文艺复兴早期也不再能够描绘耶稣升天，因为其手段已经不适合再现**人类**不可能发生的事情。只要其再现的世界在其他方面也不同于我们的此岸的日常生活世界，那么这样的事情只能是信仰性再现]。在日益有意识的绘画作品的意义上，任何事物都可以成为艺术创作的对象，的确如此。"任何事物"自然是一种夸张的说法。这里，我们正是从主题层面总结出原则上不可能复制"这个"可见世界：绘画从来没有真正容忍每一个主题。

甚至在发展的终点，即自然主义时期——印象主义绘画把再现的本质视为对可见世界的最忠实接近，这仍然是社会共识的元素。（最终，甚至最自然主义的构型仍然是对既定的历史上产生的框架的极完美的修正；贡布里希正确地把再现能力的进化视为这个框架的不断精致化。）印象主义被人们抗议，不仅在于它违背了几个世纪以来学界判定为神圣和强有力的和谐规则，而且因为这一时期的观众内化了作为对可见世界忠实再现的规则的学界规则，印象主义绘画对他们来说没有呈现出现实主义的东西。

当今，每个人都**赞同**，印象主义绘画是对可见世界的真正接近。对这样的接受，存在着一个较好的基础。在文艺复兴建立的再现的灭点（Vanishing – Point）和绘画空间的明确的要求条件系统内，印象主义是真正的完美的解决办法，同时也是消解的伊始。

立足于（2）和（4）之上的这种建构，将会与（3）提供的描述即只有某些例外的时期才努力去复制可见世界相矛盾吗？绝不会矛盾。可以确定，这样一种努力尝试，对恰当手段的发展来说，具有决定性的益处，并且旨在改进手段的努力，反过来又加强了绘画的幻觉主义要求。在我们解释－审视可见世界的复制最具"自然主义"的意义上，的确只有例外的时期才努力地创造幻觉。这并不与在其他时期发生的情况相矛盾，在这个时期，在某种意义上把我们看来远非如此的东西视为可见世界复制的情况，或者说这并不与其他时期发生的情况相矛盾，在这个时期纯粹不具备创造现代欧洲绘画幻觉的能力。

在研究绘画风格变化的原因中，我们首先就明确地拒绝一件事：设想用观看模式的生理学转型来提供支配绘画的要求的变化原因的描述。我们应该坚持这点。但是根据我们对（2）和（4）的讨论，可以肯定地认为，只要再现的要求已经改变——从一个社会到另一个社会，从一个时期到另一个时期——那么观看的模式在其宽泛意义上没有改变吗？跟艺术构型的变化相类似，人们已经以不同的方式看世界了，这难道没有一点点真实性吗？如果再现的要求系统发生嬗变，再现本身就随之变化了。并且，如果再现变化了，再现的要求系统变化了，那么人们就开始以不同的方式**观看**了。

只有在 20 世纪，我们才能够看到塞尚（Cézanne）或凡·高（Van Gogh）的自然风景画。这是从塞尚、凡·高，或我们的视觉中产生的吗？为了避免任何神秘化，人们很容易地说，很自然，只能从塞尚和凡·高那里产生，人们跟随这两个天才的脚步，看他们并喜爱他们，学会了按照不同的方式观看。但是这种回答比相反的答案真的具有更少的神秘吗？这种相反的答案是：人们开始以不同的方式观看，塞尚和凡·高这两个构成性的划时代的天才恰恰在于他们懂得如何按照新的观看方式作画，并在于他们结束了新的观看方式与陈旧绘画之间的矛盾，这种矛盾是自从巴比桑画派以来一些重要画家努力然而徒劳地去实现的。

第一个答案的神秘性涉及塞尚和凡·高的天赋本质。什么东西对他们如此重要和伟大，以至于欧洲人在他们之后"缺了他们"就不能够观看，是什么东西必然使得人们把他们的画布视为风景画和世界呢？为什么他们碰巧成了新的观看方式的人，并且在绘画中什么东西强加于他们呢？然而，从"现实主义"或是"反现实主义"视角看，每个人都承认，在现代绘画发展史上，他们是最初的两位伟大人物。第二种答案的神秘性涉及被赋予视觉变化的意义，两个天才的才能对之进行了表述－表达：如何解释人们的观看方式的变化？无论我们是喜欢

第一个,更具有行为主义的反现实主义的观点,抑或是喜欢第二个,更 136
现实主义的立足于"反映"的观念,我们都必然遇到至今没有答案的
问题。

一个不想相信"世界精神"而面向经验的理论家会更喜欢第一种
回答。他更愿意停留在我们上述(2)和(4)基础上概括的模式:人类
一开始就画画和涂画。有时,他成功地制作一些他们视之为是对可见
世界的复制的东西,他逐渐喜欢他的框架,很快他不再把它视为框架
而是在这框架中再现出了世界。他仍然可以在这方面改进某种东西。
既然一方面不存在着完美的框架,另一方面每一个框架性提纲都会被
视为再现,那么就有无限作画的可能性。正如高拉松(Gábor
Karátson)合理地谈道:"只有整体的绘画才能表达'我们视觉的世
界',人类之眼能够……绘画逐步地实现视觉之可能性。"

我们几乎大都倾向于对这种回答感到满意,因而拒绝多种黑格尔
式的理性主义与各种对"世界精神"信赖的过分紧张的特征。咱们恰
当地面对这个问题:马克思关于固有的尺度的观点,卢卡奇关于合法
性的现实主义的观念,如果更狭窄些,还有其继承者福勒普(Lajos
Fülep)对"艺术和世界观"相统一的信赖,拉斐尔(Max Raphael)的观
点即在美学中确定其整个理论的活动,以及认为观看不是抽象的,"而
是非常具体的,并被既定历史个体又被(尤其是)文化态度所决定"的
观点——所有这些观点缺乏在贡布里希清晰逻辑的理论过程中的自
明性,也缺乏我们在他的观念基础上形成的模式的自明性。

让我们来思考一下马克思的箴言:"人懂得如何运用固有的尺
度……因此,人也按照美的规律来创造。"①这种固有的尺度是什么
呢?它存在于人类的物质性对象化的功能中吗?最适于储水和倒水

---

① 英文为:man knows how to employ the inherent standard and therefore he also creates ac-
cording to the laws of beauty。中文翻译为:"人却懂得按照任何一个种的尺度来进行生产,并
且懂得处处都把固有的尺度运用于对象;因此,人也按照美的规律来构造。"参见《马克思恩
格斯文集》第1卷,人民出版社2009年版,第163页。——译者注

的陶器也是最美的陶器吗？最适合的东西才是最美的吗？我们习惯于把最适合的东西视为最美的吗？或者说,美本身拥有一些在对象的比例中找得到或找不到表达的某种柏拉图的理念吗？包含于功能中 [137] 的尺度提供了美,还是美的规律显示出固有的尺度？

我们已经注意到,在普遍意义上提出这个问题,是不能够被回答的。毕竟我们看到的只是事情的一个方面,正如拉斐尔所说:"我们正在涉及对象的一个类型,这种对象整体上是我们认识上不可能接近的。"如果艺术或既定时期的艺术、一个艺术家的**作品集**或一部艺术作品,根本上是超越其自身的——我们的确相信这点——那么它纯粹是**超越的**(points beyond);"其不得不说出的东西"只能以其自身的语言来表述。不然,如果它能够被其他表述,那么就不会有艺术的"需要"。但是如果其陈述只能以其自身的语言来达到,那么事实上不可能提供一个时期和一部艺术作品之间的彼此关联的解释。后者构成了观看世界的方式,这个世界在作品中找到表达或者被作品构建(这不重要)。这两者——时期与艺术——不可能以同样的语言来解释。

跟随可见世界的关系的变化就是真正使绘画具有"历史"特征的东西——的确,这是其意义。可以用不同原因来解释风格的变化——不同时代的人把不同的东西视为对可见世界的复制,在一些时代里画家和委托人、欣赏者或观赏者,都不认为复制可见世界是其任务;然而也有一些时代人们则认为是这样的。只有一些例外的社会才能够复制可见世界,至少被某些明确的规定所限定,在不同时期人们希望绘画复制不同的可见世界。但是,因为我们正在探究绘画的任务,所以我们严格地说是在探寻"这些原因"中的原因,并且我们想准确地知道,究竟是什么原因使人类以许多不同方式涉及可见世界及对它的复制。

不容争辩的是——没有一种可行的方式来争辩——只有欧洲文明才成功地达到幻觉主义绘画的"顶峰",并且只有这种绘画在可能性的框架内最充分地复制"可见世界"。对此不可争辩,即使我们知道我

们还很不清楚**这个**可见世界是什么,我们还不清楚对这个可见世界的

138 完美复制是什么。在这里,能够并**必须**说出的,已经被艺术心理学(更准确地说是被视觉感受和视觉知觉复制的心理学)说过了。真正的问题或者至少与美学和历史哲学有关的问题则是,为什么碰巧是现代欧洲文化**追求**对可见世界的复制。

直到 19 世纪结束,人们才可能对这个问题进行明确的回答:因为只有现代欧洲文化才**有能力**这样做。能力产生要求,文艺复兴时期最初的成功使画家和画之观众为之陶醉,并唤起他们火焰般的激情来创造总体的逼真,在画布的二维空间中产生三维空间。"即便故事不是真实的也是美好的"(Se non è vero,ben trovato')是关于乔托(Giotto)和契马布埃(Cimabue)的一则逸闻。据说,乔托在契马布埃工作室的时候,有一天在契马布埃作品中的一个人物的鼻子上画了一只苍蝇。这位大师回到工作室时看见了这只苍蝇,并几次努力去驱赶它。直到他贴近这绘画后,才发现自己闹了笑话,然而,当今谁会把乔托的苍蝇视为是活鲜鲜的苍蝇呢? 相反,我们现在知道,完美复制可见世界的可能性与能力始终绝不会产生现实化的要求。20 世纪的绘画所喜欢的,完全不是复制可见世界。

绘画幻觉主义与中产阶级的审美判断

在绘画史上,幻觉主义是确定的时代的特征——这个时代的"普遍的"甚至"规范的"趣味判断,只认可幻觉主义边界之内的绘画,并且,美的理想尽管有时空的变体,但是始终处于幻觉主义的框架之中。幻觉主义的接受或者拒绝能够并且应该通过联系趣味判断和审美判断之间的区别来加以处理,就是像审美以与绘画的其他具体风格、画家的**作品集**或者单个艺术作品的关系相同的方式加以处理。

自然,这种幻觉主义的关系——既然幻觉主义不是一个画派而是一种边界和范围,一幅单独的绘画作品或者画家或画派不会把它凌驾

于漫长的历史时期之上——没有划定任何具体的趣味或者任何具体 139
美的理想。由于幻觉主义是艺术史上较为明确时代之内画家和画派
的努力尝试的不可超越的框架,所以它也能够从接受的角度被视为当
时最多样性的艺术趣味和美的理想的框架。如果观众——美学家和
批评家,他们在美的理想的构建中具有重要作用,或者一个"普通的"
平常的艺术欣赏者——不想或者不能把超越幻觉主义框架的任何东
西视为真正的绘画,那么这是(或不是)涉及纯粹主观的趣味,同样这
与绘画的关系普遍上是(或不是)涉及纯粹主观的趣味。

不可争议的是,有一个绘画时期,任何人不可能把超越幻觉主义
框架的绘画视为重要的艺术作品。也许我们认为,就这框架而言,这
个时期对以前社会时代的非幻觉主义艺术是极为轻视的,同样对这些
时代以后的其他构成性趣味和美的理想也是轻视的。正是随着 19 世
纪后半叶幻觉主义及其构成性趣味和美的理想的瓦解,欧洲艺术趣味
的类型开始非常普遍地接受其他社会和时期的艺术,换句话说,现代
趣味开始变得极为普遍,这绝非偶然。

毫无疑问,幻觉主义、趣味以及美的理想已经倾向于把不直接是
自己创造的视为其自己的东西。幻觉主义是一个纯粹的框架,在这个
框架之内,我们碰到比以前艺术更多样化的可能形式。幻觉主义的瓦
解则进一步走向更多样性的创造的存在,同时,就艺术趣味和美的理
想而言,这是进一步走向从以前社会和时代以来的宽广的或者说也许
是所有艺术光谱的接纳(作为艺术接受的对象,如果不是作为例子)。
看来,毋庸置疑的是,艺术上能够被接受的领域自从中产阶级社会的
发展以来,始终比能够视为任何既定时刻的艺术的领域更为宽广,但
是同样毫无疑问的是,这两个领域是同步扩大或缩小的。这个问题需 140
要进行详细的历史研究,我在此不能涉及,但是我认为这对阐明此论
文问题的复杂性是重要的。

无疑,我们时代的绘画已经超越了幻觉主义的边界。无论具象或
者非具象,无论哪种"主义"哪种渴望正在得到实现。不容争议的是,

我们时代的绘画几乎毫无例外地显示出不想被理解为可见世界的愿望。虽然,任何"主义",无论是理智的还是完美地仰赖于感觉(甚至拒绝容忍以它所产生的套话来作为解释),可以被纳入与上述意义可见世界的关联中,但是它从没有想到去再现可见世界。

这种艺术倾向发生在自从印象主义式微以降的一百年左右的时间里,这是危机的产物,正如许多人所主张的,抑或标志着新时代的艺术,一种可以被接受或抛弃的艺术(立足于趣味:它使人快乐——它不使人快乐;或建立于审美判断:它是美的——它不是美的),它虽然不可能割裂现代社会,但是必须视为我们时代艺术的可能性选择。对这个问题深感惊讶,无疑是正确的。

虽然读者将会沿着思想链汇聚在这点,但是作者现在支持第二种选择。审美判断立足于趣味判断基础上,我们时代的艺术趣味(近一百年之后来质疑它是荒谬的)已经逾越了幻觉主义的边界。我们不能主张说,20世纪的绘画已不能"满足其自己的趣味"。不过虽然有些人仍然把幻觉主义绘画视为一种(不可接近的)模范和榜样,并且有一些人把当代绘画作为一种危机现象(纯粹因为它不能满足幻觉主义绘画框架中设立的使命,无论这是否得以明白地言说),但是我们必须探问:是什么导致对幻觉主义绘画的需求,又是什么把它推向了终结?

在尝试回答此问题之前,我觉得有必要说明这个问题的合理性。我认为,就中产阶级之前的艺术而言,为何某种特有的艺术特性是一个特有社会的艺术特征,这一问题是毫无意义的。我主张,虽然所有的风格特性均能从这个时期的各种遗产中推论出来,但是面对艺术联系着既定的社会这一不容争论的事实,这一推论就那个时代的成员和后来时代的艺术世界而言又没有价值。这样,就幻觉主义与中产阶级社会的关联而言,两者彼此联系。原初产生幻觉主义要求的东西是完全不重要的,其他意义是什么呢?

几个因素奠定了这个问题的合理性:

1. 幻觉主义纯粹是许多风格和流派存于其中的框架。的确,在这个框架之内,中产阶级绘画每天努力去创造一些新的东西。求新的意愿为什么没有解构这个框架本身,或更准确地说,它为何又暴露了这个框架?

2. 幻觉主义并非封闭社会的艺术或者艺术框架。几个世纪或几千年中以同样的形式再生产自己的社会,也有机地再生产艺术;社会和艺术在其意识中形成一个不可分割的统一体。相反,中产阶级脱离了共同体的有机纽带。对他而言,并非在事物的本质中,存在的东西可能只在于框架之中(为了预想我们的结论),正是这些框架为他确保了脱离共同体的可能性,但是也以这种方式来确保其存活!

3. 这个时期的反思意识与时代本身具有一种距离关系。就艺术而言,正如就所有其他方面一样,它不断尝试把要做的正确的事加以合法化;它试图质疑它自身的活动,通过战胜怀疑进一步确保其合法性。为什么这时期的美学(现代主义的美学存在正是这种反思性的结果)没有提出绘画是否可以超出幻觉主义框架这一问题? 换言之,为什么视觉艺术中的装饰和再现彼此严格地分离呢?

那么,是什么东西萌生了幻觉主义绘画的要求,又是什么东西把它推向终结?

我坚信,中产阶级时期的艺术与以前时期其他社会的艺术一样,与世界观、一种基本的态度是共生相连的。但是中产阶级时期也许是唯一一个艺术与其整个世界的图像的内容不可分离的时期。产生艺 142术幻觉主义的这种态度或世界观正是中产阶级的理性主义,这种世界观或图像也产生了科学。因此,我们的世界是牢固统一的、可以限制的,对象世界在运动中被客观的规定严格地限制。如果我们希望尽可能自由地生活,那么我们必须懂得这个世界,这个可见的自然世界,以及其他存在但不可分离的规定性,我们的自由等同于对可见世界之(不可见的)规律的认识。艺术的任务(包括绘画)正如科学之使命,就是认识可见世界,揭露偶然性中的实质。① 他们的手段自然彼此不同,但是任务则一样。

当然,认识不能把世界**整体**置入完美的领域,可见世界始终包含着我们知道是威胁我们的事物。但是——这里,在认识的能力中存在着自律之人的可能性——他能够完美地为自己确保自己的有限领域,他能够逐渐地懂得这样做,因而他能够极其安全地在这个领域中游动。

在上述中,我综合地使用自由这个空间,绝非偶然。我确信,只要认识就是自由这种信条仍然存活,那么在这种意识形态的框架中仍有可能产生重要的艺术作品。一旦这种信条丧失了,一旦人类对这种达到的而封闭的对象变得陌生(甚至他对自己的产品也变得陌生),一旦中产阶级意识形态感到自己的自由理想是不可能实现的,认为自由是决定性的东西是一个谎言,那么就不可能创造出伟大的艺术。用卢卡奇的话说:

> 中产阶级不得不放弃这种意识形态,或者把它视为对立活动的遮羞布。就第一种情况而言,最终是理想的缺失,伦理的困境,由于它在生产中占据的位置,中产阶级不能生产出除个体自由之外的任何其他的意识形态。就第二种情况而言,中产阶级正面临其内在谎言的伦理破产:它被迫不断地逆着意识形态而行动。

------

① 为了避免误解,让我说得准确些。我的明确观点是,艺术(包括绘画)不是认识(即不是对外在于艺术的某物的复制),而是生产、建构,或正如海德格尔所说,是"世界的建基"(Aufstellung einer Welt)。复制的元素作为一个次要的关键点始终出现在生产中,在这方面不重要。艺术作品之所以是艺术作品,在于它始终是从虚无中创造,即便某些元素(主题材料、主题)在它之前就呈现出来了。毕竟,一旦这些元素是艺术作品的构成"部分",它们就不再是之前的东西。在这里,我只想评论说,绘画幻觉主义时代的特征就是,每种艺术把自己——在所有关于艺术的哲学–审美反思之前——视为认识,视为对世界(即可见世界)的复制。这时代之前或之后的绘画都不是这样的,即使当代的形而上学没有质疑认识在根本上的复制特征。(这是直到海德格尔和维特根斯坦为止整个欧洲形而上学的本质特征。)

幻觉主义绘画是被中产阶级意识形态赋予生命的①,这就是它如何呈现在画家以及理论家和美学家眼前的。卡拉松(Karátson)令人钦佩的表述是:"中心透视的玻璃盒……有效地表达了中产阶级的世界观,同时催生了中产阶级。它犹如一间封闭的、安全的房间。""对中产 143 阶级而言,这是中心透视法的熟悉的房间,与外在自然界的不确定性截然相对照。"对范·爱克(Van Eyck)描绘阿尔诺尔菲尼夫妇(Arnolfini Couple)必定想到的东西,卡拉松给予了清楚的表达。这两个人站着的小世界是完全明白的(镜子!),即使它并没有超越它自己。人自由地在这里面游动。

不过,所有这些都包含着产生幻觉主义本身的意识形态、世界观。中产阶级意识形态——其古典时期的特征是在对立的变体中认同这种观点,即不论世界的形式是什么,都是既定的,自由意味着在既定的世界中学会游动——提供了这时期绘画必须承认的框架。这个框架选取的艺术可能性的探索为许多根本不同的幻觉主义绘画风格开掘

---

① 现在,我不可能再同意把自然主义的合理主义和中产阶级意识形态等同起来。首先,我不把"中产阶级"——脱离有限共同体的脐带的个体——和剥削的资本主义者等同起来。我也不相信,中产阶级社会正在走向——或甚至倾向于——各种共同体的消解。[参见我的《现象学和中产阶级社会》,载瓦尔登菲勒(Waldenfels)、布洛克嫚(Broekman)、巴热宁(Pažanin)编《现象学与马克思主义》第3卷,《社会哲学》,法兰克福,1978。]最后,我逐渐认识到,如果我重视个体性的成就——中产阶级世界的伟大成就——那么我就必须承认,一个人道主义的未来并不意味着用某种永恒的群体和谐来取代中产阶级世界的悖论性结构。(参见我的论文'Marxism and Eastern Europe:a sort of letter to my friends',刊载于我的著作 *The State and Socialism: Political Essays*,London,1981中。)我应该从这些观点中得出这个主题,即绘画与世界观的关系的结论。但是既然这选集的目的是汇集以前布达佩斯学派的美学著述而不是反思这个学派以前的成员的最近的产物,所以我不能修正此文本。这样做无论如何都不是绝对必要的,因为在我的判断中,这个文本形成了一种关于绘画的立场,这种立场在某种意义上预示了我整个立场的转向。以我目前的观点来看,不仅必须对绘画的幻觉主义的消解持着不同的立场,而且我能使我的思想链更清晰、更少矛盾。现在,不需要再把现代绘画视为拒绝整个中产阶级世界的某种公有未来的乌托邦的载体。公有的时刻恰恰呈现在"中产阶级"世界中,在绘画以及其他宽广领域的心灵生产王国中所显示出来的时代性嬗变并非对中产阶级世界的拒绝,而是对其不可超越的二律背反特征的承认。今天,对我来说,这种承认是人类未来的可能性的一种主张。

了机遇。所有想把图画描绘为对可见世界加以解释的人都拥有共同的观点,每一个元素都属于这个框架之内的绘画任务的范围。不过,这种共同的观点已经能够包含最多样的世界图像,并能允许最多样的绘画风格的发展。

总之,在幻觉主义中形成框架的东西就是中产阶级世界观,是割裂了共同体期待的人们的世界观。在各种幻觉主义风格中,各种世界图像现在承认这种世界观的框架并完善它(至此以不是每个方面可以用语言意译的方式),但现在这些世界图像在某些方面与之相冲突。在幻觉主义框架里开始出现的不同风格中所呈现出的美与和谐,明显地说明,那个时代画家所拥有的具体的世界图像真正和谐地契合中产阶级世界观的框架,完全与之一致;的确,决定因素与自由在某种意义上不是对立的。(用阿格妮丝·赫勒的话说,由于没有单数的自由,只有复数的自由,因而很明显,各种形式和类型的自由是一个过程,而不是一种状态,决非决定因素和自由的荒谬的调和。在这里不可能进行这个哲学问题的分析。)

144　　　　只要中产阶级世界观的幻觉开始暴露出来,那么就不可能实现对可见世界和谐而优美的再现。(最后一次这样的实现是列奥纳多·达·芬奇的绘画,尽管后来现实这点日益充满问题。)更准确地说:对和谐的再现的追求是错误的——一方面是墨守成规,另一方面是矫揉造作。美的形式的创造——或者美的形式的接受——愈来愈只有通过干扰和谐的技巧才得以可能。(我们只需想想从米开朗琪罗、丁托列托和伦勃朗以来的任何一位伟大艺术家,更准确地说是想想那些进步的世界图景可以被今天接受的真正伟大的艺术家。)愈来愈多萌生的东西是一种新的生活图像或感觉,这不再以可见世界的形式没有中介地记录或者采纳。

不过,我们可以有趣地看到,一条曲折的路线跟随着,一直到幻觉主义艺术有效地走向崩溃。19 世纪画家发现,根据学院艺术的规则,强迫形成的和谐是不能被接受的。然而对可见世界加以拒绝的最初的实验是复制一种"非有机的"可见世界,把幻觉主义推向了极致,即试图确信,绘画不仅应该被理解为可见世界,而且它应该真正复制可见世界本身,这就是自然主义－印象主义的实验。那些发现我们的论证是有说服力的读者,将会承认这种观点,即在自然主义和印象主义中获得形式的那种世界图像,还没有与认识和自由等同的世界观直接构成冲突,但是不再能够把中产阶级生活的狭窄的物质世界视为可以实现的自由世界。绘画带着日益脱离形式义务的"自由"再现,但是它不再想或不再知道如何占有一个位置。结果,正是由于它不想占有一个位置,绘画最终明显地**成为意识形态的**。

自然主义热情地努力让世界真实化——不去散播墨守成规或萌生矫揉造作中呈现的某种不真实的信条——它最终捣毁了自己的艺术。用费德勒(Konrad Fiedler)的话说:"它能有力地拒绝过去世界观中带有真理的错误、隐藏或装饰的一切事物,这种拒绝同样使得它把最终现实的虚假化的东西视为现实的图像。"我认为,对现实虚假化的这种指责是没有根据的。不过,幻觉主义艺术可能性最大化的实现,[145]是复制可见世界方面最大的逼真性,包含着与现实清楚的关系的"表述",这种表述为一种——只有一种——世界图像最终提供了支持,这种图像是对承诺的完全消极的回避。

自然主义的历史命运是奇特的。我确信,甚至在今天,许多人会有一些怀疑,甚至明确地反对我关于自然主义和印象主义的清楚的分类——在这些人看来,相对于自然主义,印象主义支持某些新的东西(我没有涉及技巧的细节)。不过,艺术世界日益重要的一部分包括著名专家开始感到,我们称为"现代的"东西,第一次突破幻觉主义(正如我们所界定的)的艺术并不是印象主义,而是突破印象主义的绘画,特别是塞尚、凡·高、高更、修拉等人的绘画。毫无疑问,印象主义在很长时间被认为是现代艺术的开始。如果我们现在知道,这不是真实的,印象主义不是一个开始而是一个终点,是幻觉主义时期的终点,那么,事实上它真正能够开创一种新的艺术。

幻觉主义的消解,意味着"技巧"最大可能地实现,也意味着黔驴技穷。但这并非在纯粹技巧性的意义上。的确,在某些方面,不再可能从幻觉主义绘画中生产出某些"新"的东西;人们必须尝试别的东西。但是从绘画内在技巧发展过程中,没有产生新颖性的需要,也没有超越幻觉主义的需要。幻觉主义艺术的明显的消解,事实上,在艺术层面是可以感触得到的,这在19世纪欧洲社会中的其他许多领域也感受得到:资产阶级世界观不再作为与世界进步关系的框架或者作为任何进步图像的框架。(我不会马上就认为,新形式与其无限多样的变体包含着资产阶级世界的理想的有些神秘现实化的具体化。但是从我的思想过程中可以得出结论,真正不需要神秘的具体化,以及在艺术幻觉主义的违背过程中为一种新态度找到表达。毕竟,艺术家和观众一起构建绘画。)

146 正是由于这种原因,不可能把现代艺术视为一种危机。大约一百年之前,绘画被"主义"所统治着。这些主义反映了中产阶级世界观的危机吗?能把这个世界视为绘画不能找到恰当表达手段的世纪吗?我不那样认为。中产阶级世界观的危机不是在幻觉主义的解构中显示的,而是在幻觉主义的框架中显示出来的,这个框架对资产阶级世界观是完整表达的,它被耗尽了,不再能够提供实现艺术观念的可能性。

"后幻觉主义"(意味着形象和抽象,同样包括多种"主义")"表述"开始表达并创造了新的图像,这些图像至少希望超越中产阶级的世界观框架,不能再容忍中产阶级世界的框定。读者应该清楚,我不仅不知道如何,而且不想解释这具体的"内容",这些图像的语言"陈述"。但是可以肯定的是,这种绘画要求并创造一种新的世界图像。它是在每一种呈现以及每一种派别之中吗?当然不是,但为什么现代绘画不会带来坏的、意识形态的作品和倾向呢?

我同意弗朗开斯托(Pierre Francastel)的观点,尝试把绘画的"语言"翻译成为口头语言,这是现代欧洲在语言化的影响下存在的偏见。

但是我必须与他作品的观点展开激烈争论,他的作品所暗示的,新现代的"后幻觉主义"绘画的诞生及其自己的语言宣告了一个新社会的诞生。艺术的"语言"没有谈及社会的整体。艺术表达创造者和观众同世界的关系——当然可以理解为,这种关系本身是世界的一部分。倘若我们这个世纪的画家不再能够像过去几个世纪的画家那样做,倘若他们已经摆脱作为框架的幻觉主义的桎梏,那么这就"告诉"我们,我们时代的精神精英们,由于没有能力或感到羞耻就以某种方式不再容纳中产阶级世界观的框架。

　　但是我们自己不应该盲目:这真正只是一个精神**精英**的问题。在群体社会中,艺术,包括绘画,是整个社会的事业 与"语言",与之相反,中产阶级社会的特征却是这样,"真正的"艺术成为一小部分人的私人事件。中产阶级世界中的普遍个体的生活没有艺术;最多是"消费"一些劣质的艺术伴随物。就绘画而言,这些劣质物品**至今**大都仍是"幻觉主义"的! 观看世界方式的转型,的确标示或者可以标示世界的转型。但是——即使我们局限于绘画也很清楚——普通人的世界图像还是几乎没有改变。

　　我们也应该注意另一件事:正是最多样化的平庸绘画形式创造了视觉环境,这个环境形成了个体的世界视觉,这些个体在普通的环境中成长,具有普通的能力,也就是说这个环境形成了孩子们的世界视觉,在未来,孩子们将按照自己的特殊性来生活。世界各地的孩子们所学习的课本中的绘画,尽管具有不同世界观"命题"内容,但是都在灌输中产阶级看世界的方式。

　　绘画的转型不意味着世界的转型。确信这点就预设了技巧与艺术的极度非中介性的统一。当弗朗开斯托反对把绘画和普遍主义的艺术视为理想的呈现时,他忘记了某些东西。他是正确的,因为艺术的柏拉图化的概念,真正使得不可能理解与我们的期待相陌生的任何艺术,例如,它使得喜爱文艺复兴之美的人不能接受现代艺术。但是他忘记了,"理想"具有两种意义:不仅指悬在人类和历史之上的超验的理念,而且指呈现在现实个人的昭然举止中的可感知的理想。如果绘画不涉及这个,那么它只是纯粹的游戏或业余爱好。

当然,现代绘画——至少就其大多数而言——与幻觉主义绘画相比较具有更多的游戏性。这种游戏性有助于说明这样的事实,装饰性与再现不再被彼此分割,这就是那些把绘画的使命定位在某些严肃的声明中的人回避现代的一个原因。但是这种游戏性并非一种纯粹游戏。这个对象——通常也许真正是画家游戏的创造欲望的产物——具有美的"意愿"和提供美的能力:把它提供给现在仍在萌芽状态的崭新的共同体的能力。

（加拿大特伦特大学约翰·费克特英译）

七、《唐璜·乔万尼》

格拉·弗多尔

克尔恺郭尔(Kierkegaard)写道,感性作为一种原则、一种力量、一个王国的感官色情被基督教世界创造,因为它被精神所摒弃,因而被视为一种对立性的原则。① 莫扎特(Mozart)的《唐璜·乔万尼》(*Don Giovanni*)再现了这个世界的最后时光。这部歌剧以 D 小调缓慢的序曲,以不可预料的精神回归开始。这个纯音乐性的构想是最迷人的音乐文学的幻想场面之一:一个真正的幽灵。属音(音阶之第五音)和弦的主体部分是随着内在不和谐而形成的,整个交响乐队以 D 小调奏出的主体部分激起了不可言传的意蕴,就是所谓的雄伟。音调是凄冷的:阿贝特(Abert)把它与美杜莎(Medusa)的头相类比并非无稽之谈。② 但是音乐突然变化。刚才沉重而集中的声音变成升华的、透明的,几近缥缈。同时它变得更易于清晰表达。一方面,一种意义丰富而持续重复的节奏获得了形式:

---

① Kierkegaard, *Either/Or*, vol. I (Princeton University Press, Princeton, N. J.), pp. 59 – 60.

② Abert, *W. A. Mozart*, vol. II (VEB Breitkopf & Härtel Musikverlag, Leipzig,1956), p. 386.

例1

♩ ♪ ♩ ♪

另一方面,管乐器和八度音阶——这些巨大的然而是轻飘的精神之音级——获得了一种纯粹的时期性。因而这个幽灵变得更加不真实,同时也变得更加具体。现在,内在动力发展的活力开始了:第一批小提琴演奏一段旋律,而第二批小提琴的 16 分音符的拨动创造了烦躁的震颤。因而解放了的活力消耗在令人恐惧的突强音符之中,立即中止了。这音乐仍然正确地向张力之顶峰进发。的确,两个近似火山的爆发声,证实了一种不可抵制的力量的呈现。接着是像缓慢后退的东西——这种后退和爆炸声一样(使人)畏惧。我们前面注意到的节奏在低音中进行,同时长笛和小提琴(渐强,钢琴渐弱)的音段通过它们奔涌与后退、威胁与退缩的模棱两可的姿态干扰着。最后,主要的危险过去了,所有情感向内转向,基本节奏的跳动与汩汩的震音吞没与吸纳一切,这种张力在最后的节拍中实际上消失了,这个幽灵被撕成了碎片,随之响起的弦乐器的锐利之断音便烟消云散。

文艺复兴时期的悲剧通常以寓言式的复仇人物开始,这人物宣称,过失要受到惩罚。这只是奠定戏剧的基调,然后就靠边站了,不去干扰行为的过程。然而正是它展现着每件事情,观众只有通过它才能看见事件。也是在这里,随着缓慢的泛音的引入,一个幽灵出现了,可以让普遍的戏剧再次上演,精灵离开世界,感性迸发了出来。然而,聆听了这首音乐的观众感觉到,这不可能完全是真的。在这首 D 小调音乐中呈现出来的力量不是感到世界不再是其自己的力量,而是莎士比亚的"烦恼"的"精灵"。

此歌剧的基调是不可忘怀的,霍索(Hotho)合理地写道:"这种心痛的、深层的、阴森的庄严让我对唐璜·乔万尼的命运,即他不可避免的命运,产生一种警告性的预兆。"①不过,这纯粹是观众的预兆。随着幽灵消失,世界舞台被感性王国所占据,完全无视预先的警告。

D 小调行板乐段持续音的终点,标志着极快的 D 大调的导入。这里没有两个部分之间的过渡,而是一个突发性的转换器,第二部分是单纯的交响乐的运动,带着其自己的单纯的意义,这是对活力、生命力量、感性和**生存之乐**的真实的、非反思的表达,把其他的一切驱散出去。所有内在的分化、矛盾与解决、张力与释放、一切形式,均发生在 ¹⁵²这种同质的表现中,成为其持续不断的形式,成为其激情与情感持续变化的性质。这种快速 D 大调是感性王国的**音乐**表达。

《唐璜·乔万尼》的序曲的两个部分立足于两个根本不同的建构原则之上。第一部分是一系列的音乐斑纹,没有发展为一个主题。可以感觉到的连续性只有通过其内在加速的一致性来再现——这种一致性是真正的统一趋势,从开始的 2 分音符到最后的 32 分音符。这种缓慢引入的基本特征在于二重性,在这里,细节一个接一个按主题规则排列,转变为情绪的有机主义。这种结构的怪异恰恰表达了第一部分模棱两可的特性。没有戏剧的人物被勾勒为主体;严格意义上的行为也没有开始。对我们而言,这个幽灵——像对霍拉旭(Horatio)、波尔娜多(BernaRdo)和马西勒斯(Marcellus)而言的哈姆雷特的鬼魂一样——纯粹是"一个可怕的精灵",一个"幽灵",一个"自命不凡的人物",一种幻象。"这个精灵,我们对其一片茫然",他由他的外表所暗示,他在听觉方面呈现给我们的是通过音乐的结构性矛盾呈现的。

相反,第二部分是完美而包含着交响乐的乐段,它借助于一致性的主题孕育为现实。音乐世界忽略了外在于它的一切事物,其独自持立,表达其内在的多维潜力。

因而,序曲联系着截然对立的两个世界——最内在的是在作曲的方式上。换句话说,我们面临着世界分裂的两个对立的极点。这个重

---

① Hotho, *Vorstudien für Leben und Kunst* (Stuttgart und Tübingen, 1835), p. 92.

要的交响乐开场白允诺了一个世界的戏剧。这个序曲随着 F 大调弦乐,保持着开放性,音乐的序幕拉开了。

随着第一次引入,我们发现自己不是处于普通的戏剧之中,而是在**诙谐歌剧**(opera buffa)中:里波锐罗(Leporello)表达了对仆人命运之义愤。著名的"白天黑夜累得要命"(notte e giorno faticar)主题是 18 世纪真实的**诙谐歌剧**的陈腐主题,然而它认同具有唯一和象征姿态的个体。这个主题被进行实质的解释,被孕育的态度赋予许多重要意义,但主要是被人物和音乐发展的总体性中所表达的具有特征性的空间赋予的。里波锐罗自己渐渐进入真正狂怒的状态。他已经满足了他的心理需求——一个有效地支撑的 B 大调以后——他也满意地暂停了,似乎在欣赏他自己萌生的愤怒,然后他沉溺于语言的禀赋与狂热中:"我要成为一位绅士。"(voglio far il gentiluomo)我们确信,我们所听到的在里波锐罗的全部本领中属于:造反的义愤之极点变成没有厌恶感的羡慕,甚至更重要的是成为他的主人的回音。这由管弦乐队(主要是小提琴、双簧管和大管)正确地加以表达。此刻,里波锐罗的形象变得极其朦胧:看来他的抱怨与羡慕是同一事实的表达:他是他主人的着迷的性格,而不是他的奴仆。因而他处于人的维度,联系着唐璜·乔万尼和里波锐罗的不是地位关系而是生命纽带。

只要这首音乐开始表达这种关系,它就导致了**诙谐歌剧**框架的问题。在心理和风格上,莫扎特皆考虑让这个维度细腻而准确地被人们感受到。一束奇异的光芒一瞬间闪过情感的波澜,但仅仅是一瞬间,因为在随后的几小节中,里波锐罗的怒言退回到普通的空间中。这个过程开始停止,仅仅在某种不同的情感层面重复。现在,尖酸的反讽取代了自我萌生的义愤。我们能够感受到,这是里波锐罗喜欢的另一个思想主题。它开始于一种轻率的优越感的气氛(由管弦乐队演奏的一种巨人的姿态),然后是反讽的、朦胧的认同,变得愈来愈尖锐,最后陷入隐蔽的自我同情:"我是一名侍从。"(ed io far la sentinella)里波锐罗的尖酸刻薄处于低谷,只有借助于重新爆发的愤怒——一种朦胧的爆发——他才能够去克服他的刻薄。这可以解释前一部分的重复。里波锐罗的形象实质随着这种重复就揭示了,不仅在细节上而且在总体模式上:他对唐璜·乔万尼的矛盾性的依附。在某种意义上,里波锐罗是唐璜·乔万尼的**另一个自我**(alter ego)。因此,他和他主人的关系的特征是围绕自己的圆圈的某种奔跑。他的造反从来不能达到道路的实际分离点,因为它转变成为对决定性时刻的羡慕,最后它又陷入屈服状态。然后这个过程又开始了。这个圆圈能够重复,有时圆圈大一些,有时小一些,带有不明的情感态度。因而,里波锐罗的音乐场景是直线型的,是一个连续的不相关主题的片段。这里没有主题或母题的发展;原则上,内在独立的片段之链能够无限地持续。甚至就它们组织的角色方面,不断出现的事件也强化了这种效果。

在音乐里,一种无限循环的感情,一种无止的旋转,在里波锐罗的 [154] 场景中被首创了出来。只有借助于外在的事件,行为才能摆脱这个圆圈。这样的事件就是安娜(Donna Anna)和唐璜·乔万尼的出现。

安娜和唐璜·乔万尼的场景与前面的**诙谐**场景构成鲜明的对照,不管莫扎特赋予**诙谐**风格以多么丰富的意义,这个场景与安娜的宏伟的主题相比都相形见绌:

例2

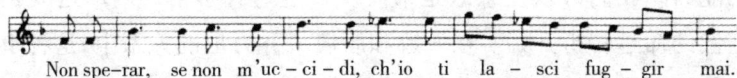

Non spe-rar, se non m'uc-ci-di, ch'io ti la-sci fug-gir mai.

旋律的结构加强了比例与平衡。弧形按照接近黄金分割率被分成两个部分:一个部分是断音节奏,犹如一阵叫喊,另一部分是旋律式的八分音符。这个旋律是真实的女主人公的实质。安娜出现了,是在戏剧的悲剧呈现与确信的行为举止充满张力的高潮中出现的。但是我们可以明确观察到,这个旋律是如何突变为唐璜·乔万尼的部分。

例 3

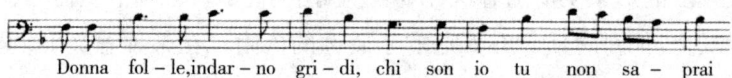

Donna fol – le,indar – no gri – di, chi son io tu non sa – prai

　　唐璜·乔万尼扭曲了安娜的旋律,干扰了其结构、比例与和谐,突破了其弧形。好像创造过程的对立面发生了,好像第一个仍然是朦胧的、令人犹豫的,原初矛盾"脱离"了最终的结构。安娜旋律的纯洁英雄主义被还原为强有力的然而不是原初的情感主义。这种转型表达出他们的关系,它集中于安娜和唐璜·乔万尼之间的关系的实质。阿贝特已经指出这种事实的重要意义,即与作为直接源泉的贝尔塔蒂(Bertati)的《唐璜·乔万尼》相反,不是唐璜·乔万尼而是安娜打开了场景。[①]

　　极为重要的是,不管歌剧中前面的事件,即两者之间的戏剧关系,安娜却是挑衅的主角,而唐璜·乔万尼完全是处于防御地位。唐璜·乔万尼承袭(并扭曲)安娜的旋律,没有表现他的引诱技巧,没有表现他对待妇女的**本能**;相反,它显示他总体上的无助,他迷惑的脆弱,映衬着安娜的坚决。歌剧关键的事实之一体现在安娜和唐璜·乔万尼的场景的第一场音乐交流中,即安娜打碎了唐璜·乔万尼的不可能抵挡的能力。我们可以设想这是第一次发生这种事情。因而这戏剧以决定性的命运转折开始。在安娜和唐璜·乔万尼的关系中,这种事件转折是不可挽回的。

　　他们的场景被分成两部分,并从安娜主题的两重性特征中得到发展。第一部分被切分得像叫喊一样的主题支配着。两个主角细腻地彼此模仿:两个都既是挑衅者又是受害者。安娜的性格与情境的矛盾显而易见。当我们在女主人公那里辨认出几乎为她的困境泪流满面的时候,这正是极具启示性的时刻。

---

① Abert, *Mozart*, p. 395.

例4

Gen - te, ser - vi, al tra - di - to - re!

　　显然,在作为一个人的安娜和她的困境之间存在着矛盾。从根本上说,她是要求英雄主义的情境中的一位纯洁感情的优美存在物,她能够提升到这种要求上来,但是存在着不充分性。安娜的内心戏剧开始于这种矛盾。唐璜·乔万尼,即歌词中的挑衅者在音乐中成为防御性的。这没有被这种事实所改变,相当早的时候他的角色是连贯的,被清楚表述着,但是他的自我确信的音调不能让我们忘记音乐的过程是被安娜支配的,这位姑娘看见没有人来帮助她,就征服了她的瞬时的弱点,更以不可动摇的决心面对着唐璜·乔万尼。似乎,在第二部分,身体的搏斗会产生道德的义愤。这里主体并非具有更少的激情,然而更多的是旋律的、精细的。具有特征性的八分音符模式来自于安娜第一个旋律的第二部分:

例5

156

Co - m'e fu - ria dis - pe - ra - ta

　　唐璜·乔万尼追随着、模仿着安娜的角色。长时间的场景,具有势不可当的动力,包含着独特的矛盾。它描绘了两个缺乏任何共同交点的对立性格的冲突。这两个人的确没有相同之处。在安娜眼里,唐璜·乔万尼作为一个男人是完全让她感兴趣的,作为对手又是残酷的敌人。在唐璜·乔万尼眼里,安娜纯粹是不可理解的。因而在这场斗争中,两方彼此衡量,但彼此不相适应。他们的冲突不是共同命运、共同戏剧的一部分,而就具体而言是他们各自命运、各自不同戏剧的潜在开始。这种矛盾准确地被场景的虚假主题建构表现了出来。虽然莫扎特从单一旋律中发展了整个宏伟的场景,但是我们在这里没有发现根据奏鸣曲原则而形成的戏剧性的主题延展。唐璜·乔万尼的风格是模仿,是合理的模拟。莫扎特天才的标志,就是努力通过共同主题的使用来阐明两个人总体内心的他者。显然,莫扎特的目的是对极为剧烈而外在的冲突的近乎象征性的抚平。里波锐罗叽叽喳喳地强迫而入的悲剧斗争的可怕的**诙谐**喜剧声音加强了这种目的。歌剧的第二个场景也被一个外在的事件终止了:代理圣职的出现。

在下一场景——极为精简——甚至直插要点——三个男低音的交互联系,即代理圣职、唐璜·乔万尼和里波锐罗的声音是最为重要的。这个场景由代理圣职奠定基调:他的奠定极为简单而重要。克尔恺郭尔正确地陈述道:"他的诚挚太深邃而不是一个活人的诚挚,他是他死亡前的精灵。"①唐璜·乔万尼以自己的方式用相同的语调继续,虽然他保持着简洁的风格,但是他的反应自然更具旋律,是自由的,甚至很放肆。显然,在这骑士般的冲突中,他最后重新获得了他的真实自我,他以前的尴尬——被优雅举止精心隐藏的——已经消失了。代理圣职和唐璜·乔万尼的简短对话创造了一种独特性气势。突然地,维度被扩大了,一切事物获得了显著的呈现,甚至很愿意偷偷溜走的里波锐罗也带着如此戏剧性的庄重,混合着恐惧宣告他的意图,他达到很高的境界。一切事物逐步显露出迷人的轮廓。唐璜·乔万尼占据着,重新占据着里波锐罗的声音。但是,正如他以前处理代理圣职的声音那样,他又重新解释里波锐罗的声音。看来"害怕地蜷缩起来"的里波锐罗的旋律"垂直地立在"唐璜·乔万尼的声音中。三种声音交织,彼此吸引与痉挛,这可以被细腻地表现出来。唐璜·乔万尼用半音(*mezza voce*)唱出的"颤抖"(misero),以同样节奏但强有力地在更大音段里,被代理圣职的"懦夫"(*battiti*)回复所响应,这又被唐璜·乔万尼的"颤抖"更强地(*più voce*)回应,使得代理圣职的八度音程,甚至他自己以前的五音音程压缩到三音音程,那看起来描绘出因愤怒收缩

---

① Kierkegaard, *Either/Or*, p.123.

的眼睛形象。这场景中的三位演员也采纳了彼此的尺度,形势紧张到了白热化,已经达到了的平衡趋于崩溃。持续了整整一个小时的休止"强调",这种形势不可能支撑住。现在,唐璜·乔万尼颠覆了这种形势:"颤抖,因为你必须死!"（Misero, attendi, se vuoi morir!）阿贝特正确地陈述道:"这八个小节与休止,是整个序曲的高点:男主人公的命运实质,带着它呼唤的悲惨恐惧一样的程度呈现了出来。"[1]这个场景如此迷人的东西,是这三个人在相同的基调领域如何能够明确地彼此区分。每个人如何能够说明其自己的实质性的自我。这与其说是冲突,不如说是达到标准,每个人物根据相同的问题来勾画各自的世界与行为。不过,这没有缓解张力。相反,从三个基调分离的不可挽回的宣言中产生了这个场景独特的核心情绪。

在这个场景剧烈的张力后,决斗的音乐作为一种可以确证的缓解到来了,在某种程度上是一场暴风雨的到来。但这也仅仅是一瞬间,音乐又回到自身,与外界隔绝了。

决斗之前的场景持续着,但是处于完全不同的气氛中:之前"纯粹"不可挽回的东西,现在变成了绝对必然的。真正命运的意义由唐璜·乔万尼的**低沉**之声承载着,超越了代理圣职的痛楚以及里波锐罗惊恐的**滑稽**之音。霍索在别的地方已经指出,唐璜·乔万尼的声音是嘲弄性的,散发着对胜利的喜悦,无意识地被恐惧抑制着。[2] 唐璜·乔万尼自己正确地联结着两件事:安娜的抵抗和代理圣职的不幸,他的声音对安娜愤怒拒绝的旋律的暗示是极为明显的:

例6

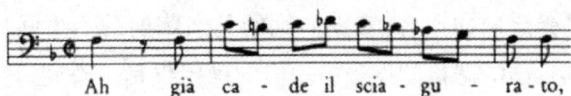

Ah già ca-de il scia-gu-ra-to,

（对比例5）唐璜·乔万尼可能有意地想说:看看你们两个愚蠢的

---

① Abert, *Mozart*, p.396.
② Hotho, *Vorstudien*, p.96.

不必然的但应受的结果。然而,看来他说得更多;他的声音透露出一种预警:在安娜那里,唐璜·乔万尼的力量已经被消解了,从那时起,一切事物具有不同的色彩。对他来说,一切事物被重新安排,形成了一种陌生而不可理喻的关系,这就削弱了他存在的根基。

这戏剧以超越个体宇宙和形而上学的宇宙之间的边界的两重性的姿态开始。唐璜·乔万尼在其力量崩溃的时刻踏入舞台,这时"感性之天才"在一个姑娘的个体性面前破产了,他剥夺了代理圣职的原本生活,但把他转变为精灵世界。形而上戏剧与现实世界戏剧的两重性领域是互相联结的。《唐璜·乔万尼》序曲的悖论而又宏伟的戏剧就来自于此。

安娜和奥特塔维奥(Don Ottavio)一起回来了,[**宣叙调** 2 和 D 小调二重唱:"上帝啊,在我眼前多恐怖"(Ma qual mai s' offre);"离开我,永远离我"(Fuggi crudele)]。她看见一个身体躺在地上:管弦乐表达了感知的恐惧。安娜越走越近,认出是自己的父亲:前面的管弦乐高了3/4,描绘了认出时的恐惧。她绝望地对这个受伤的人说话。前面两个乐句听起来是受伤的语调,第三个乐句是爱的声音。这里,安娜的基本情感域是显而易见的。莫扎特描绘了一个诚挚的缄默的性格的震惊时刻的情感动荡,他忠实地记录了语调的柔和与紧张,每一细微而压抑的表达都传达出巨大的内心挣扎。代理圣职的确死了,安娜不可挽回的辨认被管弦乐队铿锵而断续的敲击所记录下来,这位姑娘很节制地哀悼她的父亲,伴奏——更准确地说,管弦乐突然插入的类似呜咽的母题——就管弦演奏与和谐配制而言,是一个完全新的特点。这是爱之痛的声音,安娜向她的父亲鞠躬的一瞬间,那声音能够消融于其自己的悲怆的疼痛中。但的确仅仅是一瞬间,是爱的自我欺骗的希望的瞬间,然后绝望又萌生了,开始是强烈的,然后又趋于柔和。这种不可减弱的情感波动最终以微弱终止,这通过管弦乐以几乎是生物性的真实性再现了出来。

安娜几乎跌倒在地上,但是一个不完全中止的管弦乐暗示了奥特塔维奥抓住了她。奥特塔维奥以一种比安娜更自由的、更**流畅的宣叙调**风格言说。甚至他为未婚妻的到来而说出的实际要求,听起来像是对这位姑娘的体贴。这些实际的要求没有引起他的注意,他转向昏厥的安娜,怀着一种更像是发自爱的忏悔一样的激情。但是他突然束手无策,跟着强音域的语段:"我担心她的痛苦是致命的。"(il duolo estremo la meschinella uccide)他必须做一些事情:他的声音又变得更加实际,草率而生硬,但是只要代理圣职的身体被搬走,他就会回到对安娜的迷恋,回到他的爱。

二重唱本身以安娜开始,她从昏厥中恢复过来,迷迷糊糊地认为,谋杀者就站在她的面前。安娜攻击奥特塔维奥,她认为他就是唐璜·乔万尼,在莫扎特那里,这是最重要的 D 小调基调之一:

例 7

这个主题的节奏式的、旋律式的特征也是很重要的:

例 8

安娜戏剧性的感叹式的 D 小调消融于奥特塔维奥的流畅的抒情 160 的 F 大调之中。同时,他的声音下降部分的表达,在某种意义上是他音乐的名片,后来在关键时刻、在不同的背景中还会出现:

例 9

这极其简单的旋律乐句浓缩了奥特塔维奥性格的实质:饱满而又

明亮的男高音,定调于 G,是开放而坦率的体现,均衡下降旋律的明净而纯洁的感情确证了真正的忠贞。奥特塔维奥想消除安娜的错觉,他想被真实地分辨出来。他以这种旋律的乐句的确表达了他的本质存在。

安娜的确分辨出了他的真相,在 18 世纪熟悉歌剧的乐段中让人知道了她对奥特塔维奥的感情:

例 10

mio   be — ne

安娜和奥特塔维奥之间的本质在这简短的交流中展开了。他们的爱是相互的,他们分享着他们共同生命的视角。奥特塔维奥对安娜的爱是痴情男主人公的无条件的爱,对他来说,在这世界上没有别的东西存在着,他的人格精神充满于这种爱的奉献之中。安娜不知道无条件的痴情之爱的本质。她的感情同等程度地依附于两个男人:她的父亲和她的未婚夫。父爱和情爱在她那里是完全和谐的,这两种情感和谐并存、互为条件,这两种情感的和谐是她人格的平衡的自然结晶。这种和谐被外在的暴力打破了。由于父亲的死,安娜在情感中创造了极度的虚无,这不能由情爱来填补,然而这种虚无的填补无条件地需要她的情人来完成。因此在这关键维度,安娜和奥特塔维奥是迥然不同的人。不过,奥特塔维奥不能领会这事实的充分意义。

161

安娜认出她的未婚夫并相信他是她所爱之后,她回到了她在生活中没有解决的问题,就是打破她内心平衡的问题:她父亲的丧失。奥特塔维奥友善而焦急地回应:

例 11

la — scia, o ca — ra,   la ri-membran-za a — ma — ra...

前面引述的安娜的 D 小调主旋律的节奏在这个乐段中又出现了,

这暗示出,奥特塔维奥真实地认为,他的未婚妻应该放弃的不仅仅是血缘记忆,而且还有整个感情世界。奥特塔维奥带着他真实感情的全部的美表达出,安娜应该把她生命中没有解决的问题封闭起来:"一个父亲,情人,全部。"(hai sposo e padre in me)

莫扎特带着令人吃惊的敏感回应着伟大的痴情之爱的问题之一:无条件的绝对的爱既是人性的,又是非人性的。奥特塔维奥的举止是完全人性的:他不仅想安慰他的未婚妻,而且从根本上使她摆脱自己的过去,把她的人格引向未来,引向他们的爱。从原则上看,这无疑是比安娜更成熟的态度。然而,实际上,这种态度对安娜是非人性的,不仅仅因为奥特塔维奥的要求在谋杀之后几分钟就焦急得难以置信,而且因为他不能或不愿意感受安娜的丰满并且具体的人性。他在她那里看到他的痴情的理想。在奥特塔维奥形象中,莫扎特阐明痴情之爱的全部之美,同时也阐明了其矛盾的本质。安娜的冲突是 18 世纪典型的个人问题之一,即是一个出生于其选择的关系之中的冲突。

客观地说,从人性的视角看,在安娜和奥特塔维奥之间已经形成了极为复杂的冲突。不过,这种冲突从来没有在音乐上被明显地表达。安娜没有给这种冲突赋予表达,她仍然竭力带着她的问题找到走向奥特塔维奥的道路:她愈强烈地谈及父亲的丧失,似乎在寻求帮助。为了回应,奥特塔维奥甚至更坚决地重新讲述他以前美的然而残酷的视点。安娜应该很清楚,奥特塔维奥不接受她对父亲的依恋。在这点上,她能坚强地摆脱这个痴情的场景。二重唱中止了。生活的问题不能在他们的真实的现实中陈述,但在矛盾的情感中变得显而易见,这些问题在惯例之中最终找到它们充满问题的形式,就拿安娜来说,以骑士惯例的术语而言,重塑她心灵的平衡,就叫作复仇。决斗在序言中占据着象征力量冲突的地位,这决斗被贬到对一个内心问题的半心半意的解决,这个问题找不到一种充分解决的方式。

决斗、复仇有机地属于代理圣职的世界,因而它们对安娜来说是自然而然的手段,在打断二重唱的宣叙调中,她以非个人的声音请求

奥特塔维奥复仇,这种复仇不容忍对立,她的未婚夫当然没有反对,但是复仇宣誓的音乐透露出他不可征服的日益鲜明的勉为其难:

例12

音乐情绪的剧烈转换、第二部分内部的强调、情感的淡化,这些清楚地表明,对奥特塔维奥而言,复仇宣誓仅仅是一种隐秘的情爱表露。另一方面,这也显示出,由于他无条件地爱着,他必须满足安娜的要求。这对情人同舟共济,虽然他们受到完全不同的东西的激励。的确,正如霍索所说:"可怕时刻的共同折磨牵系着他俩。"[1]复仇均不是他俩内心的焦点。但是代理圣职的谋杀在他俩那里造成了冲突,在他们的形势下,复仇必然是这种冲突最脆弱的解决办法。虽然他俩被不同动机驱使,但他俩都意识到他们必须进行复仇,即使这不是他们问题的解决办法。我们已经在序曲中看到,在安娜人格及其形式之间存在一种矛盾。她自命不凡的英雄主义具有内在张力,这种英雄主义现在是充满悲剧的。同时,奥特塔维奥现在也卷入了这种矛盾,并且由于他人格及其整个世界观极不同于骑士道德规范,所以对他来说复仇的义务是一种更悲剧性的强迫。决斗的持续来自于这种共同的悲剧:安娜再一次尽最大努力提升到英雄姿态,而奥特塔维奥以充满痛苦的声音重复着他的复仇誓言,通过隐藏的变化音(chromatics)进行,没有修饰。

唐璜·乔万尼和里波锐罗正准备进行一次新的冒险,但是闯进来的可能不为人知的女人就是爱尔维拉(Donna Elvira),就是唐璜·乔万尼抛弃的情人之一。她从降F大调中的 #3 咏叹调萌生的人格延伸

---

[1] Hotho, *Vorstudien*, p. 98.

到整个三连音。"啊！我如何找到"（Ah! chi mi dice mai），进行直接的评价很困难。语言部分开始之前是一个相对长的管弦乐的引子，这引子本身具有严重的悖论。前四个小节被视为音乐的矛盾（强烈的－钢琴曲），接着是典型的老套表达，这个乐段开始高音上扬，然后令人心焦地阻塞——这乐段通常用来表达爱尔维拉致命的内心颤抖。这种还不清楚的自然冲力在管弦乐的激烈而强大同音的断断续续的扭曲中达到高潮，之后就是一种重新对照，即是单簧管、大管和小号明显下降的钢琴乐音主题。语言部分本身是十分古怪的，其特征是宽阔的音阶、切分的节奏和动态的爆发。在这激烈的充满活力的旋律中，出现了一个主旋律，正如罗斯克（F. R. Noske）所显示的①，这在此歌剧中发挥着主导主题（leitmotif）的作用：

例 13

man-cò   di   fè?

罗斯克把这种降 E－A－B 的表达式称为"欺骗"乐旨。无疑，爱尔维拉的咏叹调描述了愤怒的激情，受骗情人对钟情的憎恨。不过，在一出 18 世纪的歌剧中，这是极为含混的，这个被抛弃的女人——**被抛弃的**类型——是一个令人同情的喜剧角色。莫扎特没有消除这含混性，事实上，他简化了。咏叹调的每一个元素都是老套的、普通的，它们合并在一起，产生极端的效果。音乐不断地接近陈旧的风格主义的界限，它几乎贬低其自己的有效性。然而，火山爆发式的激情呈现 164 在这些惯常的元素与整个音乐过程之中，其陈旧的特征提升到庄严，风格主义被转变为格调，包含着真正的伟大，歇斯底里具有了悲剧性的成分。古怪的含混性进一步为音乐情景所扩大：爱尔维拉的语词部分加入了唐璜·乔万尼有时是嘲弄有时是引诱的歌曲。还有里波锐

---

① F. R. Noske, *Musical Affinities and Dramatic Structure*（Studia Musicologica XII, Akadémiai Kiadó, 1970），pp. 196－202.

罗的评论。表面上的喜剧情景强化了喜剧效果,虽然爱尔维拉的角色始终完全无视这种效果。但这种新的矛盾几乎不能被视为是喜剧的。咏叹调结构的效果机制是复杂的,其最终的秘密无疑在于爱尔维拉的古怪性。

里波锐罗想通过揭露他的主人来安慰爱尔维拉,使之醒悟。#4D大调咏叹调"亲爱的夫人,请看这份长长的名单目录"(Madamina! Il catalogo),是所谓的"目录"咏叹调,这是歌剧中关键的人物关系之一,因为里波锐罗包含着唐璜·乔万尼的实质,也包含着他自己与他人的关系。无疑正是克尔恺郭尔最深邃地理解这一咏叹调。他认为,"目录"咏叹调是唐璜·乔万尼的史诗。在唐璜·乔万尼那里,感性呈现为原则,色情呈现为引诱。唐璜·乔万尼实质上是一位引诱者,因为他的爱是感官的,感官的爱是极其不忠的,因为他不是爱某人,而是爱一切。感官之爱存在于此时此刻,但是此时此刻是无数瞬间的拼合。因而我们再一次触及引诱者的概念。然而唐璜·乔万尼的不忠实是纯粹的重复。就感性的禀赋来说,这无疑是克尔恺郭尔最伟大的洞见之一。他从逻辑上推论出来,并坚决主张唐璜·乔万尼最显著的成功看起来是一个优点,事实上是一个缺点。就唐璜·乔万尼而言,瞬间不是充满内容,而是充满丰富性;就他而言,一切事物都是过度的。唐璜·乔万尼认为,观看和相爱的确是同时性的,但也是同时消逝的,因而可以**无限**地重复。因此,体现在唐璜·乔万尼人物中的感官之爱是——用黑格尔而非克尔恺郭尔的表述——"罪恶的无限性"。克尔恺郭尔正确地说,一位诗人不可能写作一首"罪恶的无限性"的史诗,因为他不得不追求多样性,因而从来不能完成他的工作。克尔恺郭尔的典型化特别完美地适合"目录"咏叹调的第一部分。莫扎特在这首咏叹调中,通过颠倒传统的缓慢–快速表达惯例,让人耳目一新。第一部分(快板)仅仅看似典型的**诙谐**风格。如果仔细地加以考察,我们注意到,莫扎特以如此之方式建构起传统的材料,以如此复杂的单纯,如此优势来组织这材料,以至于他在其动力、剧本、管弦乐化、音色、性格以及极其普遍的对比效果方面增添了某些崭新的情绪和质性——正如阿贝特所说是"感性生活力量的不可逾越的基本意象"①。这音乐懂得没有休止的点,一切事物处于持续运动中,主旋律简直是彼此追逐。

在咏叹调的第二部分(活跃的行板,*andante con moto*),这种追逐缓和下来了,音乐更具描绘性,因而其他关系开始呈现出来。小步舞曲,旋律的乐句的升降曲线,个性化的细节现在用来呈现唐璜·乔万尼这个个体,里波锐罗再现他主人的方式透露出他和主人的关系。尽管克尔恺郭尔把这种关系称为色情的,但是这可能有些夸张。但可以确定的是,里波锐罗的**另一个自我**在这里完全呈现了出来。因而克尔恺郭尔正确地说道,里波锐罗作为一个史诗叙述者不仅复制了他主人的生活——那即是说,他没有用客观态度来对待他的叙述对象——相反,"他被描述的生活所陶醉,他自己意识到在讲唐璜·乔万尼"②。里波锐罗是一位普通人,但是他对感性天才怀有直觉式的同情,他的人格、他的生活不可抵制地受到吸引,他密切地联结着唐璜·乔万尼的生活与命运。他作为一个人物是极其悖论的,因为他同时以多种姿态竭力去满足恶魔的道德冷漠和平庸的虔诚要求。所以,他的情歌尽管始终是喜剧的,从来不是严肃的,但是仍然被危机所笼罩。

热琳娜(Zerlina)和马塞托(Masetto)是订了婚的情侣,被引入 #5G 大调合唱"你们当中想着爱情的姑娘"(Giovinette che fate all'amore)中。正如莫里克(Mörike)所说,具有民间风味的 6/8 歌曲的旋律是"单纯而幼稚的,始终闪烁着兴奋之情"。其重要性在于类型化的模式以及作为新的主旋律的起承转合的结构功能。它描绘了自然状态的情侣,描绘了他们的惯常的规范性,这与他们以后的命运形成鲜明的对照。这里浮现的基调的重复的转型将完全关涉于此,并关涉整个歌剧的核心问题。

① Abert, *Mozart*, p.405.
② Kierkegaard, *Either/Or*, p.132.

唐璜·乔万尼和里波锐罗出现了,正如霍索正确地认为,"一个人
[166] 盯着热琳娜,唐璜·乔万尼被这位充满魅力流露着欲望的人物的生机
勃勃的自然性所折服"①。不过,这吸引是相互的。热琳娜瞬即屈服
于唐璜·乔万尼借助感性之力量而散发的欲望。克尔恺郭尔说,唐
璜·乔万尼并非有意地根据一套公式,不是借助言辞或谎言来诱惑,
而纯粹是通过感性欲望的冲动,以感性的天才来引诱,这唯独音乐能
够表达。②

首先,马塞托不得不被一种联合的力量挤出去。当然,这位农村
小伙子目睹了正在发生的事情,并以 #6F 大调咏叹调表达了他迷惑的
感情。马塞托是歌剧中最平常的人物,具有"我明白,先生,是的"(Ho
capito, Signor, si)双重意义。一方面,在关于唐璜·乔万尼众多剧本
当中,只有他是一个平庸之辈。莫扎特没有扩大其性格或使之更复
杂,不过,这不是由于艺术缺陷所致,这是计划的一部分。另一方面,
也是在更深刻的意义上说,马塞托没有理解他周围发生的事情。他是
一个普通的日常人物,没有感性天才的意义,他看待莫扎特的唐璜·
乔万尼的方式,接近于布莱希特看待莫里哀笔下的乔万尼的方式:"伟
大的引诱者不必被想象为在色情领域能够提供卓越的艺术表演的人。
他作为引诱者的成功是通过他的衣着(以及穿衣的方式)达到的,他的
工具是他的社会地位(以及他对这种地位的谩骂轻蔑)。他的财富
(或储蓄)也是他的工具,尽管也有其声望(这种臭名昭著所孕育的信
赖感)。他是伟大性感之人的代表。"③马塞托和唐璜·乔万尼的关系
也是含混的,他造反,然而他知道他的造反是完全没有用的。这咏叹
调是一杰作,因为其建构完全建立于这种含混性之上,通过决定性的
开始及其消解的两重姿态的重复,以各种方式呈现出来。旋律的形
式、动态性与管弦乐的对比都是这种不断出现的喜剧的含混性的表

---

① Hotho, *Vorstudien*, p. 103.
② Kierkegaard, *Either/Or*, p. 100.
③ B. Brecht, *Stücke*, XII (Aufbau – Verlag, Berlin, 1962), p. 181.

达。如果里波锐罗在某种意义上是低水平地复制唐璜·乔万尼,那么马塞托则又是里波锐罗的微弱的模仿。对他而言,甚至这极令人同情的造反也不是真正内心的问题:它纯粹是外在的、实际的事情。这密切地联系着他的整个色情力量的缺失。他最终以否定性的对比来强调唐璜·乔万尼的重要性。恰恰通过他的差异,马塞托间接地涉及歌剧的核心问题。从这种关系中萌生了这位真正爱着其未婚妻的诚实而正直的男人的无助琐碎以及连续的喜剧本质。当马塞托——他对唐璜·乔万尼的猛烈的爆发达到了顶尖——转向攻击热琳娜时,在咏叹调中超越了上述的对比,喜剧性到达了顶峰。

当里波锐罗最终成功地排挤掉马塞托之后,热琳娜被留下来,单独和唐璜·乔万尼在一起。他们由**清宣叙调**(secco recitativo)和随后的#7A 大调**二重唱**组成的场景关注他们初见邂逅时刻的关系的实际发展。再重复一次,引诱和折服的过程不能够加以描绘,因为它不发生在时间之中,它是同时性的,剧本必须直接地表达这个。随后发生的一切都暗示着这种事实的直觉辨认。(下面,"引诱"这个词始终意味着发展,意味着关系的建构与组织。)这里我们主要讨论根本的相互理解。阿格妮丝·赫勒正确地写道:"唐璜·乔万尼这个男人不仅仅是用其美和风度引诱许多女人。唐璜·乔万尼不必征服其个体性的对手……他必须征服的是内疚的情感。他引诱女人流露出她们的情感,她们走向超脱的内疚感,或者引诱她们无视这种情感而展开行动。他的敌人不是反感,而是良知和良心的责备。"[1]就此,遇上了安娜之前,唐璜·乔万尼始终是胜利者。就热琳娜而言,他还是占上风。他独特的不败的征服之谜是什么呢?(这时我们不考虑他遇上安娜的失败)。克尔恺郭尔极为正确地观察到,唐璜·乔万尼欲望的对象是感官的,仅仅是感官性的。[2] 他欲望着,这种欲望诱惑地行动着。一般来

167

---

[1] Agnes Heller, *A kierkegaardi esztétika és a zene. Érték és történelem* [*Kierkegaardian Aesthetics and Music. Value and history*] (Magvetö, 1969), pp. 351 – 352.

[2] Kierkegaard, *Either/Or*, p. 97.

说,他渴望着每个妇女的女人性,这就是他的色情理想化的力量所在之地。因此,涉及主要的欲望——女人性本身,一切差异均已消逝。唐璜·乔万尼的不可抵挡与无条件的征服来自于他对女人性的持续渴望。他也能够辨认并捕获女人性的自身绝对的唯一个性。在这场景的**宣叙调**部分里,莫扎特作为唐璜·乔万尼阐述了这个过程,本能地以及确信地适应了热琳娜的内在自我。

当然,这个文本——正如任何一部关于唐璜·乔万尼的剧本一样——呈现了论证与反驳、邀请与回绝的轨迹。但是声音直接地表明了真实的过程:两人探寻、协调,并发现了彼此。在整个**宣叙调**中,唐璜·乔万尼本能地寻找正确的音调,适合于热琳娜的音调,有可能是共同的音调。我们目睹了一个几乎是艺术性的创作过程,**宣叙调**是著名的**二重唱**的一个初步性研究。它慢慢地成形,然后诞生了令人满意的音调。在**宣叙调**最后的重复中,唐璜·乔万尼已经暗示了**二重唱**的迷人旋律:

例14

Quel ca-si-net-to è mi-o;

在乐段"你看见的房子是我的"(quel casinetto è mio)中,二重唱完全没有敌意的开放旋律已经潜伏着了:

例15

Là ci da-rem la ma-no, la mi di-rai di si,

这种配对是由本能找到的语词音调决定的,并非由婚姻的承诺来决定。

二重唱的基调是极为简单的,雅恩(Jahn)在这里欣赏这种轻快的由色情愉悦激起的温柔之情,明净阳光中的高雅而甜蜜的热情的单纯表达。① 但是阿贝特强调了这种"诱惑之音"的色情的奔涌,并指出在其单纯性方面,这种基调甚至是贵族的基调。② 的确,这是一种极为讲究而坦率的单纯性。绝对的直接性无疑是唐璜·乔万尼的重要特征之一,如果不是最重要的。

唐璜·乔万尼犹如自然现象缺乏反思。他所有的姿态具有自然力量的直接性特征。这使得甚至究其单纯性方面也使这**二重唱**如此令人神往。晶莹的单纯的旋律被精美的节奏所强化。唐璜·乔万尼没有激情表演着,然而事实上具有诱人的感性。例如,类似于《费加罗的婚礼》(*The Marriage of Figaro*)中的二重唱 #16,其数拍子的语词乐句的轻快奔涌的色情,完全迷失在他的声音之中。然而数拍子的声音不是诱惑性的,这几乎是令人恐惧的,那时他没有限制地、没有顾及他人情感唱出自己的感情。数拍子不能够抓住苏珊娜(Susanna)的人 169 格,他没有强加一种强烈而具有转型的影响力。相反,唐璜·乔万尼的声音恰恰表达出热琳娜所欲求的东西。在唐璜·乔万尼的人格中,这种基调纯粹是恶魔的感性的完美呈露,然而对热琳娜而言,正是这种恶魔的感性才是她能够涉及的。

正确地寻找恰当音调的能力是唐璜·乔万尼的真正的色情天赋。在语词方面,热琳娜拒绝她的引诱者的邀请,然而在音乐上她接受了。她拥有了音调,接纳了唐璜·乔万尼的旋律乐句。她感到她被俘虏了,她日益朦胧(色情而自我意识的)兴奋,恰恰通过支配着她答复的丰满的 16 分音符表达了出来。这里,热琳娜仍然控制住自己,她小心地避免沉醉其中,避免出现不规矩的举止,管弦的休止的断音如一个屈膝礼一样结束了其答复。从这个角度看,唐璜·乔万尼基调的另一个意义也清楚地呈露了出来。赋予热琳娜涉及的恶魔的感性音调以声音,这意味着他正通过一条敞开的道路让她走出自己的世界;他把

---

① Jahn, *W. A. Mozart*, vol. II (Druck und Verlag von Breitkopf und Härtel, Leipzig, 1867), pp. 362 – 363.

② Abert, *Mozart*.

她提高,超越于她自己。音乐中色情的理想化可以清楚地识别出来,唐璜·乔万尼抓住和推动力量的方式,现在完全定位于热琳娜之中,催使她超越自己。热琳娜的语词乐句已经从唐璜·乔万尼那里获得,这乐句不再是"单纯而幼稚的,完全闪耀着兴奋之情",我们听到她在#5G大调合唱中唱过。差异是质性的,并非性格的。当然,唐璜·乔万尼感受到了这种变化,他直觉地意识到此时的质性和内容。又一次新的进攻更猛烈,更富于激情。旋律乐句的活力不断加强,调性的活力也是如此:前面A大调被E大调取代。热琳娜矛盾的兴奋也加强了,她的答复愈加短,愈加慌乱,32分音符的运动接继而来,重复的管弦乐的伴奏不再如以前那样均匀。它不再是没有修饰的断音,而是热烈的、敏感的64分音符的小提琴的构建。因而,热琳娜更加兴奋。唐璜·乔万尼可以看到,这种兴奋将被他自己的动力所提高,将导致完全的折服;那儿不需要提高进攻的速度,保持这种速度就够了。他重复着他以前的句段。相反,热琳娜愿意表达她自己的回复,但是旋律乐句没有成形,正如阿贝特正确地说道,它转变为一种绝望的旋律的挣扎,"犹如笼中的一只鸟儿"①。良知的力量,她对马塞托的忠诚把唐璜·乔万尼的色情的吸引降到了次要地位。

但是唐璜·乔万尼不满足于热琳娜没有察觉到的纯粹折服的事实。他需要完全信服,以不可挽回的坦率陈述出来。他的挑战在单纯性方面是辉煌的:

---

① Abert, *Mozart*, p.410.

例 16

渴望的欲望和冷酷的计算:这声音,4 分音符的休止,在 D 的顶点加强,具有热烈而不可抵抗的效果,同时它记录并卷入了满意的效果。这个乐段最终不可挽回地决定了这场挣扎的结果。唐璜·乔万尼也最大限度地利用这种不可挽回性。看来他还要回到二重唱的开始。事实上,在这重复中透视出来的是已经发生的事情,是他们不断发展的关系。唐璜·乔万尼开始唱坎蒂莱那(Cantilena)抒情曲:他完全知道热琳娜自己会接续。的确她是这样的。文本是陈述的、回避性的、拒绝的,然而这旋律成为日益自由的迷恋的邀请。但唐璜·乔万尼现在想听到容纳于影射之中的公开答复。他的旋律逐渐地抛弃原初的坎蒂莱那,旋律把引诱作为一个问题表达了出来:

例 17

热琳娜好像被这个问题的突然的直接性所吓倒了,她踌躇了片 ¹⁷¹刻。唐璜·乔万尼感受到了这点,他的声音几乎不可感知地变得愈加强有力、变得愈加热情:

例18

par-tiam, ben mio, da qui.

和以前的变化相比,初始的乐段更加热情,这更让热琳娜害怕。她再次抵制唐璜·乔万尼和自己的欲望,"但是"(ma)被坚决地表态,以最高的音节延续,现在达到了她的旋律乐句能够达到的音度(升 F 调)。然后,她的声音微弱地颤抖,兴奋的 32 分音符暗示着折服的神魂颠倒。唐璜·乔万尼感到,这场游戏接近尾声。他的旋律乐句,以前是一种邀请,现在作了一个陈述:

例19

Vie-ni, mio bel di - let - to:

Vie-ni, mio bel di - let -to:

以前,他唱的是"跟我来";现在他唱道,"你已经知道你会跟我来,可以来干什么"。音乐中的欲望已经被一种陈述取代。热琳娜以前的挣扎重复着,只有此刻才是更加绝望地、更具有批判性和更加无助地重复。热琳娜的挣扎变成了纯粹的屈从,内在挣扎已经被决定了,不能再持续,马塞托和整个世界已经退却到不可测量的九霄云外,只有唐璜·乔万尼的基本感官的吸引力呈现着。唐璜·乔万尼说得极为简单:

例20

An - diam an - diam!

172　在这两人所在的世界,在超越人性世界的另一个世界,永远只有一个要求:"过来!"(Andiam!)

但是当唐璜·乔万尼将要把热琳娜带进房里时,爱尔维拉又突然出现了。她挡住了他们的去路。在 #8D 大调咏叹调"啊,远离这骗子!"(Ah,fuggi il traditor!)中,爱尔维拉当着这位农村姑娘,揭开了唐璜·乔万尼的面具,并把她自己视为一个令人恐怖的例子:

> 我就是前车之鉴
>
> 请相信我的话
>
> 对他保持戒心吧!

一般可以认出,这咏叹调的风格是陈旧的,回响着巴罗克(baroque),更准确地说是韩德尔(Handel)音乐的余音。然而莫扎特如此坚定地、严肃地挪用这喜剧性的过时模式,他充满着火山般的激情,其效果是令人感动的。碰巧发生的事情与爱尔维拉的咏叹调中发生的事情是相同的,但是这次不是在情境层面,而是在音乐风格层面。这咏叹调的实质恰恰是形式中内在的矛盾,爱尔维拉迷人的古怪性。爱尔维拉并非通过揭发影响了热琳娜。我们在以前的场景中看到,在音乐中,唐璜·乔万尼并非用谎言,并非用婚姻的承诺来扭转这位农村姑娘的心思,而是热琳娜这位女人不能抵挡唐璜·乔万尼的激情,即感性的力量。对欺骗的控诉不影响感性的天赋,不能影响被它浸透过的人。热琳娜、唐璜·乔万尼和爱尔维拉的戏剧发生在不同的维度中。热琳娜没有被爱尔维拉的揭露、控诉所影响,而是被咏叹调的音乐,即被她的独特命运所影响。热琳娜必定感受到了某些实质,感受到了爱尔维拉古怪信息的意义。譬如,开始怀疑的不仅仅是欺骗的痛苦,她自己必然醒悟的痛苦,而且具有更深刻意义的悲剧:不可缓解的孤独,脱离人性世界,脱离社会,偏执的强迫症。当然,这一切不必根据惯例即丧失荣誉的女性来理解,而是根据原则来理解。自然地,这又意味着热琳娜可以非常明白地看到爱尔维拉的问题以及她自己最主要的命运。她从爱尔维拉的音乐中感受到的是,她遇到了她不可理解的可怕的命运,这使她陷入困惑。

173   事实上,说到醒悟的早熟,这有些夸张。随后的行为将证实这一点。热琳娜纯粹弄糊涂了,但是她的困惑具有存在的意义。另一方面,爱尔维拉准确地知道她自己古怪的秘密,她能够清楚地看到自己存在的问题。她也完全懂得唐璜·乔万尼的爱之后是绝望,以及试图根除绝望的无助而强迫性的尝试,根除永恒的爱的狂热性——憎恨和没有希望的希望。爱尔维拉知道,失去了唐璜·乔万尼,她的生活变得毫无意义,然而这是她可能的生活。为她的自我实现而打开的绝望之路,就是不断地解释她命运的例子。

然而爱尔维拉的古怪还具有别的意味,雅恩称之为"屈从的抱怨之声"[1],这音调没有揭露她具有极端姿态的煽动效果的秘密,反而是用表白的直接性表达了她的秘密。这旋律仍然坚定地抵制理智的匿名者,不可争辩的情感确定地、沉默而绝望地寻求理解。当爱尔维拉不期而归,发现陪伴着安娜和奥特塔维奥的唐璜·乔万尼时,这就是她敲击的音调。她的**宣叙调**在 #9B大调四重奏 "噢,不要听那些迷人的音调"(Non ti fider, o misera)之前,以罗斯克称之为"欺骗"乐旨而结束,当然这四重奏本身开始于"默默抱怨"的表白音调:

例 21

在最后的乐段,我们再次辨认出"欺骗"乐旨。这里,乐旨的普遍化,其意义领域的扩大,已经在我们自己的听觉中,在我们自己眼前发生了。在**宣叙调**中,它仍然表达了唐璜·乔万尼的欺骗,他的自欺,具有共同的意义:不管如何,在爱尔维拉歌声的末尾,乞求着理解,它关注那些不可能解决的生活问题的总体性,被欺骗的后果。现在一个挣

① Jahn, *Mozart*, p. 367.

174

扎开始渗透进这乐旨的核心,它秘密地隐藏其中。奥特塔维奥和安娜 174
感觉到,这位悲哀而高贵的女人具有一个悲惨的秘密,它涉及唐璜·
乔万尼。爱尔维拉最后的乐段在管弦乐中持续回响着,它的声音恼人
地纠缠着他们。他们不能再排除它,被同情和尊敬触动的声音再次在
其中鸣响。这乐段紧紧地笼罩着整个场景——使用雅恩的比喻,"像
一句隐藏着谜底的钥匙的箴言一样"①。爱尔维拉、安娜和奥特塔维
奥绝望地、竭力地去表达一个具有普遍意义的谜语,尽力使之成为他
们自己的,尽力去理解,尽力在这旋律中解开这个谜。用阿贝特的话
说,这旋律真正犹如"被唐璜·乔万尼践踏的妇女的普遍哀悼"②。显
然,对普遍意义的唐璜·乔万尼而言,爱尔维拉事实上是很危险的,因
为不仅她的挑衅而且她的绝望,皆是对唐璜·乔万尼原则的揭露。

　　唐璜·乔万尼本能而正确地感受到这点,他以无耻的优势贬低爱
尔维拉的悲剧以及整个情境。伴随迷惑的"箴言"乐旨,他追求一个看
似"巨大的"游戏:

例 22

for - se si cal - me - rà, 　 for - se - si cal - me - rà!

　　这种粗鲁的嘲弄完全激怒了爱尔维拉,她竭力带着焦虑的绝望让
人理解自己。她的声音开始具有其通常听到的古怪特征,因而证实了
唐璜·乔万尼的胡言乱语。但是,安娜和奥特塔维奥不再能够被误
导,他们没有误解爱尔维拉的情感状况。他们被大量的"无名的痛苦"
(ignoto tormento)所感动,并尽最大努力去理解其秘密。现在问题极为
尖锐:安娜和奥特塔维奥几乎迷糊地认同爱尔维拉(两个渐强的暴风
雨般的三连音符的跳跃),尽管爱尔维拉绝望地感到不可能真正地被
理解(歇斯底里的类似尖叫的旋律)。当他们更大限度地接近爱尔维

---

① Jahn, *Mozart*, p. 358.
② Abert, *Mozart*, p. 412.

拉时,她就更远地离开他们。安娜的声音现在重新回响着深深的同情,不仅被仁慈而且被爱尔维拉秘密承载着某种与她自己命运的不为人知的关联这一洞见所激励着:

175　　　例 23

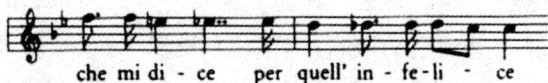

che mi di - ce　per quell' in - fe - li - ce

在这之前,我们听到安娜几乎丧失了的声音,在序曲里,在她与唐璜·乔万尼的斗争中,她寻求帮助(见例4)。奥特塔维奥也具有安娜的变化音,他以前从未对爱尔维拉怀有如此多的同情,然而他不能建立深厚的关系,他偏执地不断重复一个简单而空洞的情感乐段。任何真正的理解已变得不可能,每个人强调了并独自宣称"不"。多亏莫扎特艰难的重大发现,爱尔维拉现在表达了她的绝望,其旋律是简单的、屈从的、干扰而回旋的、无形式的、永远运动着的、语言上可触摸的。这无尽的旋律由纯粹的自我重复组成,本身再现了爱尔维拉生活的荒诞性。拆解这秘密的斗争是无用的。在正常的被引诱的人与后来被抛弃的人之间,不可能建立起一种关系,一个相互的理解,这是围绕唐璜·乔万尼而形成的世界的最伟大悲剧。

莫扎特在这里证明,他自己是音乐剧技巧和效果的无与伦比的大师。安娜、爱尔维拉、奥特塔维奥和唐璜·乔万尼的四重唱在严格的戏剧艺术意义上是戏剧性的。然而,在貌似戏剧斗争的过程中,日益明显的是,这斗争并非是身体的,而是精神性的。斗争的焦点是不可言说的,不可界定的。音乐借助其自身的理智的匿名和情感的明晰性,能够通过持续的犹如姿态的重复来唤起不能表达、不能界定的东西。

慢慢地,这戏剧卷入神秘的抒情氛围之中。当这种虚无的神秘的氛围不可能渗透时,对手们就撕裂了自己,重新划出戏剧力量的清晰而客观的线来。戏剧高潮几乎在眼前,然而真正的冲突仍然不可界定,不可言传,是非客观的,因而在关键时刻戏剧又转变为抒情,转变为氛围。但是,这种不可界定性、怀疑与不可解决的氛围变得如此浓厚与不可承载,以至于每个人——四个舞台人物以及观众——都能够感受到这氛围的张力和浓度不能支撑了。最不可预料的事情,一个离题的闪烁,将充分地创造一种爆炸。甚至瓦格纳也不能接近这种集中,这种情景戏剧的浓密性。在整个歌剧史上,其他任何的不祥的自我挫败时刻不像这四重唱结尾的整体休止的瞬间。 176

　　爱尔维拉绝望地消失了,她离开了舞台。在安娜和奥特塔维奥的意识里,在他们的整个感觉中,萌生着一种厌恶感,一种不可界定的不适,他们不会脱离也不能征服这种感觉。唐璜·乔万尼没有把这种氛围内在化,但是感觉到这种氛围外在的危险,他希望自己摆脱这种情境。他作为一位贵族的冷静的基调,惯常的宣叙调为安娜提供服务,然后匆匆离开了。

　　例 24

a - mi - ci,　　ad - di - o.

　　罗斯克在这种离别表达式中注意到了"欺骗"乐旨(升E－A－B)。[1] 正是无意的口误,唐璜·乔万尼的自发的自欺,不可预见的闪耀之星成了不可避免的爆炸,对安娜来说,这种谜在基本力量的内爆的光芒中变得明晰了。更准确地说,这谜的意义之一被暴露了:认出了她父亲的谋杀者。#10 **宣叙调**和 D 大调咏叹调["唐·奥特塔维奥,我迷糊了"(Don Ottavio, son morta);"你知道是谁夺取了我的荣誉"(Or sai chi l'onore)]以 C 小调中的极准确的和表现性的管弦乐的对比开始。大提琴和低音提琴的语调乐句,激起深深的犹如山峰一样的波浪,这乐句描绘出安娜整个存在的焦虑,这种把她抛向虚弱之极的厌恶感几乎在身体上可以感受到。但是就算仁慈,她也不是一个健忘的人。恐怖的声音通过管弦乐有力地喷出。重要的是,这厌恶感

――――――――
[1]　Noske, *Musical Affinities*, p. 201.

的膨胀,这恐惧的喷发,独独地联系着谋杀者的辨识,绝不关联这感官或色情的领域。这辨识是最终的,"他就是我父亲的谋杀者"(quegli e il carnefice del padre mio)之后的完全休止暗示出,这不再是怀疑而是确证。奥特塔维奥敬畏地注重安娜的言辞,她所说的东西是如此不可预料,听起来如此奇怪,以至于看起来是陌生的而不是恐惧的。奥特塔维奥的爱让他只接受温柔的情感,而对安娜创伤的经验,他是不理解的、无助的。安娜把那晚的事情和他联系起来。她的声音,开始是平静的、描绘性的,后来变得愈来愈焦虑。当奥特塔维奥领会到他的所爱也处于危险之中时,他也被情感制伏了。他整个生活充满了他的爱,它界定他的世界观,以及他如何关联它的方式。他也只能够体验直接涉及他的爱的东西,他根据其欲望改变现实。因为当安娜涉及她自己的审判时,奥特塔维奥最终真正地同情她,他真正地动摇了。但是当安娜关涉事件,她就日益变得情感性的,好像她正在复活它们,当她唤起求助之声时,恐惧之声从管弦乐那里产生了。似乎被这缓解了,她又以更平静的音调继续她的故事:没有人来帮助她,不为人知的袭击者强有力地拥抱着她,她想,一切却丧失了。奥特塔维奥现在真正骚动了,几乎绝望地爆发。也许现在,安娜才感到情境的严重性,她厌恶地涉及她的绝望的挣扎和逃跑。这描绘也揭示了,安娜是完全默然于唐璜·乔万尼的感性力量的,她的绝望只是由于她体力明显的不平等,而不是由于对色情天赋不可抵抗的经验。

只有正在这里,在安娜的咏叹调中,传统复仇的咏叹调——联结对立人物的音乐形式——积极的、挑衅的与消极的、痛苦的——才成功地(可能在歌剧作品中仅有一次)表达出个体性的本体论问题。

事实上,这种复仇咏叹调不断出现自我矛盾。上述提及,安娜想为父亲之死复仇,奉行骑士惯例是她的基本职责。既然她知道并认出了谋杀者,那么她的信念将带着新的强度进行更新。她的违抗感觉突然转变为热切的复仇欲望,咏叹调的开始——管弦乐可怕的轰隆声和暴力的姿态表达,语词乐句的巨大的音调和切分的节奏——带着其强

178

有力而惯常的音调准确地表达了她瞬间的盲目激情。

不过,就安娜而言,代理圣职的谋杀实质上只具有一种后果:她生命中的情感和依恋的基本王国没有了对象,因而她人格的平衡被打破了。安娜等待着在完全新的基础上重建和重新安排她的生活。不过,正如她所不能理解的,这个过程不能从外面加以促进。无疑对安娜而 178 言(她自己懂得这点),奥特塔维奥的爱再现了她生活的方向。然而,这种认识在瞬间没有解决什么事情。安娜必须认识体验她曾建立起来现在被打破的世界的完全坍塌,只能在她自己需要的基础上得到帮助,来辨认依恋和感情,这就是歌德在他给夏洛蒂(Charlotte von Stein)的著名诗里所称的他们之间的"真实关系"。

这里,莫扎特的程序在艺术上是充满问题的。内在于歌剧样式中的要求是,音乐剧和舞台是一致的,在音乐发展中的所有细节都应该在舞台上演出的剧本里找到其相应的戏剧部分。在《费加罗的婚礼》中,莫扎特在歌剧史上唯一完美地解决了这一任务。不过,安娜的咏叹调不能充分地在舞台上发生。这就为整个作品提出了新的问题。音乐剧和舞台剧的维度被混淆了。极为典型的是,女性复仇在唐璜·乔万尼的戏剧中没有发挥真正重要的作用。事实上,被引诱的女性形象始终有些模棱两可。以伪装和欺骗实现的引诱就其显著而原始的残酷性而言既是愤怒的,又是可笑的。其唯一的功能就是强烈地抨击唐璜·乔万尼,虽然对被引诱女人的后果超越了戏剧再现的范围。这可以从每一个唐璜·乔万尼戏剧那显而易见的前提中推出来:唐璜·乔万尼并没有一个真正属于人类的对手。人物性格的模式也相应地被描绘出来。原则上,这情景也在莫扎特的歌剧中产生了。在音乐上,莫扎特按照这种精神描绘安娜的戏剧。这位人物的矛盾性格、复仇的巨大欲望的补偿性本质,透视出她内心的弱点,她比不上唐璜·乔万尼。不过,在舞台上,这种矛盾性消失了,含混呈现为复杂性,个人弱点的补偿看起来是真正优越的。安娜咏叹调在其实际的现实化中是绝对英雄的,因而舞台人物的音乐形象看起来更巨大,安娜成为唐璜·乔万尼的平起平坐的对手。这种印象不仅对立于作品的核心理念,而且很快在舞台上站不住脚。没有在事件中实现的、热切的复仇欲望,在舞台上是极有问题的,而且也是喜剧的。不过,在这歌剧中,甚至一点喜剧的暗示也不能投射到安娜的形象上。因而在咏叹调的英雄质性和安娜的无能之间存在着一条裂痕,这不能在舞台上沟通。自然,这些问题在音乐中被解决了,但关键在于,安娜的音乐剧不能符合逻辑地退回到舞台上。正是在咏叹调中,我们首先面临这种现象——在《费加罗的婚礼》中还不为人知的——音乐剧和舞台剧的一致性被打破了,两者的状态被搅和在一起,音乐本身逐步地脱离了舞台的基础。

这个问题不同于下述事实,即莫扎特的音乐不断地超越剧本的限制,音乐行为始终不同于剧本中安排的戏剧框架,在莫扎特的歌剧中,只有音乐再现才具有审美的本真性。所有这些都是真实的,但是——正如我们以前所说——音乐再现和舞台再现的一致性,音乐完美地转变为舞台,这是这种样式的内在要求。毫无疑问,在《诱拐》(*Abduction*)中,莫扎特已经激进地超越了剧本的可能性,然而音乐观念自然能在舞台上实现。《费加罗的婚礼》是唯一性的杰作,恰是因为这点。但是在《唐璜·乔万尼》中,这种内在的原则本身成为问题。这不仅仅是瞬间的,安娜的 D 大调咏叹调并非是一个例外。

奥特塔维奥的再现也许更有问题。不过,这里,音乐和舞台的一致性按照相反的方向被打破了。舞台上人物的意义没有贴近其音乐的意义。我们已经看到,奥特塔维奥是一个痴情的主人公,他整个存在,他的生命只充满着爱,他能理解和体验的是直接地涉及他的爱的东西,他无意根据他的欲望改变现实。我们已经看到,这种态度具有极为矛盾的后果:一方面,那儿有他的无条件的奉献,作为一个个体的本真性以及他自己,他提供安娜的未来生活;另一方面,它导致某种误解以及实际行动的赢弱无能,这就形成了两者之间也许是下意识的不可言说的张力。对戏剧呈现的方式而言,这一切都使奥特塔维奥这形象颇有问题。在以前分析的场景中,当揭露了唐璜·乔万尼之后,奥特塔维奥的心理的问题性的层面就凸显了,他的形象戏剧性地丧失了精神境界。我们可以看到,他不理解安娜的真实问题,当她反复讲述她的故事时,他每一次情感表达都是担忧未婚妻的命运或是缓解心情。甚至在安娜的咏叹调之后,他以惯常的**宣叙调**,几乎有礼貌地吐露出他强烈要求复仇的义不容辞的愿望。当然,这都同样来自于奥特塔维奥的性格,不过,这也就是他的性格是非戏剧性的缘由。但是,奥特塔维奥不是以反讽来定位的。

奥特塔维奥形象的问题完全展现在随后的 #11G 大调咏叹调"我依赖于她的幸福"(Dalla sua pace)之中。这咏叹调的戏剧性因素包含着奥特塔维奥形象的渺小的身材和他音乐的伟大问题之间的矛盾。但是就莫扎特而言,我们不能完全从片面的戏剧艺术的视角判断这一矛盾,然后偶然地、宽恕地承认这音乐的美。

奥特塔维奥的 G 大调咏叹调的美是如此得到重视,如此重要,以至于需要对之进行更仔细的考察。恰恰在咏叹调伊始,G 大调的弦乐和音以及把和音的内在结构展现为旋律的男高音,听起来具有古典音乐的双重意义的基本概念:同质的大调和音与三和弦,达到总体的美。奥特塔维奥借以有效地确定自己的整个旋律——"借助于修饰与破碎的和音自发地展现出来"①:

例 25

Dal-la sua pa-ce   la mia di-pen-de;

在首句的第二部分,奥特塔维奥的"调号"、下降的音阶也出现了(见例 9)。乐句表达形象的实质程度由这种事实来产生,即它再次在他另一个 #22B 大调咏叹调中表达出来:

① Bence Szabolcsi, *A melódia története* (*The History of Melody*) (Zeneműkiadó , 1957), p. 170.

例 26

e del bel ci - glio il pian - to cer - ca - te - di a - sciu - gar,

主音积极的声音涂上了一种亲密的、精美的、梦幻的音色,这旋律催生下一句押韵的旋律乐句。前两句押韵句子的表达是完全和谐的:它明确界定了包罗万象的单纯的奉献之爱情。但这里很显然,奥特塔维奥也体验到创伤。顿时,他痛苦地意识到安娜的悲痛,无助的同情之声音痛苦地响起来,最后突围出来:

例 27

quel che le in - cre - sce

然而在顶峰戛然而止,它没有产生行动,休止的空虚吞没了情感。痛苦内转,一切生活变得是没有目的、空虚的,如果安娜内心和平没有重新恢复,如果她没有发现自己处于爱河之中,那么对奥特塔维奥来说,这意味着死亡。

例 28

mor - te mi dà, mor - te,

这不是纯粹的空间的乐段,并非好高骛远的宣言。莫扎特的音乐没有给人留下怀疑的空间,根据奥特塔维奥生活的逻辑,这结果是不可避免的。第一乐段决定性的单纯,下面是弦乐的渐强的声音,随后是小号的坚强的鸣响,昭示着不可避免的和不可挽回的结果。不过,不可避免与不可挽回的经验消除了决定性,尽管它激起了恐怖的绝望:在"morte"这词之下,以几乎不能听的恐怖歌唱,在日益上升的变化音的弦乐句中,借用乌伊法鲁西(József Újfalussy)的话说,呈现出"冰凉的、日益增加的、恐怖的、真实的音乐形象"①。咏叹调第一部分的情感逻辑在人性层面是完全一致的与本真的。莫扎特能够以不加 182 修饰的 17 个小节概括奥特塔维奥以及痴情主人公普遍存在的潜能,更准确地说,他的生活变为荒诞的过程。奥特塔维奥忠实于自己,没有装腔作势,他体验并思索他的命运,在他的命运中,不存在摆脱出来回归世界的可能性。假如奥特塔维奥失去了安娜的爱,那么他完全会是回忆性的,将处于危险之中。他的存在只能在替代性的爱情中、在安娜那里找到现实的满足。咏叹调第二个 G 小调部分就讲述了这点。奥特塔维奥意识到,他只能同情地涉及安娜,只能在完全认同这姑娘感情的过程中寻觅到自己生命的潜能。这种认识对他来说现在很自然,音乐借助于弦乐的平稳的断音以及木管乐器的叹息声的模仿带入了平衡——几乎过多的平衡。奥特塔维奥的声音也充满着绵绵的多愁善感。

但是这情绪的缓解仅是暂时的,正是同情自身的动力接续了这种缓解并将之推向日益焦虑的情感。管乐队中不断下降的铜管乐、弦乐颤音,逐渐流露的内心骚动,然后双簧管、小提琴、低音管和中提琴敏感(下降的和上升的)有色的表达,这些准确地描绘出愤怒和哀悼的现实。这种认同的经验赋予奥特塔维奥以一种全新的向度,的确对他产生了净化的效果,确定性——"我分享她的悲痛、她的希望和她的恐惧"(e non ho bene,s'ella non l'ha)——被转变为显著的积极性:前面下降的铜管乐开始飙升,弦乐两个**渐强**音和颤音变得更加注目,音乐、内心嬗变达到最高点。这时,无形的激情风暴被幻想的神秘之光

---

① József Újfalussy, *A valóság zenei képe* [*The Musical Image of Reality*] (Zeneműkiadó, 1962),p. 88.

所照亮,奥特塔维奥的调号乐旨出现了,转到 B 小调(比较例 9 和例 26):

例 29

e non ho be-ne,

这乐旨和咏叹调起初相同,也有差异。它表达了相同的心理状况、相同的存在意义,但开始呈现的是对天真无视世界的存在,是一种认同自己的自发情感,而现在激进地陷入世界,是他自己、他的爱和整个世界的最终结合。认同另一个人,作为存在唯一的可能性,这种感情的直觉体验产生了音乐表达的浓度和缥缈的质性——几乎可以视为舒伯特的预示。的确,这作为生命潜能来说是悖论的,那儿存在着某种荒诞的东西。似乎奥特塔维奥也同意了这一点。情感逻辑无意地又一次极为接近:

例 30

e non-ho be-ne, s'el-la non l'ha!

cresc.

在声音部分的最后乐段中很容易辨识出"我之死"(morte mi da) 的乐旨,在铜管乐迅猛加强的音段(见例 28)中可以再一次辨识出心理的凝重。因而,隐匿的循环就形成了。咏叹调第二部分不再是一种机械的重复。奥特塔维奥通过两条道路重新思考了他存在的可能性,并开始认识到,安娜的不幸福意味着他的毁灭。这种确定性使他摆脱了所有的恐怖与死亡的害怕。同时,简短的结尾,开始是微弱的无奈的声音(长笛、双簧管、低音管),最后则是内心征服的欢乐的音乐(整个管弦乐队)。

这段咏叹调远远胜过"感伤的意大利咏叹调的完美典型",它不仅仅是"温柔爱情的流泻",不独为"莫扎特最美的爱情咏叹调之一"。它借助音乐－戏剧情境的手段,是内在于其中的本体论问题的准确而一致性的画卷。形式的实质是丰富的美以及感伤态度的危急状态。美最直接地由旋律来传达。奥特塔维奥完全生活于他的旋律中。正 184 是在他的旋律中,莫扎特在歌剧中找到了旋律最个人化的呈现。

这种比例恰当的均衡结构,就乐句和音色而言是同质的,这种犹如真正自然现象一样的构型就是**美声唱法**(bel canto)的产物。**美声唱法**被萨波奇(Bence Szabolcsi)恰当地称为一种世界观。① 这世界观的实质就是美本身,但不是在抽象的艺术意义上的。美表达了人类的结构。② 美是天真的、可感知的,然而也是道德和谐的表达以及人类人格与生活方式的风格。雅恩指出,在莫扎特那里,意大利歌剧的男高音已经变为"人类爱与温柔的媒介"③。更宽泛地说,他把整个**美声**(美的歌唱)创造为美的个人即人类关系的人性实质的音乐媒介。

歌德在研究温克尔曼过程中讨论古代友谊时,他提供人类关系和美之间的关联的细腻分析。这种关系的特征是:

> 爱的义务的激情实现,在一起的快乐,对另一个人的奉献,终生的坚定的体贴,无条件地白头偕老。即使对友谊的深切要求的确创造和形成了其对象,但是对古代心灵来说结果只有单方面的道德幸福。外在世界几乎没有提供相关的

---

① Bence Szabolcsi, *Mozart*(Dick Manó Kiadása, Budapest,1921),p.49.

② G. Lukács, *Az esztétikum sajátossága*, vol. I (The Specificity of Aesthetics) (Akadémiai Kiadó,1965),pp. 280 – 281. G. Lukács, *Goethe*: *Faust és Puskin Helye a világirodalomban* (A Világirodalom I. C. tanulmánykötetben)[Goethe's *Faust* and Pushkin's place in world literature in *World Literature*, Vol. I](Gondolat,1969).

③ Jahn, *Mozart*,p.670.

一致性的需求和满足,一个对象似乎还没有出现。我们思考着感性美的需要,思考着感性美本身:因为自我增强的大自然的最后产物就是美的存在。不过,它只是偶尔地创造出来,许多环境对立着其理念,甚至全知全能也不能长久地保持着完美状态,使创造的美永恒,因为我们能够说,严格地说,美的人只有在瞬间是美的。

奥特塔维奥人格的重大意义可以被音乐艺术的整体和谐在其自身有限的性格中表达出来。不过舞台上的情境是不同的。那儿只出现一个心胸狭窄的羸弱的人,在批判性和戏剧性情境中,他不是做有价值的事情而是长时间歌唱,尽管很美。不过矛盾比雅恩或阿贝特所感受的尖锐得多,普遍得多。问题不在于,奥特塔维奥的咏叹调没有任何大的瑕疵。但是音乐 – 戏剧本身日益脱离歌剧舞台,似乎新的戏剧关系、新的关联正在音乐中形成,然而这不能在舞台上被表达出来。在音乐戏剧中形成的结构性价值 – 兴趣不能转换到舞台上,这些价值 – 兴趣只能够被扭曲。这些问题已经被我们讨论的奥特塔维奥的咏叹调以及其后的唐璜·乔万尼的咏叹调提出来了。

所谓的"香槟酒"咏叹调并非仅仅是唐璜·乔万尼本质自我的表达,而且是戏剧关系的载体。首先,它关涉以前的唐璜·乔万尼性格的表现。此外,我们已看到,在序曲第二部分,D 大调活跃的部分,感性王国——即他的第一次作为力量的诞生,不是作为个体的唐璜·乔万尼——被音乐直接地全部呈现出来了。唐璜·乔万尼第二次出现于里波锐罗所谓的"目录"咏叹调之中,在第一部分更加普遍,第二部分更多的是作为个体,但完全是喜剧性人物。只有现在他才以真实的面孔令人注目地出现在舞台上。因而"目录"咏叹调和"香槟酒"咏叹调密切联系,在它们的相互关系中呈现出**另一自我**的矛盾关系。

其次,莫扎特把唐璜·乔万尼视为关涉现实性的一个理想。莫扎特再现了唐璜·乔万尼的道德冷漠,把这种冷漠视为他在这神秘的时

185

刻对安娜、代理圣职、爱尔维拉以及热琳娜所犯的罪孽。在咏叹调一个最暴露的时刻中,唐璜·乔万尼无意识地袒露了自己,正如罗斯克已经注意到的,他说出了"欺骗"乐旨:

例 31

这乐段,由长笛和小提琴和谐地伴奏,带着其恶魔般的颤音,预示了韦尔迪(Verdi)的著名的无赖之徒:依阿古(Iago)和阿尔比安尼(Paolo Albiani)。[①] 审美的冷漠是唐璜·乔万尼而非莫扎特的特征。

186

最后,"香槟酒"咏叹调也直接地关联着前一部分。阿贝特把最初的布拉格的歌剧版本视为本真的,他强调安娜 G 大调咏叹调和唐璜·乔万尼咏叹调的精湛对比。[②] 不过,似乎引入奥特塔维奥 G 大调咏叹调,产生了更丰富和更有意义的对比。这里不仅是对比性的情绪,而且形成了对立观念、价值的直接对照。司汤达(Stendhal)在论恋爱的书中,已经对照了唐璜·乔万尼形象和维特(Werther)、圣·保罗(Saint‐Preux),即痴情主人公。唐璜·乔万尼的模式更大、更辉煌,但他是一个恶棍,以罪恶为幸福(可能与司汤达的假设相反)。奥特塔维奥形象更渺小,更苍白,是一个被置身于舞台背景也置身于生活的人物,然而他并非是恶棍。较之于唐璜·乔万尼,对奥特塔维奥的爱情的描绘在莫扎特作品中既不枯燥,也不感兴趣。两个人物在道德和非道德爱情的力量方面体现的美不是那么不平等,而是说,他们的不平等具有历史意义。阿格妮丝·赫勒——根据司汤达的论证——清晰地表达这点:

---

① Péter Várnai, *Adalékok Verdi operáinak negative tipizációjához.* [*Additons to the Negative Typecasting in Verdi's operas*](Magyar Zene, 1966/5)。

② Abert, *Mozart*, p. 414.

维特或圣·保罗都是正派的、极其敏感的，甚至多愁善感，具有爱心的、体贴的市民。然而不能战斗、不具有英雄主义、不能为赢取他所爱的对象而进行斗争。他们和唐璜·乔万尼，其时代的忠实的代表自然针锋相对。诚实而可爱的资产阶级小伙子，其心灵远远地摆脱复仇，从来不用手枪指着任何人，与贵族的憎恶世界没有任何共同点，他至多与自己作对。有尊严的市民和有爱心的人很容易屈从——这不是奥特塔维奥的形象吗？奥特塔维奥难道不是启蒙运动时期著名的感性主人公维特或圣·保罗的双胞胎兄弟吗？唐璜·乔万尼更强大、更确信，甚至更伟大——但是这种伟大没有考虑到他者。这是非道德的自私自利的伟大。维特、圣·保罗、奥特塔维奥是平庸人物，但是这些人可以值得信赖，因为他们更多地考虑到他人，更少考虑到自己。所以，奥特塔维奥这种人物既不是莫利纳(Tirso da Molina)，也不是莫里哀，而只是莫扎特特有的人物。这人物被启蒙运动所创造，是第一个不确定的然而也是新型的中产阶级纯粹代表，他许诺一个更安全的道德秩序，不是通过他的行动，而是通过他的纯粹存在。正是奥特塔维奥这个人物把具体的唐璜·乔万尼的死亡转变为唐璜·乔万尼主义的死亡。①

事实上，就莫扎特而言，奥特塔维奥的形象和唐璜·乔万尼的形象一样具有诗性，这具有核心的意义。它触及歌剧作为音乐－戏剧的核心。我们想到的是，在音乐上，在奥特塔维奥的 G 大调咏叹调中，第一次在行为的过程中强迫地呈现出一个决定性的因素，这个因素将改变命运的途径，它只有这时才得以独立地表达出来，然而过去潜伏在音乐－戏剧的行为中：道德性，这是"唐璜·乔万尼综合征"的此岸感

① Heller, *Kierkegaardian Aesthetics*, pp. 356 – 357.

性天赋的对立原则。我们看见过,序曲承诺出形而上的世界－戏剧,即在精神与感性之间的挣扎。然而在戏剧的开端,唐璜·乔万尼的恶魔般的力量已经被一个个体、一个道德存在的抵抗弄破产了。从这里开始,有效性并非道德的世界秩序的力量,用日益增强的艺术性进行再现。因而歌剧中命定的问题在三种力量——形而上的精神、感性和现实－世界道德性——之间的关系中被提出来,这几方面是不对等的。不过,音乐－戏剧要回归舞台日益困难。道德的世界－秩序因为其静态的特征,它不能在舞台上表达出来,因而其有效性不能呈现在歌剧舞台的审美潜力中。莫扎特的《唐璜·乔万尼》原则上只是一部以音乐为媒介的本真的艺术作品,它不能充分地在舞台上实现。

　　"香槟酒"咏叹调之后,歌剧的焦点再一次转向舞台。在唐璜·乔万尼宫殿的花园里,热琳娜正努力安慰着马塞托,她为其清白辩护。用雅恩的话说,从 #13 大调 "鞭打我吧,我的好马塞托"(Batti,batti,a bel Masetto)开始,明显的是她"与引诱者的邂逅在心灵中已经萌芽,形成并改变着她与马塞托的关系"①。乐谱透露出——正如阿贝特正确地指出——热琳娜从唐璜·乔万尼那里领会了许多。② 最重要的是,她已经领悟了引诱的炫目的声音,柔和乐句的谄媚的、催眠的和谐,安慰人心的三度音和四度音,运用手段和效果的技法。但是这种技巧不是冰冷的有意的操纵。如果热琳娜更自由、更自信地对待马塞托,那么这不意味着,她已经领会了"交易",而是意味着她作为一个女人日益自由与自信。我们已经看到,唐璜·乔万尼帮助她辨认出自己的潜力。热琳娜意识到,这些潜力就在她自己的生命中。因而咏叹调描绘了双重的过程:通过日益不可抵抗的内心解放和实现的感情,她欺骗马塞托的成功获得了价值意义。对热琳娜而言,这咏叹调是真实的自我－实现的迹象。

　　但是热琳娜只有通过唐璜·乔万尼才能被唤醒到她的女性、自己

188

① Jahn, *Mozart*, p. 364.
② Abert, *Mozart*, p.416.

本真的潜能。不过,在这自我实现之前,她具有一种来自于爱尔维拉咏叹调的、困惑的、警惕唐璜·乔万尼的经验。这种警醒使她回到她的未婚夫那里。然而现在,她作为一个完全新的人涉入到他们的关系中。她比以前更成熟、更丰富。她公正地在咏叹调中以自己、以她感性的解放而狂喜。有关热琳娜极为有趣的事情是这种同化感性的解放、她女性潜力实现的能力;但是她能以适应日常生活的关系丰富这种能力。从外部因素,从唐璜·乔万尼的存在,莫扎特阐明,热琳娜那些真实的人类需要具有某些合理性。同时,他也说明了唐璜·乔万尼存在的人道主义意义的局限性。

因而,热琳娜扩大和加深其潜力后,幸福地回到她自己的生活之中。但是当听到遥远的唐璜·乔万尼的声音,她就害怕起来,不仅因为唐璜·乔万尼,而且因为她自己。她感觉到她不能抵挡诱惑,怀疑这一事件会给她带来难以想象与不可弥补的伤害。她只有一个念头:逃避。当然,马塞托根本不理解热琳娜的真正的动机。他相信,热琳娜为清白辩护只是一个假象,她现在害怕面对。恰因为这点,他不会让步。这就是终曲 #14 第一幕的情境。终曲的第一个场景再现了马塞托和热琳娜之间屈从而激烈的争吵,他试图揭露她,她渴求逃避,这两者之间的冲突也得到再现。通过对比马塞托忌妒的顽固执着和热琳娜绝望的挣扎,莫扎特忠实地阐明了这位男人致命的感性迟钝和精神的完美与他未婚妻的丰富感性之间的差异。这场景不单单本身是有效果的,其重要性不仅仅是舞台场景序列的联结点,它所阐明的人类不平等,以直接的形象力量指向整个框架的核心。

这一场景形成了与终曲音调鲜明的对照。随着戴着面具的奥特塔维奥、安娜和爱尔维拉的到来,气氛变成了悲剧式的。简短的弦乐形成后,就过渡到 D 小调。长笛、低音管和双簧管同音的下降钢琴乐旨的音调,使人回想起前面引述过的爱尔维拉的降 E 大调 #3 咏叹调的乐段转折,并唤起类似的精神。这里也引入了爱尔维拉的部分,以显著的 D 小调基调开始,以前被安娜无意识地表达过(比较例7):

例 32

Bi - so-gna a - ver co - rag-gio,

这里的基调意在指出，被凌辱的人决定要揭露唐璜·乔万尼。阿贝特让我们注意到这场景的一个关键元素：

正是一个微小而娴熟的细节由爱尔维拉引导着，在细节被凝结为一个完整的演出之前，并且她在旋律上拖长了奥特塔维奥，同时，安娜追随着她自己的乐句。但是她没有按复仇的咏叹调的意思做，虽然日益贴近她生活的真正目的。她仍然因真实女性的怯懦而害怕做出决定，特别为未婚夫担忧。

这种新的感情以基本的力量在安娜的 D 小调旋律中喷发了：
例 33

Il - pas - so è per - ri - glio-so.

但这音乐不能承载，变成了 G 小调。温柔的爱与非人性的焦虑在安娜的旋律中表达出来：

例 34
190

te - mo pel ca - ro spo - so, pel ca - ro spo-so,

这被动的痛苦不能转变为行动，因此找不到释放。感情的动力走向完全迷失的经验；声音瓦解了，它是孤立的。在第 26 小节里，安娜命运最重要的转折点之一被再现出来。只要她不是把复仇作为要求而是作为直接的任务表达，那么她就必定意识到，复仇的危险与复仇

191

的意义比起来是多么不成比例。她必须马上体验到,她对复仇是陌生的,这不是她的真正生活目的,在另一方面,她真正地爱着奥特塔维奥。安娜现在意识到,她正借复仇的愿望把爱情严重地推向危险之地。有了这种意识,她的悲剧性意识从各个角度得到了强调:安娜能够在她心灵中平衡爱,复仇对这种平衡来说是一个必要的然而并非充分的条件。然而复仇也许会牺牲掉她爱人的生命,她所有的努力都与目的背道而驰,因而她的迷失感具有现实的基础。这些事件转折最悲剧性的是,当安娜最终知道奥特塔维奥对她意味着什么时,她的情境变得更加糟糕。有了这种认知,她没有解决这种存在问题的希望,从客观角度看,这个问题对她来说只有唯一一条真正的出路。好像在这时,安娜以不可抵抗之努力走向命运的低谷。

不过,莫扎特就此以一种强烈的对比打破了这场心理剧。从宫殿传来的可以听到的小步舞曲声,里波锐罗发现了假面舞人,主人叫他邀请他们到舞会。这个邀请、邀请的思考及接纳,完全适应小步舞曲的步态。这个邀请构建于矛盾性原则之上。惯常的平稳而中性的媒介奏出最富变化的抑扬效果。舞会的欢乐、唐璜·乔万尼的粗心的优雅、假面舞者压抑的情感和困惑、里波锐罗的笨拙的礼仪以及奥特塔维奥的高贵的风度都表达了出来。这场看似简单甚至平淡的场景,具有持续波动的情绪,它经历着不断的折射——"音乐外交的杰作",雅恩也可能谈及这点。①

191　　里波锐罗离开舞台,小步舞曲听不到了,接着是另一个重要的对比。假面舞者在进入宫殿前再次面对他们自己和他们的目的,为达到目的,他们寻求着上天的保佑。

阿贝特已经指出,这个 B 大调慢板是终曲的内心行为的核心。② 自从霍索开始,音乐学家已经把"假面舞"三连音一致性地解释为一个复仇的三连音,尽管有时愿意承认奥特塔维奥、安娜和爱尔维拉之间

---

① Jahn, *Mozart*, p. 264.

② Abert, *Mozart*, p. 421.

的差异,甚至语调也表达出极为细微的差异:

安娜和奥特塔维奥:天啊,保护我们的道路

真确地引导我们!

爱尔维拉:我要向他复仇

我所有的希望被他摧残

安娜和奥特塔维奥要上天来保护他们的心理追求;爱尔维拉希望,她被欺骗的爱情要得到复仇。莫扎特的音乐以细微的心理学阐明了这种差异。如果我们仔细地聆听安娜和奥特塔维奥的音乐,能够感觉到正在听一曲爱情二重唱。他们的声音以美化的感伤高扬着,这声音似乎从此刻预示了《女人心》(*Cosi Fan Tutte*)的情感的成熟,这种效果明显借助于管弦乐伴奏(主要是弦乐的处理),如小夜曲一样得到提高。① 这种加强的和谐之音、旋律性乐句、音阶与音调的伤感的转折,日益无拘无束,它们表达着平衡的情绪,体现出安娜歌唱所绽放的幸福,这些都表达着这一事实,即爱情的相互表达消解了所有的张力,和谐而愉悦地实现了两个人的存在。最后,在安娜的声音中引入了一个高贵的感伤的乐音,恰恰完美地适合经常谈及的奥特塔维奥感伤的"调号"乐旨。(比较例9、26 和29)

---

① 正是 B. 萨波尔奇在音乐学院的演讲注意到这部分和莫扎特以及那时普遍的小夜曲的明显关系。

例35

il ze - lo del mio cor!

192　　　这种乐旨首先被低音管,然后被双簧管,最后被单簧管和长笛重复,逐渐变得崇高而有意义。B 大调慢板的突然响起在《女人心》甚至《魔笛》(*The Magic Flute*)中,在氛围和乐旨方面暗示了某些瞬间性的高尚情感。

　　这里究竟发生了什么事? 是什么引起这独特的瞬间释放,引起如此深的具有吸引力的和谐? 几分钟前,安娜感到完全迷失,她即将陷入她的命运低谷;很快她进入唐璜·乔万尼的宫殿——她完全知道这一步也许是致命的。然而看来,音乐没有涉及离开世界(正如阿贝特所想的),张力的消解与和谐不是宗教的,它们不是来自于超验的经验。安娜的希望还是来源于亲密性,这是人类关系在爱情中实现的亲密性。在她的生命中,这意味着她已经找到了回归世界的道路。B 大调慢板的特点基本上被安娜支配,因为这是她已经确定地寻觅到世界的音乐。

　　然而,正是由于此,它的结构颇有问题。这个问题类似于奥特塔维奥 G 大调咏叹调的问题,但更为尖锐。安娜的个人发展更为复杂,比她在音乐－戏剧总体概念中扮演角色所要求的前进步伐更缓慢。从她的人格中得出——当然也从唐璜·乔万尼挑衅的干预中得出——她只能通过缓慢而充满危机的过程实现自己的生命。然而,在音乐－戏剧的总体概念之内,日益要求用安娜的生命去面对唐璜·乔万尼,好像生命已经实现了。人的现实化再现的动力与生命潜力的有效性的动力彼此交织。这里就产生了 B 大调慢板充满问题的本质,当然也产生了其深刻性。我们可以说,这部分不仅是终曲内心活动的中心,而且在某种意义上是"整个歌剧的神秘高潮"。作为奥特塔维奥 G 大调咏叹调和"香槟酒"咏叹调对比的结构主义的持续,爱情的"人性解放"在安娜和奥特塔维奥之间的关系中得到神秘而不可逆转性的描绘。尽管唐璜·乔万尼具有至高无上的优势性,就人性的本真性而言,唐璜·乔万尼综合征已经完全丧失了战斗。如果人性完整的爱在这个世界是可能的,那么唐璜·乔万尼已经走到了尽头。 ¹⁹³

场景的变化在音乐行为中意味着一种新的显著的对比,音乐在唐璜·乔万尼的宫殿中导入了舞会欢快的骚动。6/8 节拍的支配性旋律具有与 #5G 大调合唱的结婚曲相同的风格,在每一个细节上都是欢乐而闪耀的,然而在这里,在唐璜·乔万尼的基调中,它不是"幼稚而单纯的",虽然热琳娜、马塞托和农民们是这样的,相反它具有基本的力量,它不是不可抵抗的、横扫一切的。但是,当三位假面舞者进入时,贵族式的音乐取代了民间风味的开头。降 E 大调的 6/8 拍被打断了,一个有效的休止之后,2/4 拍 C 大调重要的**庄严乐段**(maestoso)那种兴奋而典型的音调响了起来。唐璜·乔万尼、里波锐罗、奥特塔维奥、安娜和爱尔维拉(他们已经把游戏的规则视为战略行动)带着赞美诗的感伤欢呼着解放。这种"自由万岁"引起了许多思考和晦涩的解释,尽管它明显地指向假面者、匿名者所获得的自由——以阿贝特的话说:伪装者的自由(*die Masken freiheit*)①——更准确地说是指向自由。司汤达完美地把唐璜·乔万尼对意识形态意义的态度加以特征化:

> 唐璜·乔万尼丢掉了他对同事承担的一切义务。在他的生活大事中,他犹如一个不诚实的商贾,一直购买但从不付钱。平等的观念激怒他,犹如水激怒风暴,这就是为什么出身名门的自傲如此恰当地适合唐璜·乔万尼的性格。正义的理想也随着平等权的理想消解了,更准确地说,如果唐璜·乔万尼出身贵族豪门,那么这些农民的理念从来不会接近于他;我公正地认为,我们更想要一个历史之名的载体,而

---

① Abert, *Mozart*, p. 424.

不是想要在煮鸡蛋时烧掉整个城市的其他任何人。

阿格妮丝·赫勒对司汤达的思考补充如下:"与其他人无关的造反,个体的造反是精英主义的,并且他自己本身必然带有非道德性。唐璜·乔万尼'永远的生活解放'是没有平等和兄弟情谊的解放的礼赞。"①恰是由于这种原因,这关键的舞厅祝酒不仅是有效的插曲,而且处于歌剧概念的核心之中。

194　　随着唐璜·乔万尼继续邀请跳舞,一系列场景出现了,这是由无与伦比的舞台艺术**华章**建构起来的。舞台上,随着三个连续引入的管弦乐,三个独立的然而也是相连的舞台就形成了。奥特塔维奥和安娜跳着第一个管弦乐的小步舞,唐璜·乔万尼和热琳娜跳着第二个管弦乐的逆舞,里波锐罗强迫马塞托跳着第三个管弦乐的德国舞。虽然在不同的音乐舞台上发生着不同的行为,但是每个人都留心着别人。演员彼此评论,事件塑造着每一个人。最对立的力量通过简洁而强有力的连接创造了日益增强的几乎不可承受的张力。唐璜·乔万尼比以前更激烈而焦急地纠缠着热琳娜,这位姑娘知道了,甚至说,她有些恍惚。同时,普遍的张力已经变得不可承受,丑闻显然"普遍传扬",就如只能在陀思妥耶夫斯基作品中才可能感受到的一样。最后,热琳娜的求助之声结束了这种不可能存在的事件状态。

　　热琳娜害怕什么呢? 明显而平庸的回答为他们提供了这个天真问题的解答。咱们更粗俗地问问:她期盼什么? 这个问题不是如初次提出来那样粗俗,原则上并非没有意义。的确,热琳娜也许已经感受到某种意想不到的事情。唐璜·乔万尼的每一个情妇最终都是无尽的孤独,从来不会找到内心的平和。这正是莫扎特歌剧中爱尔维拉的命运。爱尔维拉的 #8 大调咏叹调已经以这种命运提醒热琳娜。最多,这姑娘可能已经被音调困扰了,她没有理解其意义。这种警醒在

---

① Heller, *Kierkegaardian Aesthetics*, p. 357.

她的日常生活中,为她充分地找到自己甚至展现了她自己,摆脱了唐璜·乔万尼,摆脱了直接的引诱,然而保护她去反抗随后的攻击是不能被充分地理解的。唐璜·乔万尼再次出现,扫除了她以前的困惑的记忆,热琳娜不可能抵挡。不过,现在在实现的时刻,她必须从唐璜·乔万尼本人那里懂得色情天赋的恶魔爱情的真实本质,一切对她来说顿时清楚了。爱尔维拉的命运、她警醒的声音、唐璜·乔万尼恶魔的本质和她自己的未来成为一个直觉的联结点,热琳娜单纯、清醒而正常的存在最终自发地反抗这个恶魔,这几乎占据着她的命运。在歌剧和现实生活中,唐璜·乔万尼的力量第二次被一个个体、一位妇女的 195 抵抗打碎了。

因而热琳娜绝望的求助打断了尴尬的寻欢作乐,丑闻出现了。**快板曲**(allegro assai)表达了巨大的号叫。热琳娜逃走了,而唐璜·乔万尼扮演了一出傲慢无礼的闹剧:他说里波锐罗是引诱者,他从里波锐罗那里成功地挽救了热琳娜。唐璜·乔万尼展现了没有任何矛盾的自信的风格主义的最有效手段;**慢板**、管弦乐充满活力的姿态、剧本的切分音节奏的骑士音调,以及最后的有威胁感的颤音,都带有同音的弦乐的伴奏:

例36

这种颤音在唐璜·乔万尼的语词部分是相当矛盾的。一方面,它表达了他的贵族的优越性和歧视性,另一方面表达了他不受束缚的卑鄙。它始终呈现在重要的揭发性时刻,也因而在"香槟酒"咏叹调被引述过的例子中(见例31),出现于终曲的开始,处于极为类似的情景之中,但是面临马塞托后,它在多种场合具有重要作用。它的意义具有细微的区别,不过始终具有矛盾性:这种微小的自发的姿态直接揭露了这个个体的真实本质,事实上也泄露了他。在"香槟酒"咏叹调中,观众必须直觉到其真实意义,在终曲开始,恰恰是马塞托必须理解真实意义,在这里必须是所有客人群体对其有所真正的理解。

现在揭发时刻就在眼前,奥特塔维奥结束了这场闹剧。他的声音是明确而坚定的:

例 37

整个人类的世界的代表正在勇敢地对抗唐璜·乔万尼。现在攻击以快板开始,在整个演出开始的动力弧形(钢琴 – 渐强 – 强),这种能量显露了出来;这样一种势不可当的力量甚至使唐璜·乔万尼更为困惑。对立阵营的烦恼情绪愈来愈激烈地翻腾,唐璜·乔万尼完全困惑了。不过,此时发生了十分意外的事情。战斗最大限度地膨胀,最终势不可当,但是在这个过程中,它也倒空了自己,其重要性时刻只是一个欺骗性假象。从不断高涨的斗争链条中,明显的是,力量的表达及其效果是逆反地联系在一起的。夸大威胁的外在姿态遮蔽了内在的脆弱。音乐包含着这种矛盾,呐喊达到了其顶点:

例 38

然而并非外溢转变为行动。相反,整个过程重新开始。最初,唐璜·乔万尼不理解正在发生的事情。然后他慢慢地明白了,用这种势不可当的力量来对抗他,事实上是无用的。因而这个过程再次被完全重复,但没有达到以前的顶点。对手阵营逐渐失去了力量:

例 39

此刻,唐璜·乔万尼能够清楚地看到他对手的内在失败,他立刻

醒悟过来：

例40

Ma non man-ca in me co-rag-gio,

　　命运发生了转折。唐璜·乔万尼掌控了形势。他主宰了最后的加快(*più stretto*)结尾乐段的节奏和语词材料。对手阵营以为正在进攻,但不明智地被迫陷于防守的地位,并且被唐璜·乔万尼所控制。[197]在这种音乐情景中,唐璜·乔万尼的逃离不是英雄的,而是一个简单而及时的离开,有一点闹剧色彩。

　　当然,这种喜剧的情景深深地影响了唐璜·乔万尼。我们可以说,这里有特殊的意味,事实上是感性王国必须"逃之夭夭"(take to his heels)。但是这种情景喜剧的实质对对立阵营更为残酷。优势力量减弱,在其自己的呐喊中耗尽了力量,这不可避免也是喜剧的。然而他们的态度始终保持着严肃和正当。这种解释当然很明显:甚至最强大的人类力量在面对恶魔时也是无助的。不过,这里的问题是对这种事实的再现、可能的再现。联系安娜的 #10D 大调咏叹调,我们已经讨论了每一出唐璜·乔万尼戏剧的基本设想,即唐璜·乔万尼没有一个此岸的真正匹配的对手。而且,整个人类世界也不可能是其对手。不过,在莫扎特以前,这只能够残酷地加以表达。这种彼岸的干预在过去不是被感受到的恶魔力量,而是被人的日常的脆弱和唐璜·乔万尼的恶行来合理地证实的。蒂尔索(Tirso da Molina)和莫里哀均没有让唐璜·乔万尼面对整个对立阵营,这绝非偶然。在戏剧中,只有这种形式的两条出路:最原初的欺骗戏剧或者一种奇迹。两者均不适合唐璜·乔万尼戏剧的普遍概念。不过,在歌剧中,存在着另一种解决这种情景的可能性,它在于音乐:直接地表达不可抵挡的恶魔力量去对抗巨大的人类力量。然而莫扎特没有选择这种情景。更准确地说,莫扎特不是直接地表达恶魔力量而是间接地表达其后果,对对手产生气馁的效果。然而通过这种间接表达方式,艺术的实质性丧失了,再现成了问题。因为唐璜·乔万尼的失败和迷惑,描绘出了对手的强大力量,又描绘出了对手的脆弱。这种矛盾被莫扎特表达出来了——正如在安娜的咏叹调中一样——不是借助于音乐的结构而是以其实质性,以走向虚无的音乐过程表现出来的。这些都再次产生了音乐维度和戏剧维度的混乱:唐璜·乔万尼不可抵挡的力量不能直接地用音乐加以表达,对手阵营关键时刻的音乐的内在矛盾不能找到戏剧性的表达。然后就产生了悲剧和喜剧的杂交,即同质的容纳一切的悲-喜剧气氛,这在后来的六重唱中不能得到发展。最后,一切问题来自于唐璜·乔万尼的恶魔本质不能直接地通过戏剧来表达。唐璜·乔万尼纯粹是戏剧主人公,这个主人公就其声望而不是就其代表的原则来说,不同于《费加罗的婚礼》中的伯爵。然而这种再现——导致难以克服的艺术问题——来自于唐璜·乔万尼原则,《唐璜·乔万尼》作为音乐-戏剧的概念。

如果我们仔细地注意音乐过程,那么我们看见,唐璜·乔万尼变得慌乱并非在于他采取巨大力量的策略的时刻,而是在早得多的时候。对立性力量爆发所产生的威胁只是增加了他的困惑。肖(Shaw)正确地看到这点,从他们"使他面临自己的恶行"开始,唐璜·乔万尼就被打败了,困惑了。并不是说这会在道德上动摇他。唐璜·乔万尼辨认不出道德性,因而他不能逾越道德规范。不过,在舞台上,他无条件性的力量本质第三次破碎了,这次是很明确的。在安娜那里,他遇到了总体的失败;热琳娜最后造反,现在一切被组织成为联合的行动。唐璜·乔万尼迷惑于他们同类联合造反的纯粹事实,而不是迷惑于这种事实的潜能。

不过,这里存在着再现的二分法:只有困惑的个体才直接被再现,然而看来不变的现实,不可匹配的形象只能间接地被感知,只能反映在对立力量的脆弱之中。这种统一性的艺术视角的描述,可以追溯到B大调慢板,这种慢板中具有一个类似的主题:戏剧事件从属于一个总体的概念。但是倘若此目的具有共同的根源,那么它的方式是直接对立的。安娜——即对伤感爱情的反感——要求净化的和风格化的表达,然而唐璜·乔万尼的失败要求坚强的、类似生活的和现实的再现。这两个充满问题的终曲与第一幕不可分离,甚至就其风格对比而言。虽然它们是同一个音乐－戏剧命运的一维性表达,但是是从不同角度看到的。唐璜·乔万尼在这里提出了一个棘手的重要的美学问题,就是构成每部艺术作品的基本要求应该从同一角度观看和再现。我们已经看到,这种统一性在舞台和音乐关系中不断被打破,并且在¹⁹⁹第一个终曲中,我们注意到音乐－戏剧中出现的两个破裂的时刻。就B大调慢板而言,这种过程的直接性被丧失了,然而在最后场景中,这种直接性则是戏剧各种力量关联的直接性。这个过程的真实意义——在这里相互关联——只有通过对乐旨的回忆性重构、解释、理智的中介才能够获得。音乐剧给18世纪歌剧施加了一副几乎不可承受的重负。

在第一幕开始,序曲中,里波锐罗在#15G大调二重唱"走开,你这蠢蛋"(Eh via, buffone)中模仿唐璜·乔万尼;在第二幕开始,唐璜·乔万尼模仿里波锐罗。唐璜·乔万尼最富有特征的唯一性的快乐,对所有那时未被他引诱的人而言,是最放肆的嘲弄,一种傲慢的淫乱。也许没有意义去追问,风不吹的时候它在干什么,但是就唐璜·乔万尼而言,即使我们把他类同于自然现象,也有理由询问他不干引诱活动时他在做什么。答案是肯定的,在这些关系中,唐璜·乔万尼在绝大多数情况下是粗俗的、卑鄙的、无情的。这些间奏的音乐之声是诙谐剧的简单的、悠扬的,类似**朗诵调**的**旋律**。在第一幕中他似乎没有使用他的声音。但是我们已经看到,在 #9B大调四重唱中,他以这种风格影射了爱尔维拉,他在终曲中和仆人一起使用这种音调,在舞会上,在农民中间再次使用,这是表达他的困惑的音乐语言。在第二幕,这种风格将更频繁地使用,在和里波锐罗对话中呈现出最富特色的东西。初看,它意味着,唐璜·乔万尼在风格上把自己贬低到了仆人的水平,他以自己的语言向仆人说话。事实上,情境复杂得多。里波锐罗与唐璜·乔万尼的联系不仅仅是矛盾的,而且他们之间的对立也是矛盾的。唐璜·乔万尼和里波锐罗这两个形象之间的深刻而相互的音乐相似性,第一次在二重唱中很明显。对唐璜·乔万尼而言,这种关系不仅仅是主人和奴仆的地位关系,而且是他们生活相互依赖的关系。唐璜·乔万尼显然需要他强烈吸引和他所支配的亲密的仆人。无条件的占有、无条件的拥有是他普遍的需要。但是在他与里波锐罗的关系中,感官理想化的主题是完全缺失的,这样,他的自我主义本质以粗俗而残酷的方式显露了出来。对里波锐罗而言,唐璜·乔万尼不是色情的天才,而是打败同辈,更重要的是从同辈的不可招架中获利的残酷的强权者。

200

唐璜·乔万尼和里波锐罗现在互换了衣服。唐璜·乔万尼正准备引诱爱尔维拉的侍女,他认为,作为仆人进行自我介绍更具可行性。但不可预料的是,爱尔维拉出现在窗口。在 #16A 大调三连音“啊,让不安的心平静下来”(Ah,taci,ingiusto core)中, 爱尔维拉的基调不是古怪的而是表白心意的。在自然的表达中,孤独瞬间彻底缓解了,但这种缓解只是瞬间的。表达的东西没有缓解,一旦被表达,它就持续在意识中产生令人心焦的问题。一旦它被实现,心理过程的动力就会超越缓解,她就会愈来愈焦虑。管弦乐引言的两小节主旋律重复着,在语词部分之后,音值被缩减,好像爱尔维拉的心跳加剧了。事实上,语词部分的第二个短语是第一个短语更强烈的表达变体;亲密的请求变成激情的哀求。现在她弄清楚了问题所在:“他不忠诚,他是骗子。”(è un empio,è un traditore)在她面前,一切不可挽回,一切是令人焦虑的事实,她自己的情感思想逻辑再次把她推向古怪。乐段中的两个中音与前面的钢琴特征构成鲜明对照,但是小提琴的情感构形甚至更具启示性。管乐与弦乐对比透露出爱尔维拉情感的矛盾,前者表达了亲密,后者表达了焦急。爱尔维拉强烈地体会到,没有回头路,过去发生的事情不能被感伤的宽恕的态度消解掉。她不能征服唐璜·乔万尼现象和她生命中的问题,语词部分涂上了歇斯底里的色彩,在奥拉塔维奥 #11G 大调咏叹调中呈现的不断提升的变化音乐段,随着词语"死亡"(morte)(对比例 28),以管弦乐形式表达了出来:

例41

这种死亡乐旨标志着一个关键性的转折点。第一个终曲不仅带²⁰¹来唐璜·乔万尼而且带来包括爱尔维拉在内的所有演员命运的批判性改变。她在面对唐璜·乔万尼时所经历的绝对无助的经验,把她生命的问题置于一个新的视角,一种新的光芒之下。以前,在她每一次热烈的激情时刻,她能够直接地认同自己,由于总体的激情,她存在的荒诞现实没有妨碍体验她的生命。不过,现在,随着绝对无助的体验,她不能再这样了。从现在起,在她自我耗尽生命的每一刻,死亡就无意识地、不可避免地处于"每种思考中"。因而,在三连音的前 13 小节中,莫扎特极为精确地以克制的形式,以更为娴熟因而甚至更加不可解决的形式,展现了爱尔维拉整个生命的问题,其戏剧的动力几乎接近于死亡。

此时在街上,可以听见里波锐罗和唐璜·乔万尼的对话:唐璜·乔万尼命令仆人穿着贵族衣服站在他面前,他在他背后做了一种"爱的表白"。唐璜·乔万尼完全直觉地懂得爱尔维拉。他不必寻找正确的音调,他不必如在热琳娜例子中那样试着去逐步迎合别人,他立即能够完美地说出爱尔维拉的音乐语言。以三连音开始的音乐表达,现在回归到 E 大调,高了五度。从唐璜·乔万尼和热琳娜的 #7A 大调二重唱中,我们已经懂得这种 A 大调—E 大调的强度。在两种情况中,日益提升的音乐活力表达了更为激烈的、更为热烈的进攻。但是,这里激情的温度一开始就很高,因而调的变化也具有强烈的效果,在E 大调部分莫扎特阐明了两种不同的效果。他从观众视角极为有效地塑造了唐璜·乔万尼的角色,然而在语词部分描绘了唐璜·乔万尼对爱尔维拉的影响。这两种效果并非是同时性的。唐璜·乔万尼引诱之歌日益变得更为基本,更不可抵挡。跟随克尔恺郭尔的步伐,我们已经讨论了,离开了唐璜·乔万尼,爱尔维拉就没有容身之地了,她只能在他出现时摆脱绝望,或者通过表达她的憎恨和绝望,或是通过希望去竭力征服这种绝望。这些情感以更加克制的方式,也许比以前更强烈地显现在三连音之中。在引言结束时,爱尔维拉处于致命的绝望的最低谷。

202   正是在这时候,下面说话的音调隐约地传入她的耳朵,然后她认出是唐璜·乔万尼的声音。憎恨和绝望之情立即占据着她全身,以前富有情感的小提琴形象和动态的波动转回到管弦乐,她的歌唱日益充满激情。但瞬即她感受到,唐璜·乔万尼正在引诱地表演。所有的否定情感立即消失了。这时发生了非常独特的转折。爱尔维拉在三连音中以最克制的声音咏唱,伴随着里波锐罗和唐璜·乔万尼偷偷摸摸说话的咏唱:"天啊,多么奇异的困惑!现在搅动着我的心。"(Numi, che strano affetto mi si risveglia in petto)这里的艺术动机具有多种意义,都是残酷的。最重要的是,它意味着,情节已经成功安排,爱尔维拉已经陷入圈套。这也表达了人类被困入的维度。对爱尔维拉而言,陷入圈套的感知和主体的总体屈服的感知是瞬间的事。但是这屈服又是在得意扬扬的希望、大量的激情之爱与情感的风暴中实现的。通过延续相同的旋律,爱尔维拉可能以歌剧中最粗俗的姿态屈服了。莫扎特完全清醒地阐明了她的爱的本质。现在,里波锐罗成了她的音乐伴侣。相同的旋律表达了爱尔维拉无拘无束的情感和里波锐罗惊讶的模仿。唐璜·乔万尼已经表达了直接的目的:爱尔维拉已经屈服,她将犹如无助的傀儡一样遵从他的意志,三连音不如结束算了。里波锐罗能够摆脱爱尔维拉。然而这不是正在发生的事情。音乐被转到C大调,唐璜·乔万尼开始了一种令人恼怒的坎蒂莱那:

例42

C 大调部分突出来了,似乎照亮了整个场景,音乐闪光了——"空间点亮了声音"。在这歌剧中,色情天才以前从未以这种火光、以如此大的强度说话。但此刻,没有任何戏剧目的,这为何发生呢? 唐璜·[203]乔万尼直接的目的是使爱尔维拉疯狂地迷上他,然后抛弃她而走向侍女。作为一个女人,她不再为他而存在,她不再是色情理想化的主体。然而唐璜·乔万尼不是按照**诙谐歌剧**的方式处置这事件,而是把这事件提升到他生命中的音乐高点之一。这里,唐璜·乔万尼是矛盾的:这是恶意的感性唯一一次完全放纵地呈现,并且也是他的主动性唯一一次缺乏任何色情的意图。费尔森斯坦(Felsenstein)的典型概括,看来错过了与"香槟酒"咏叹调有关的标志,这种典型概括与 C 大调部分完全对立:"歇斯底里的梦想,回忆起过去的东西,应该有的东西,以及不可能再拥有的东西!"这种经验连接着爱尔维拉,这种事实具有极深层的意义。不是因为爱尔维拉是一位出色的女人。克尔恺郭尔合理地拒绝了这种解说。更准确地说,这种深层意义所联系的不是爱尔维拉女性的出色本质,而是她存在的普通本质的出路。爱尔维拉已经分享了恶魔精神,已经被唐璜·乔万尼引诱。这个恶魔在实现自己之前必须衡量自己,调适自己去迎合他所欲求的对象,这个恶意能够透视自己所有的放纵力量。但比这种联系更为重要的是这种事实,即歌剧中唐璜·乔万尼力量的无条件本质只能回顾性地再现,即通过爱尔维拉来再现。唐璜·乔万尼只能在与爱尔维拉的关系中体验到他自己未受干扰的存在绝对性,在他不再和她相联系时更是如此。在整出歌剧中,三连音 C 大调是唐璜·乔万尼最不可抵挡的引诱音乐,但是正是它结构上的确定性、戏剧的无目的性、其插曲的回顾性特征表达了歌剧的核心问题:唐璜·乔万尼综合征的终结。

当然,爱尔维拉没有怀疑这一切,引诱对她而言是直截了当的。正因为如此,场景变得日益尴尬,日益令人可憎。听到唐璜·乔万尼的坎蒂莱那,爱尔维拉完全确信了自己,最后完全控制了她受伤的激情;她相信,她傲慢的抵制会强化唐璜·乔万尼的爱。唐璜·乔万尼继续表演。他的虚假的绝望乞求爱尔维拉的宽恕。爱尔维拉、唐璜·乔万尼和里波锐罗之间完美的然而无意的非人性的相互联结,是被命中注定的。恶魔与调弄恶魔的那些人之间的关系是没有任何人性的滑稽模仿。一瞬间,一个可能的世界喷涌而出,在虚无的空间只能听见不可抵挡的禁欲的笑声。爱尔维拉和里波锐罗被这个可能世界吓到了。幸运的是,唐璜·乔万尼对这种喜剧感到厌烦了。音乐转向 A 大调,随之回到三连音的开端。这是内省、反思的时刻:唐璜·乔万尼心满意足地感到,他已达到了目标;在爱尔维拉身上,一切是问题重重;在里波锐罗身上,点燃了对爱尔维拉的同情。后两者的语词部分连接在一起,虽然唐璜·乔万尼远离了他们。然而爱尔维拉没有背叛,里波锐罗没有改变忠诚,他们结合的可能性太小了。他们只是在一瞬间被吓住了。这就是为什么这三种声音能够在颠覆行为的基调中邂逅。因此,爱尔维拉和里波锐罗揭露了他们内心的忠诚,尽管重新恢复了仇恨,但是最终爱尔维拉以三个旋律的姿态屈服于她的命运。管弦乐两次强有力地奏响死亡乐旨。然而,这里的意义是不同的,比三连音的开端更为残酷:它表达了爱尔维拉屈从的视角,不是她的自我耗尽,不是追求希望的爱的视角,而是爱的想象性的实现的视角。不管爱尔维拉的生命会怎样地演化,但是从现在伊始,死亡的确处于"每一种思想中"。

阿贝特较为合理地涉及了三连音中戏剧和音乐的令人佩服的统

204

一。① 然而这种完美构想的音乐行为不能轻易地转变为圆满的舞台结构。从外面看,行为是一种琐碎而粗俗的**诙谐歌剧**场景:唐璜·乔万尼向爱尔维拉唱引诱之歌,藏匿于装成贵族人的里波锐罗身后,虽然这位仆人遵从主人的命令,像一个被人拉着线的木偶,以恰当的情人姿态伴着唐璜·乔万尼;最后,受欺骗的女人被引诱了。这场景只能在舞台上演出。但是舞台演出的直接的喜剧性质必然贬低了音乐 - 戏剧过程象征的和悲 - 喜剧的意义。但是除了这普遍的困境之外,在舞台上忠实地利用 C 大调部分的可能性,坚守其定义,这看来也是有问题的。正如早些时候所讨论的,音乐本身几乎具有一种准舞台的效果,要求突出地呈现出来。这种 C 大调音乐不会容忍爱尔维拉和里波锐罗的呈现,这里只有唐璜·乔万尼,仅仅有感性之天才犹如一束高高飞跃的火焰一样存在着。然而舞台呈现的逻辑,扮演最终立足于交往角色的人物基础上的场景要求,与这时的展示是相矛盾的。

因而,爱尔维拉盲目地追求她的命运,匆匆走入街道,幸福地死在 ₂₀₅装扮成唐璜·乔万尼的里波锐罗的怀抱里。现在,唐璜·乔万尼向她的侍女唱着小夜曲。随着小夜曲,一件新的事情,像和热琳娜一样的事情又开始了。在音乐上,莫扎特通过避免演出艺术的重复啰唆,以**小坎佐纳**(canzonetta)概括了这种戏剧上决定性的事实。由于外在事件的原因,唐璜·乔万尼的歌曲只是一种很"消退的小夜曲",但是其中暗示了一种音乐 - 戏剧的可能性,其所有结构是必要而充分的。小夜曲消退了,因为马塞托和一些农民出现了,他要找唐璜·乔万尼报仇。唐璜·乔万尼正穿着仆人的衣服,因此把自己视为里波锐罗,并提出建议在哪儿并如何找到和辨认这个贵族。#18F 大调咏叹调"可怜可怜我吧,先生女士们"(Metà di voi Quà vadano")是具有多种意义的角色扮演。首先,它对应着所谓的"目录"咏叹调:唐璜·乔万尼消解了里波锐罗的人格,但是既然他把自己视为里波锐罗,所以他消解

---

① Abert, *Mozart*, p. 429.

了里波锐罗的人格,也正如里波锐罗消解唐璜·乔万尼的人格。而且,在#15G大调二重唱中,他更精确地发展和再现了两方面的问题,二重唱产生了第二幕,在主人与奴仆之间相互的深层的音乐对应。那里表达的是平等、相同的倾向,而这里主要是不平等。唐璜·乔万尼以颇具喜剧的性质创造了里波锐罗和他自己的漫画,然而带着如此优越的精湛技巧和有趣的自我投入,以至于我们能解释,马塞托因为缺失心理洞见不能辨认出他来。无疑,马塞托让他的同伴离开,让唐璜·乔万尼解除了自己的武装。唐璜·乔万尼现在轻易地痛打马塞托,并扣押了他。

正是热琳娜发现了呻吟的未婚夫并竭力安慰他。她的#19C大调咏叹调"听,我将找到爱"(Vedrai,carino)是一个概括乐段,阐述了个人发展所导致的结果。这是很明显的,我们把它和#13F大调咏叹调进行比较,发现它们具有许多共同特征。两者的氛围基本上是色情的。然而,第一个是很不受约束的,但这一个是如玫瑰般的、亲密的。当然,差异来自于情境和问题的多样性。以前,热琳娜为她犯的过错而补偿,现在是别人的过错了。但是,更为重要的是,这是热琳娜作为总体的人的两个不同的发展阶段。这位姑娘对爱情的态度以及她的伴侣的丰富人性,在F大调咏叹调中礼赞了她的解放,这种态度与丰富性已经固定下来。这并非自然的结果,而是热琳娜最终调节人际关系的结果。对她而言,"唐璜·乔万尼事件"完全结束了。她拥有从唐璜·乔万尼那里解放出来的所有的女性潜能,现在她极为讨厌唐璜·乔万尼现象。她爱马塞托,感到他适合自己。这C大调咏叹调透视出,她能够在自己和他的关系之中和谐地展现整个存在的感性和丰富的情感。咏叹调的第一部分创造了强烈的、同质的、平衡的色情氛围。这种严肃的色情主义是由管弦乐精美的、缓和的、温柔的旋律,但主要是由平稳的节拍,由整个音乐乐段的节奏唤起的。它完全缺乏F大调咏叹调的疯狂。一种平稳的情感流泻更加真切,这是强烈的、真诚的。在第二部分,由于管弦乐器的构型,音乐变得兴奋,舞台上行为的效果按要求下降了(热琳娜把马塞托的手放在她的心口上),感性的冲动是显然的。这进一步被富有调性的心跳的明显效果所加强,然后被她那唱着延长音的激动而高扬的声音所加强。最后,从爆发的管弦乐的后奏曲产生的(在整个咏叹调中唯一的强音)激情浪潮,高过演员而走向结束。音乐缓慢下降的动力没有缓解张力,而是平静而颤抖地暗示了自我实现的到来。在这个咏叹调中,色情主义不是赞美诗,而是生命的自然流露,蕴含着情爱和温柔。在她前面的咏叹调中,热琳娜已经找到了自己。在这里,她已经找到了一种令人满意的人际关系,一种规范的共同生活。如果它不是最辉煌的咏叹调,那么也是热琳娜音乐 – 戏剧命运中的最有意义的瞬间。

同时,在安娜房屋的前厅,爱尔维拉和里波锐罗找到了他们自己。里波锐罗直到现在才感受到极不舒服,并想要逃离。他在黑暗中离开了爱尔维拉,这位不幸的女人恳求他不要离开她:

例 43

Ah non la - sciar - mi!

这种**清宣叙调**结束的表达恰是"欺骗"乐旨。它所讲述的东西超过了恳求本身。它表达了这种事实,即在这刻,爱尔维拉已经感觉到她最近又被欺骗。#20 六重奏"一个人独自在这黑暗里"(Sola,sola in bujo loco)的音调来自于这种感觉。好像是同情乐旨的变体,以前两次联系着爱尔维拉,这种变体在起初的小节中会听得到。此时,第一组小提琴演奏的兴奋的、高贵的音调重复加入了进来,明显地,音乐的作用仅仅是把文本转变为自己的语言:

> 一个人独自在可怕的黑暗里,
> 我的心多么惶恐地颤抖,
> 我不能掩饰我的警觉,
> 我感到死期到了。

207

爱尔维拉的旋律忐忑不安,但没有歇斯底里或古怪,好像"loco"的由"C"到"D"的七度音和它的第一次**渐强的强调**,只是流露她的深度的焦虑。为了表达爱尔维拉的剧烈的心跳,管弦乐呈现了脉搏搏动,同时语词部分表露了气喘吁吁的状态。恐慌吞噬着她,我们很容易在第一组小提琴的突然下降的音阶里,辨识出小提琴的构型,以前已经多次这样表达了爱尔维拉的焦虑。

最后,表达死亡的恐惧时,管弦乐再一次强有力地奏响了"死亡"乐旨(比较例28和41):

例44

然而,音乐不仅是翻译文本的语词,它也不仅仅是"黑暗空间"产生的焦虑、恐慌和噩梦时刻的一面镜子,而且是真正具有一种象征的过程。13个小节开始了六重唱,这些小节重新在感知的瞬间,突然地然而也是精确地在一个新的情境中,表达了爱尔维拉命运的问题。当生命中偶然的、微小的而不重要的瞬间,根据突然间内心的澄明凝聚为不可断裂的相互联系之物,汇成不可改变的和强制性的命定时,这个瞬间就呈现了极为核心的戏剧转折点。因而爱尔维拉不仅"在黑暗中感到害怕"——甚至用"预警折磨"这术语也不能充分表达音乐过程的意义。对爱尔维拉而言,她的命运逻辑之中,"死亡"乐旨、毁灭、来自于对**欺骗**乐旨的感受,这听起来好像是带着三段论必然性的**清宣叙调**的结束的乐段。

六重奏第二部分与第一部分构成鲜明的对比:它是一个处于**诙谐歌剧**音调之中的场景。在黑暗舞台上的某个地方,里波锐罗跌跌撞撞地带着喜剧性的渴求,正在寻找出口,但是错过了出口。现在炫目的对照接踵而来。手拿火把的仆人簇拥着安娜和奥特塔维奥出现了。舞台与音乐突然明亮起来。从 B 大调到 D 大调的等音转换构成幻想的灯光效果。当然,这种变化主要是由于火把的出现,但是音乐表达出更多的、更深刻的意义。音乐向 D 大调的转变不仅改变了亮度而且改变了场景的特征。首先,喜剧的轻蔑被高贵的热烈的辉煌所冲淡。跟随偷偷摸摸钻进黑暗中的人物,演员们勇往直前,公开地呈现。但是这种对比具有更为深刻的道德意义。六重奏第一部分发生在黑暗中,由两个人的情节组成,他们的生活与存在不可抵挡地受到非道德性吸引。不过,安娜和奥特塔维奥在道德方面是不可挑剔的、高尚而高贵的存在。这场景不仅被火把而且被安娜和奥特塔维奥光芒四射的纯洁性照亮。因为在这种音乐对比中,超越了感性意义,在其最初的资产阶级生活范围之中,我们已经发现了光明与黑暗对比的象征的、道德的意义,我们再次发现,这是《魔笛》的主要原则。

　　奥特塔维奥以高贵的、感伤的坎蒂莱那曲安慰安娜;他的音调是高贵而真诚的,剧末回响着来自《诱拐》(Welche Wonne ,dich zu finden)四重唱的贝尔蒙特(Belmont)文本;看来这几乎是必然的,即很快可以听见奥特塔维奥的"调号"乐旨的感伤变体,下降的音阶走向(比较例 9、26、29、35 和 37):

例 45   209

o - mai del ge - ni - to - re

在奥特塔维奥的坎蒂莱那曲中,我们注意到一个重要而典型的特征。正如已经谈及的,第一个终曲改变了歌剧中每个人物的命运,结果就必然提出一个人性 - 艺术的问题,并且以前的问题现在得到不同的审视。但这个陈述要求某种限定。对奥特塔维奥、安娜、爱尔维拉、马塞托而言,面临恶魔而产生的绝对无助的感觉已经成为需要同化的经验。对每个人而言,它在命运中关键转折点的程度取决于他们是如何接近这个任务的——的确,他们是否准备根本解决这个任务。我们已经看到,就爱尔维拉而言,它导致完全不可能认同她自己,几乎接近于死亡;而热琳娜永远激进地结束了整个唐璜·乔万尼现象。相反,马塞托没有抓住事件的真正本质,还继续把唐璜·乔万尼视为共同的恶棍。更有趣的是,奥特塔维奥的态度没有变化,似乎对他来说脆弱不是单个人的原因。在丧气、绝望、困惑或者拥有广泛的否定性经验的声音中,他没有了迹象。他带着同以前相同的亲切而顺畅的感情安慰未婚妻。他只关心安娜个人;对他而言,唐璜·乔万尼现象本身不存在,它的影响没有给他留下任何标志性的东西。唐璜·乔万尼和奥特塔维奥是两个封闭的世界;一个不了解另一个。奥特塔维奥的典型特征就是所有痴情的主人公所具有的,他具有的根据欲望而改变现实的典型特征在这里得到了其最成功的表达。

不过,就安娜而言,这些事件具有更严肃的后果。我们已经看到,在第一个终曲的 D 小调部分,她把复仇视为直接的职责,她体会到自己形势的完全的无助:她只有在内心平静时才能生活和相爱,然而她内心平静的充分必要条件是复仇。不过,复仇又威胁着她的爱人并因而威胁着她维持的唯一的人性关系,这些是用来支撑她存在的东西。不可能和谐地解决她生命中的问题,她采取的每一步骤不可避免地充满问题,并产生新的冲突。安娜震惊地意识到这点,她被迷失感压得喘不过气来,迅速地陷入命运的低谷。不过,我们看到,莫扎特以相对有争议的方式(B 大调慢板),带着相对艺术性的合理化立即阻止了这一过程。她和奥特塔维奥进入唐璜·乔万尼的宫殿,他们的挑战被制服了。然而他们的失败完全具有不同于安娜预想的性质。他们不是在英雄作战失败之后,而是在吓住了的脆弱的不幸场景之后,在尝试了一种他们个人不能执行的反抗之后离开了宫殿。这种失败的本质现实只能被安娜体验到。她必定部分地辨认出可怕的真实情况,即这里不仅没有对她生命问题的和谐解决办法,而且他们太弱小而不能找到一点解决办法,他们不能继续艰难的步骤。她现在知道,不必为爱人担忧,因为他侥幸活过了危险,但不是因为他的力量或好运,而是因为尽管他英勇,但他是如此脆弱以至于不能成为唐璜·乔万尼的真正对手,因为他甚至不能构成危急形势的真正力量。所有以前看来是她生命中悲剧而现实的问题和冲突,现在突然变得虚幻,不值一提,正如她整个生命现在看来是不真实的一样。另一方面,面对唐璜·乔万尼时,安娜——在歌剧中她——充分强烈地在自己生命的破败中体验到人性世界、道德世界的功能性破产。因此,她迥然不同于爱尔维拉。爱尔维拉被自己强烈的热情所耗尽,虽然活得孤单,但她可以继续在世界流浪。安娜在她自己的脆弱中体验到整个世界的脆弱,但是她既然不愿放弃对世界和自己的要求,所以她就失去了世界,也失去了自己。她们对死亡的接近也截然不同,爱尔维拉苟且活着,好像生活在恐怖之中,(她自己感受到这点)死亡的旋风依附于她。她所有的思考是富有生命的,然而"死亡处于思想之中"。而安娜愈来愈有意识地使自己远离生命,她选择了死亡。因而对安娜而言,对抗唐璜·乔万尼的失败是命运真正的悲剧性转折,是总体人类的失败。她开始不可逆[211]转地迅速降到她命运的低谷。她在六重奏中达到了低谷。

　　光明的 D 大调朦胧地转向 D 小调。由于开始的旋律习惯性地透视出,我们在歌剧中听到了前面两次出现的相同的 D 小调基调(在安娜和奥特塔维奥之间的二重唱,以及第一个终曲的 D 小调部分)(比较例 7 和 32):

例 46

La - scia, al - - men al - la mia pe - na

　　她不再处于攻势,不具有复仇音调的直接印迹;她只是诉说着不可慰藉的、不可消解的痛苦——"亲爱的,死亡将结束我的痛苦,我现在可以死在这里!"(Sola morte, o mio tesoro, Il mio pianto può finir)——自从巴赫时代以来,只有在这种不加修饰的几个小节中,才能如此强烈地表达出用死亡意愿来缓解生命的折磨。在进入高潮之前,激情似的紧张的音弧伴随着神秘的华丽音乐,我们可以两次听到这种真正音乐的"死亡之花":

例47

so — la mor-te, so — la mor-te.

"只有死亡",她以这种明确的独特性宣称出来,以至于她自己必须休止一会儿;为奥特塔维奥做点什么? 安娜现在强迫自己做最后的残酷的惩罚。她感受到,她知道,她爱着奥特塔维奥,只爱着他,但她更强烈地感受到并确切地懂得,这种爱、这种关系、她整个生命的所有积极性,跟普遍的人类的情感贫乏相比相形见绌。安娜不能也不想生活在一个她不能实践自己价值的世界。爱只是一个抽象而遥远的潜能,它不能为急剧的惨败提供支柱。第一幕终曲中 B 大调慢板的爱之和谐只瞬间再现了作曲家的而非命运的馈赠。然而,现在她发现了,这个脆弱的仍可行的纽带把她系在世界上,她的声音突然柔和起来:

212

例48

o mio te-so — ro,

这是 18 世纪歌剧所熟悉的情爱旋律表达,我们在歌剧开始的二重唱中,安娜转向奥特塔维奥["我的爱人"(mio bene):比较例10] 时听过这旋律。音调与那时一样是诚恳而坦率的。但那时是鼓励性的,而这里是放弃的。的确,这仅仅是最后道路上的瞬间休止,一种温暖而友好的告别之一瞥。然后,接着是充满激情地走向死亡的冲动。语词部分挣扎着向上,带着浪漫的几乎是瓦格纳的强度,好像要结束了:

例 49

il mio pian-to può fi - nir,

现在,在顶峰上,她失去了力气,她激情燃尽,可怜的要求淹没在痛苦的号叫之中:

例 50

il mio pian - - to può fi - nir!

这种流泪的变化音旋律第三次出现在安娜那里。在序曲中第一次听到,女主人公内心呼唤的小姑娘形象就被揭示出来("gente servi":比较例 4),然后在四重唱中,她感受到自己的悲剧和爱尔维拉的悲剧的类似性(见例 23)。现在是第三次,同情淹没在泪水中,不是小姑娘被揭示出来,而是成熟的人类正在忍受着**极端**的痛苦。安娜已经在自己的命运中达到这点,即至今只有一种可以采取的、唯一的、致命的、最后的步骤;她唯一的选择就是回去。

焦点再次改变了。爱尔维拉寻找装扮成唐璜·乔万尼的里波锐 213
罗,后者仍然设法躲避她。这两个订了婚的人没有注意到他们。短短的九节场景当然与安娜音乐之后的场景形成对比,然而这种对比并非是生动的,而是有些矛盾的。当然,就音乐材料的实质而言是矛盾的。下面的主旋律直接地表达这点:

例 51

主旋律的二重性勉强地可以比喻为《里格勒托》(*Rigoletto*)中的著名旋律,我们可以在那被迫的笑声里,听见一个人绝望而折磨的抽泣:

215

例 52

　　不过,在莫扎特那里,同威尔第歌剧中更残酷和直接有效的场景的二重性相反,表现出细腻得多的、更普遍的、象征的悲－喜剧元素。这种氛围在六重奏中缓慢地建立起来,这种日益不能被破坏的氛围笼罩着演员们。我们已经看到,爱尔维拉场景的真正悲惨的基调带来了六重奏。不过,这构成鲜明的对比,随之而来的是里波锐罗的喜剧场景。从悲－喜剧的对比中带来了潜在的转折,但仅是简短地,安娜的音乐陡降到其悲剧之低点。但是我们也可以看见,音乐在这点上获得了象征的意义:因为在这里,18 世纪的歌剧已经在艺术上和谐地发展为完满的世界－戏剧。在随后的场景中,悲－喜剧元素第一次在音乐中公开地表达出来。以前,这种有意义的矛盾情绪只是给予了隐匿的表达。在矛盾的、二元的主旋律中不自然地融汇着认同与异化、无情与同情、反讽与悯怜,这种主旋律只在爱尔维拉的形象中被发现。它214 表达的不是她的人格,不是她的不同的心灵维度,而是她整个情境,她在唐璜·乔万尼戏剧中所充当的角色。这种音乐暗示出,爱尔维拉在玩弄她的优势权力的支配下,追随着自己的不为人知的命运,盲目无助地追随着。就此而言,这部音乐戏剧产生于更大范围的世界－喜剧的框架。

　　当热琳娜和马塞托阻挡去路时,里波锐罗和爱尔维拉正要离开舞台。这是"辨认"时刻,这时奥特塔维奥、安娜、马塞托和热琳娜最后发现了"唐璜·乔万尼"。唐璜·乔万尼再次面临着道德世界。是的,唐璜·乔万尼自己面对着这个世界,不仅因为他们都认为里波锐罗是唐璜·乔万尼,也不是因为他们错认唐璜·乔万尼的策略。在某种意义上,当爱尔维拉转向他们时,他们两个人现在才面对**真正**的唐璜·乔万尼。人类世界、被欺骗的世界本身被分裂为二。两度被欺骗的爱尔维拉不是通过她的错误而是通过她的决定、她的选择把真正的唐璜·

乔万尼、唐璜·乔万尼的问题带入现场。在四位险恶的先进人物形象
和乞求宽恕的爱尔维拉形象中,道德世界和冷漠的非道德世界彼此面
对。当安娜、奥特塔维奥、热琳娜和马塞托认出爱尔维拉时,整个场面
一片震惊。(这种"揭穿"由连续引入的**缓慢**音乐所表达。)他们所震
惊的不是爱尔维拉应该成为这种欺骗的当事人,而是意识到在这种世
界里爱尔维拉能够做这种事情。非道德的世界存在着,只有现在,这
种事实对他们才是有意义的。在第一幕的终曲中,他们已经直接地面
临另一个世界,他们不知道这个陌生的力量,他们没有一个人能够真
正地解释这种新的经验。这种事实、这种经验能够以不同的方式加以
说明,但其本质是不可能被决定的。他们能够以不同方式解释恶魔对
他们产生的影响,但没有人理解影响的秘密;他们不可能解释。不过,
现在,爱尔维拉的角色在他们所有人那里提出了哈姆雷特面临他的母
亲时所提出的问题:"罪恶不是什么/因而蒙眼人欺骗了你"(What
devil wasn't / That thus hath cozen'd you at hoodman – blind?),不可言
说的半截问题包括这种设想:这样一个"恶魔"存在吗? 这种恶魔根本
上真正存在吗? 首先,只有热琳娜才能感受其真实的实质,因为事实
上,只有她目睹了感性天才的道德世界的成员,因而只有她理解这个
秘密,理解爱尔维拉处境的致命性。变化音旋律第一次在安娜和奥特
塔维奥那里听到,那时在四重唱中,他们感受到和爱尔维拉具有共同 215
的命运(比较例23、例4 和例50 中安娜的哭喊的基调),那就是小提琴
乐旨的矛盾的悲 – 喜剧的悲剧性变体,这种旋律现在呈现在热琳娜的
语词部分中:

例53

217

不过,四人朦胧的怀疑没有形成最终的辨认,他们的震惊没有减弱他们的决心。但这恰是"悲－喜剧的逾越",是悲－喜剧杂糅。音乐清楚地暗示了这点,至今还联系着爱尔维拉部分的矛盾的小提琴乐旨,现在又萦绕着这四个人。的确,这场景的悲－喜剧本质在下面达到了高潮:安娜、奥特塔维奥和马塞托宣称判处唐璜·乔万尼死刑,没有任何上诉的可能。爱尔维拉卑微地哀求唐璜·乔万尼活下来。在他们那里,等着的是冲突的结果。里波锐罗哆嗦着。无疑,这是整个歌剧最可怕的场景。所有歌剧中的"纯粹"人性的人物——道德的与非道德的——都在挣扎和痛苦,他们都被欺骗了。共同的喜剧情境显然是象征性的;音乐、戏剧和舞台以和谐的整体,生动而忠实地阐明了唐璜·乔万尼综合征的实质,所有人不是有意地而是"自然地"被欺骗。莫扎特残酷地让爱尔维拉与其他人四次发生冲突。奥特塔维奥准备杀死"唐璜·乔万尼",里波锐罗绝望地揭露了真实身份。里波锐罗被死亡的恐惧真正吓得瘫痪了,他的恐惧由下降的变化音吹管乐旨生动地表达了出来:

216　　　　例 54

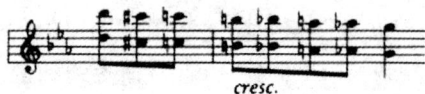

这个基调重复了六次,看起来像是上述死亡乐旨的逆转(比较例28、41 和 44)。莫扎特再次把辨认时刻描绘成"不可陈述的点"。安娜、奥特塔维奥和马塞托惊呆了——"里波锐罗"。正如霍索所说:"惊讶、羞耻和痛苦都被这名字表达,它们交织在一起向他们袭来。"①"里波锐罗"——在认出的瞬间,当他们说出他的名字时,动力就突然减弱了,显著的内心骚动仅仅在第一部分小提琴的快速拉动中表达出来。然后爆发出兴奋点。这对比是更高一级的音的重复。随着这完

---

① Hotho, *Vorstudien*, p. 129.

全没有方向的极度表达,矛盾的悲－喜剧的小提琴乐旨重复着:通过仔细辨认和隔开距离,同情地与无情地、遗憾而反讽地阐述了一种更具优势的力量正在玩弄这五位演员。他们惊呆了,不可理喻地"窃窃私语":"然而就是他! 我不能否认?"〔Stupida(stupido) resto! Che mai sarà?〕在第一幕终曲,当他们面对唐璜·乔万尼时,他们已经感觉到这个恶魔的可怕力量,但他们不能解释它,甚至他们不能质疑它。现在,当爱尔维拉转过来面对他们时,在他们心灵中形成了问题迷糊的轮廓,但是在能够作为一个有意识的问题加以表达之前,这些问题赋予他们一个不能理解的有害答案。之前,强烈地渴求死亡和痛苦地叫喊,意味着安娜命运的低谷,而现在缺乏理解的麻木再现了歌剧的低谷以及整个人类世界的脆弱与无效。

不过,不可预料的转折随之而来:六重奏第一部分的慢板之后是第二部分的快板部分。这以真正的**诙谐**风格开始。里波锐罗慢慢恢复过来,至少充分地说出了他的困惑。这样做,他唤起了其他人内心的习惯,释放了他们的激情,安娜、奥特塔维奥、爱尔维拉、热琳娜和马塞托的愤怒以基本的力量喷涌而出。这甚至使里波锐罗更加绝望、更为困惑。这情景具有奇特的喜剧性质。就基调性本身而言,里波锐罗的声音是喜剧的。然后,其他人的爆发是极为认真的,但爆发的指向是唐璜·乔万尼,并非里波锐罗。然而这些人不理解这点,他们认为他的目标是针对唐璜·乔万尼的。当他们对唐璜·乔万尼的愤怒增加时,里波锐罗自己也更加焦虑了。这种误解本身是喜剧的,但是由于语境,它变成了一个悲剧的——至少是悲－喜剧的——情境。随着不断深化和强化,风格的和气氛的张力就增加了。场景在**诙谐歌剧**的框架中开始,但是由于其内在的动力,它突破了这些范围,张力和矛盾情绪的共振创造了场景唯一的风格和样式。当他们都突然感觉到情境的致命的本质时,这就发生了。这标志着人类世界命运中另一转折的开始。从不理解的麻木到超验的灵感的自我启示,没有一条逻辑性的道路,只有一条主观的道路。当里波锐罗困惑的表达唤醒其他人内

217

心的惯性时,这种表达沿着这条道路无意识地驱使他们,他们已经在情感强烈的暴风雨中走过这条路,突然,所有以前的不理解、猜测和疑心都被一种强大的确定性取代:他们知道正要面对一个恶魔的强大力量。

面对不可言说的、不可思量的东西的经验被音乐突然变化,被前面讨论的氛围的突然变化忠实地表达出来:**诙谐歌剧**被颠覆了,动力的下降、管弦乐伴奏(立足于大提琴和低音乐器的音调重复)下降到极点,一个悖论的可怕的敬畏在低音的语调部分再度响起来:

例 55

Che im pen - sa - ta
Che im pen - sa - ta

在物理世界中,小提琴突然下降的音阶似乎产生颤抖。里波锐罗的恐惧不再是喜剧的,从深处升起的变化音乐段回应着"死亡"的乐旨(比较例 28、41 和 44):

218　例 56

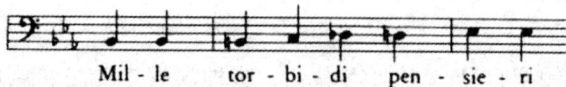

Mil - le tor - bi - di pen - sie - ri

里波锐罗也被这种超验经验所触动,在唐璜·乔万尼那里,他一瞬间感到自己被任何直接危险更大的东西所威胁。在第一幕终曲,当他的主人让他成为替罪羊时,或当他和主人一起绝望地沮丧地被对立阵营包围时,里波锐罗非常害怕,但那种害怕是个人的、个体的,他担心受皮肉之苦。不过,在第二幕三连音中,他不仅在非人性的阴谋诡计中是主人的伙伴,而且他联系着一种原则上是人性的力量。我们已经看到,里波锐罗和唐璜·乔万尼表演的三连音已经被这种力量吓到了,并且当他听到自己不负责任的笑声时也是如此,现在,一见到这公然的证据,他被真实的恐慌耗尽了。里波锐罗仍然担忧皮肉之苦,然而随着对手们所承受的震惊,他日益被"存在的"恐怖所征服,这种恐怖动摇了他整个存在的基础。里波锐罗变得歇斯底里,同时其他人被这突然的"洞见"惊呆了。安娜、奥特塔维奥、爱尔维拉、热琳娜和马塞托等继续重复一个音,静静地,以拉长的像梦一样的节奏重复着。突然,降 D 大调和弦从这噩梦般的降 E 大调部分爆发出来,以阿贝特的语词说,这是"恐怖的突发"①。现在,里波锐罗进入真正的震惊状态,并绝望地向世界呼叫,好像这是最后的"辨认"(in verità)。

但是里波锐罗并不孤独,安娜也几乎疯狂,恐惧的声音溢入强烈的几乎不可控制的**女声花腔**(coloratura),超越了平常表达的范围。唐璜·乔万尼的追逐者,所有主导他们感情的人完全困惑了。困惑的感情的骚动延宕了戏剧的发展。重复的主旋律开始由安娜和奥特塔维奥吟咏。在他们心烦意乱的意识中,奥特塔维奥"如调号"音阶乐旨的变体,回忆起以前决定的然而不成功的行为(比较例 37、9、26、29、35 和 45):

例 57 219

Mil - le tor - bi - di pen - sie - ri

他们都采纳这乐旨,形成了一种不吉祥的声音风暴,当然里波锐罗再次害怕了。整个过程被重复着,开始是悲 - 喜剧的误解,直到令人反感的恐怖。但这次他们不能控制自己,重复没有导致以前的困惑,而是导致一个宏伟的尾音。这尾音的确再现了升华:从深处中的提升,人类世界在六重奏的第一个慢板部分的结尾已经陷入这深处了。里波锐罗唤醒他们的惯性时,命运开始转折,在他们的"洞见"时

---

① Abert, *Mozart*, p.440.

刻,在他们对恶魔的直觉或经验性领会中遇到了危机,现在这种转折具有了新的终极方向。即使人类世界也许太脆弱而不能对抗恶魔,但是它看来是够强大的,从废墟中重建自己的世界,从其他欺骗而谦卑的价值中创造出一种新的道德秩序。在瘫痪、焦心、昏睡或困惑的初次体验之后,这尾声表达了歌剧中至今史无前例的心灵与道德力量的融合。在第一终曲中,由受辱群体设想的威胁力量与这完全神奇的力量融合相比,相形见绌。音乐上,主要在这种事实上表达了出来,即以前力量被基调呈露出来,而在这里,力量由构建与各部分的复调性呈露出来。阿贝特正确地说,这种风格显示了宗教的情绪。莫扎特的音乐创造是多义性的。在 18 世纪,人类世界面对唐璜·乔万尼的撒旦似的自我主义,能够共同地建构其自己人文道德的秩序,但最终只有在"上帝的帮助下"才能建构。卢梭极为清晰地表达了这个问题:"好人根据所有人安排他的生活,恶人只为自己安排。后者把一切集中于他自己,其他的东西根据他来评价并处于边缘。因而他的空间决定了上帝的共同的中心,决定了他创造的事物的核心。如果没有上帝,恶人是正确的,好人只是一个傻子。"[1]极为重要的是,恰恰在这点上,文本没有包含什么宗教的内容,莫扎特正确地阐明了一种宗教的经验。

220 这并非像反思忏悔那样的、通常处于困境中人们那样的祈祷者,而是来自于最深邃的宗教需要。宗教经验把一切融汇为一体,这种经验赋予了"善"的道德联盟以形式,那是人们反抗"罪恶",更准确地说是反抗道德冷漠的罪恶的联盟。首先,这联盟是真正联合的和包罗万象的:打开尾声的复调部分包含着所有演员的角色。这意味着爱尔维拉和里波锐罗的转化。的确,不管这两人多么矛盾,不管他们被恶魔力量吸住多少,他们不能超越人性,他们自己不能成为恶魔。他们每个人都在这决定性时刻接受他们的人性,尽管立足于不同经验。对爱尔维拉正是欺骗,对里波锐罗正是突出的危险。爱尔维拉离开天堂,由

---

① J. –J. Rousseau, *Émile*, trs. B. Foxley (London, Dent, 1965), p. 315.

于唐璜·乔万尼选择了世界,并且他欺骗她时,她也失去了世界。唐璜·乔万尼为她保留这唯一的而又不可能容身的地方,她只有在他出现时才能逃避绝望,或者用她痛苦的叫喊压倒绝望,或者通过希望。在希望中,她幸福地相信唐璜·乔万尼会回到她身边,她追求不可能的东西,并想相信这点,因为这是不可能的。因而,爱尔维拉的本质被幸福的轻信所表达,对她而言,这就是自我实现。但事实上,唐璜·乔万尼再次欺骗了她。这次的辨认揭露的不仅是唐璜·乔万尼,而且还有爱尔维拉——她存在和生命的荒诞性。事实清楚如昼,实际上是盲目的。爱尔维拉不能够再次面对她的自我欺骗。因而她离开了以前的自我,毅然地回到了世界和天堂。在这时刻,她感受到,她已经再次获得了清白的心性,对她自己的悖论也无动于衷了。另一方面,正如我们已经看到的,里波锐罗开始以他的各种姿态,想满足恶魔的道德冷漠和庸俗的虔诚的要求。这种两重性以不可抵抗的尽管开心的喜剧性笼罩着他们的形象。他的矛盾在第二幕的三连音中获得了更大的维度,在唐璜·乔万尼的无限制表演和他自己不负责任的笑声中,里波锐罗感觉到极为自然地对一切人性事物的模仿。在六重奏中,他自己的行为,如此毁灭的方式甚至使他差点丧命。事实上,正是从他可怕的敌人承受的情感震惊中,他真正理解到,在唐璜·乔万尼那里,他被一种远远大于生命威胁的危险所威胁,这种危险在人类存在的框²²¹架中是不可理喻的。现在,里波锐罗在他日常人性的范围内找到了避难所,犹如躲在贝壳里的蜗牛一样。他不想承认,他的生命牵系着唐璜·乔万尼的生命,他不可抵抗地受他吸引。他瞬间感觉像一位道德的人,每个方面都以道德性和秩序行动。但是莫扎特的艺术性区别也是正确的。在第二个复调,建构运动的内在峰顶的卡普拉(capella)部分,里波锐罗没有角色。道德授予的伟大人物不仅有安娜、奥特塔维奥和单纯的热琳娜,而且有卑劣的马塞托和游侠骑士、自我欺骗的爱尔维拉,这种伟大对他来说是完全不能达到的。也许,爱尔维拉很快会抛弃她的新信念,但在她命运的过程中,随后的变化没能够掩饰此刻的真理。另一方面,里波锐罗真正不理解所发生的一切事情。甚至带着最好的意图——他无疑具备——他也不能参与道德世界秩序的重构。在整个尾音中,在所有人物中仍然产生了一种新的净化的经验,尽管在层次和经验强烈程度上有所差别。如果说恶魔力量主导的信念,已经先验地使所有人类能量土崩瓦解,那么事实上有效地控制了自己的人们,现在以真实的同情阐明他们的世界的道德秩序的有效性。

　　在学术上已有一种共识,在六重奏中,悲剧和喜剧元素完美地融为一体。我们可以更简单地说,这部分完全展现了悲 – 喜剧各种细微之处。所以走向尾音的道路,每一场景的设置或多或少是悲 – 喜剧的。这种悲 – 喜剧实质上表达了《唐璜·乔万尼》舞台人物中最深刻的问题:人类的道德秩序是有效的,而个体在面对唐璜·乔万尼时是无助的。这是一个不能解决的真实的矛盾,必须以艺术并以复杂的形式再现出来。我们已经看到,歌剧第一幕阐述了唐璜·乔万尼力量无条件性的慢慢恶化的过程,而围绕着他的世界道德秩序的有效性获得了很高的境界。这最后时刻只能以纯音乐的模式忠实地加以阐明,例如在奥特塔维奥 #11G 大调咏叹调或在第一个终曲的 B 大调慢板中,在激进地脱离舞台时得到了最完美的表现。从这种概念引出的转移和波动只有作为音乐 – 戏剧、音乐真理的戏剧关联才能现实化,舞台 – 戏剧就不得不搁置一边。不过,在终曲的第二部分,两个世界不得不在音乐和戏剧领域针锋相对。在结构上,既然突破唐璜·乔万尼对莫扎特来说是真正重要的,所以他不能以全然的悲 – 喜剧眼光处置对立阵营。不过,正如我们已经看到的,为了避免复杂的再现缺陷,结构变成了异质的。在第二幕,随着与唐璜·乔万尼反抗的世界 – 历史先例,音乐 – 戏剧的过程的基调是很不同的。唐璜·乔万尼更有力地呈现出,人性世界在他的控制下比以前更多。事实上,唐璜·乔万尼的伟大性的视角都是回顾性的,在再次提升之前,人性世界的命运达到了最高点:虽然唐璜·乔万尼完全玷污了道德秩序,但人性重新创

222

造了道德秩序。这个过程的危机和转折点是六重奏的主题。在第一慢板部分,我们看见,本身呈现为悲剧、崇高或自信的人物,事实上是唐璜·乔万尼的玩物,因此笼罩着他们的悲 – 喜剧氛围增加了。不过,在第二快板部分,相反的过程发生了。音调本身的变化意指某种缓解。在第一部分,只有情境模式、行为结构、效果机制回响着**诙谐歌剧**,事件之性质与艺术风格显然是象征的。象征是包罗万象的,最终是普遍的。相反,就行动和风格而言,第二部分文字上采用了**诙谐歌剧**。里波锐罗愚蠢的困惑、困惑人物和情感爆发,然后里波锐罗的误解是悲 – 喜剧的,这不是象征意义而是表面意义上的,这意味着喜剧元素比前一部分更伟大。但是正如我们所见,随着"启示"时刻的到来,一个新的道德世界开始了,一种新的风格诞生了。领悟恶魔本质和超验的经验是走出琐碎性、喜剧性和悲 – 喜剧性即**诙谐歌剧**风格的道路。即使这些人物不能立即掌握这种经验,如果发展过程暂时逆转(重复!),但是转折点仍然达到了。的确,在第二次尝试中,重新获得了自我确信。这尾音以不可打断的同情表达了道德的世界秩序的有效性。在莫扎特的结构中,在作为整体的音乐结构中,这种上升具有决定性意义。这里最好的证据就是,它纯音乐地形成,几乎没有文本;223 除此之外,没有涉及文本。我们应该注意到,六重奏 277 个小节,第一部分由 130 个小节构成,第二部分由 147 个小节组成,同时,第一部分利用了 40 句文本,第二部分只利用了 6 句文本,仅仅是为了表达总体的困境:

> 里波锐罗和其他人:犹如咆哮的海洋
>
> 我头脑一片空白
>
> 里波锐罗:如果我逃开这风暴
>
> 的确是奇迹!
>
> 其他人:但要向他复仇!
>
> 他要死! 这是天意!

莫扎特在六重奏第一部分中,在音乐戏剧方面发展了一系列情境,这些情境事实上或潜在地内含于文本中;不过在第二部分,文本是纯粹反思性的,作曲家利用它只是作为声音的材料,并以音乐创作了一个完全原创的音乐－戏剧发展。在第一幕终曲中随着对唐璜·乔万尼的结构性突破,之后也在六重唱中,我们看见了人性世界的净化。价值关系再次获得秩序,人性－戏剧问题在不同关系中以一种新的方式再次出现了。之后,歌剧第二个终曲的统一体结构(现在咱们暂时忽略墓地场景,或暂时把它归于终曲场景之中)恰恰提供了生命问题的再次表述与总结。

里波锐罗只想脱离被凌辱的群体。在他 #21G 大调咏叹调中("啊! 诸位请饶了我")(Ah, pietà, signori miei),他利用所有的说服力量来逃离。咏叹调开始显示出,以前其他人困难的情绪对他形成了深刻而威胁的印象:

例 58

Ah pie-tà Si-gno-ri miei,

224　　然而里波锐罗记起了乐段的清晰的意义(比较例 37)。他立即把它转入其对立面,转变为气喘吁吁的恳求:

例 59

ah pie-tà, pie-tà di me,

奥特塔维奥充满活力的像调号般的旋律变体,已经降到歌剧的最低点。在这时刻,里波锐罗懦夫般的呜咽,像一面扭曲的镜子一样,显示出可理解的、功能上注定失败的人的态度。同时,咏叹调精细地"处置"了里波锐罗的自我改革。显然,这种改革纯粹是平庸心性后面的暂时避难的策略。里波锐罗的第一个行为是赞同每个人,然而他免除自己的责任。他带着真正发自内心然而人性上非本真的道德同情,斥责他的主人,他被他自己的无助感动得流泪,毫无羞耻地让每个人为他可怜。现在是不可阻止的语言解说。我们不能把这解释为毫不掩饰的表演的喷涌,因为他那频繁的七度跳跃显示了真正的恐怖,不断发生的乐旨暗示出偷偷摸摸的脚步,在迷迷糊糊的急切中显示出可以触摸的想法:逃避。最后,人们几乎没有注意到,里波锐罗悄悄跑走了。不管他知不知道这点,他的路只能走向唐璜·乔万尼。他的矛盾的本质致命地被他吸纳。当他反对他时,不管是处于怯懦还是因为平庸,他纯粹是喜剧的。但是当他感受到在唐璜·乔万尼那里等着他的超验的危险时,他也变成了悲 – 喜剧的。

受辱群体(爱尔维拉、奥特塔维奥、热琳娜和马塞托)现在独自留下来了,唐璜·乔万尼宣扬,他将从宫廷寻求帮助。这是整个歌剧中最有争议的时刻之一,尤其是奥特塔维奥的形象。这是阿贝特写的:

> 他[奥特塔维奥]使尽一切手段想把他[唐璜·乔万尼]送到宫廷,这对我们产生了可怕的影响,如果这看起来不是完全喜剧的。唐璜·乔万尼玷污了他未婚妻的荣誉,他不是乘人之危而是以引以为荣的决斗杀死代理圣职的。根据骑士习俗,惩罚的权威不是送交国内宫廷而只是受伤者的剑。①

这里的引述代表了在学术文献中的共同视角。当 20 世纪可敬的学者们无条件维护骑士习俗的有效性时,当现代人道主义的一个重要功能批判这些习俗,暴露其非人性时,这是极为可笑的。我们不能在这里讨论和决斗相关的问题的世界,涉及三个世纪的意识形态和艺术史。但是如果我们从这个立场瞥一瞥有关唐璜·乔万尼问题的重要作品,那么很清楚,联系着决斗和骑士风格的艺术价值始终是历史性的。值得注意的是,早在蒂尔索的《唐璜》戏剧中,当奥特塔维奥想为

---

① Abert, *Mozart*, p. 442.

他的未婚妻伊莎贝拉(Isabella)的荣誉复仇时,他请求国王允许他去攻打唐璜,国王拒绝了。这事实上表达了历史性的转折点,因而被黑格尔表达了出来:"世界已经确立了共同的秩序。"①在论美学的演讲中,黑格尔已经详细地把这世界的结构特征表达出来了。他指出:

在这世界中道德概念、真正的以及合理的自由已经形成,并已经以**法律**秩序的形式变成功能性的,因此它呈现在外在性和必然性中,其本身是不运动的——独立与特殊的个体性和情绪与性格的主观性……因为,在真正的国家中法律、习俗、权利……就其自身的**普遍性**和抽象性而言是有效的,不再由个体意愿和特殊的偶然性决定……实体性不再是某种**个体**的特殊性,以**普遍**而**必然**的方式在最小的细节中被**自在自为地**表达出来。因而,无论如何,单一个体,其也能够根据整体的利益和过程在权利、道德和法律中成功地实现,他们的意愿与其现实化及他们自身,跟整体相比较始终不是重要的事情和纯粹的例子。因为他们的行为始终是个体的、仅仅部分地执行,并非作为普遍化加以实现化,普遍化是就行为、个案变为法律或呈现为法律的普遍意义而言的。相反:无论他们想不想权利和正义应该普遍传扬,这对作为单一实体的个体来说没有意义;其有效,是基于其自为的存在,尽管他们不希望如此。正是在普遍公众的利益中,每一个体应该合理地满足并希望这种利益,但是单一个体的利益不能借助特殊个体的赞同影响法律和道德执行——他们不需要个体的赞同——如果违反了,他们就要进行惩罚。最后,在发达国家中单一个体的从属位置被呈现为,每一个体以明确而始终有限的方式分享整体……例如,对犯罪事实的惩罚不再是英雄主义和德行,而是被分离成各种阶段:事实的调查

226

---

① Hegel, *Elöadások a világtörténet filozófiájáról* [*Lectures on the Philosophy of World History*] (Akadémiai Kiadó, 1966), p. 688.

和审判、判决的宣布与执行——因而,每个主要阶段具有极为特殊的细微之处,单一个体只能实现其中**一个**阶段。因而法律的执行不是**单一**个体的事,而是由多方面的合作和它的普遍秩序组成……这正是惩罚和复仇的区别。合法的惩罚实现了面对犯罪事实的普遍建立的法律,这样做是根据普遍的形式,通过公共的权威机关、法庭和法官,其个人的身份是偶然的。复仇根据其自身的存在,也可以是公正的,但是它立足于涉及犯罪事实的那些人的**主观性**之上……因而在有序的国家之中也谈及这点,个人的外在存在是被确保的,他的财产是安全的,个人安全具有纯粹支配他自己的主观情感和洞见的权威性。但是在非国家的国家中,生命和财产的安全在于个体的力量和单个主体的勇敢,这个主体一次规定他自己的存在及其维持,规定他权利和财产的维护。①

唐璜·乔万尼的主题是英雄时代不可避免的衰退和现代的诞生。在分析中——根据歌剧的结构——诞生的问题对我们很重要。首先,法律秩序对莫扎特来说自然不具有"道德概念、正义及其合理的自由"的形式。我们根本不希望暗示,莫扎特欣赏法律哲学的思想,但是法律秩序无疑是《唐璜·乔万尼》描述一种重要生活的问题。这出歌剧没有描绘一个安居乐业的世界。因而,法律秩序只是部分地形成,它 227 证明自己只是部分起作用的,部分不起作用的,它作为"不动的必然性"部分地出现,部分地缺失。唐璜·乔万尼不仅仅是一个没有参加这种秩序的个体,他自己将不屈从于这种秩序,他是无"国家的国家"(无法律秩序)中的最后一位象征性的英雄。他不是新世界的造反者,而是旧世界一贯的代表。而且他周围的世界的确已经嬗变,在新的世界,法律秩序以"不动的必然性"呈现出来,它是普遍有效的。从这个

---

① Hegel, *Esztétikai elöadások* I [*Lectures on Aesthetics*, vol. I.] (Akadémiai Kiadó, 1952), pp. 186 – 189.

世界来看,唐璜·乔万尼只能被视为具有恶魔力量的罪犯,在这种生活中,他的惩罚能够移交上帝即法庭,即普遍的权威机构。《唐璜·乔万尼》的**世界剧场**(theater mundi)中的冲突主要是价值的冲突。

奥特塔维奥的 #22B 大调咏叹调 "亲爱的,恳请逃避吧"(Il mio tesoro intanto)由两个循环发生的部分组成,其音乐材料具有不同的情绪。一个是亲密的、高贵的感伤,这音调我们已经在#11G 大调咏叹调中听到过。这两个基调的本质性的统一也由一个音旨关系来确定(比较例25、26)。在这两者中,奥特塔维奥都表达了他为安慰未婚妻的内心,感到承担的责任以及他焦虑的爱情。在这争奇斗艳的坎蒂莱那曲的美中——这种美作为世界的视野是重要的——浪漫之爱的价值再次充分地呈现出来。

咏叹调第二部分的战争音乐与之形成鲜明的对比。奥特塔维奥以充分的意识和分配正义的同情出现了。这最显著地由管弦乐的动态而抑扬的效果表达出来。语词句也失去其和谐的效果:它变成原始的,主要在其节奏性冲力中获得其效果。奥特塔维奥的音调和音阶乐旨更有活力的变体再次出现了(见例37):

例 60

nun - zio vogl'io - tor - nar,

雅恩已经指出,咏叹调第二部分的语词句不如第一部分。[1] 事实上,整个第二部分的音乐性质是充满问题的。每个细节是惯常的而非个人的。阿贝特也承认,新的感情没有用前面那样的信念加以表达,正如他所说:"但是这的确极为适合男人的性格。"[2]阿贝特没有从#11G大调咏叹调的欢呼音乐中得出概念和美学的结论,也没有从#22B大调咏叹调第二部分的平庸性音乐性质中得出。然而,在这两个

---

[1] Jahn, *Mozart*, p. 381.

[2] Abert, *Mozart*, p. 444.

例子中,都有超越本真的"典型化"的东西。我们已经联系奥特塔维奥的第一个咏叹调努力显示了这点。当然,在第二个咏叹调中,心理学的直接参照指向这一事实,即奥特塔维奥并非是一种"好战的本质",他并非是真正有意义的人、伟大身姿的人。不过,我们不在这里更纯粹地涉及心理学。奥特塔维奥没有心灵需要来惩罚唐璜·乔万尼。一方面,他感到道德的愤怒;另一方面,他正履行一位公民的职责。两者都不需要力量的展示;道德的纯正是充分的。不过,复仇完全是奥特塔维奥所缺失的,不仅脱离了他心理的特征,而且也脱离了他的世界观。在莫扎特的歌剧中,复仇属于英雄时代:它是代理圣职和唐璜·乔万尼的姿态。安娜以自己的命运经验了一个时代向另一个时代的过渡,正如我们看到的,她涉及复仇,在整个歌剧中这是以完全矛盾的方式涉及的,虽然奥特塔维奥对此完全漠然。奥特塔维奥在戏剧-音乐中的作用,是揭露唐璜·乔万尼并确信由他带来的正义,即以完全道德的方式爱安娜。除这个插曲外,莫扎特在整个歌剧中以这种精神发展其性格。奥特塔维奥没有强烈地感受到惩罚的经验。这看来是空洞的同情,缺乏 B 大调咏叹调第二部分的内心信念所产生的东西。不过,如果这不是关涉原初意义的艺术的失调和创造性的缺乏,而是涉及意识的效果,那么我们必须面临安娜的 #10D 大调咏叹调中相同的问题。一方面,莫扎特通过音乐的非本真性质,直接地揭露了人性现象的本真性的内在缺失;另一方面,既然他不是通过人物而是通过性质表达这种本真性的缺失,所以原初的基调消失于基调的响声中,这种解释无条件地创造了同情本真的幻觉。对人物基本性格的"否定性"的强化,创造了美学不可解决的张力。好像作曲家已经感受到这点,回归乐段,通过**女声花腔**和感伤的变化音体系,走向原初的咏叹调的音乐材料,这乐段赋予我们以自我表达的、解放的、自然的愉快 ²²⁹体验。由于重复,咏叹调的第二部分的材料结束了,结果这种重复再次简短而有意义地体现在管弦乐后奏曲中。个人强加的惩罚不仅是奥特塔维奥形象和人格所不熟悉的,而且在整个歌剧概念中,也没有空间来表达唐璜·乔万尼受到惩罚的形象。不管在 B 大调咏叹调好战的音乐材料中蕴含着什么样的艺术意图,咏叹调本身仍然具有严重的问题。

唐璜·乔万尼和里波锐罗又在塞维拉(Sevilla)的坟墓彼此相遇,这位贵族高傲地向他的仆人讲述他的冒险故事。但是突然,听到一个幽灵的声音,这声音的 10 小节不仅极有效,而且具有伟大的结构和思想意义。其意义事实上"只"存在于歌剧里瞬间听到了这声音这一事实中。这至少具有三种极为重要的意义,首先,完全明显的是,不管我们多么沉浸于人类世界与感性恶魔的斗争之中,还是存在着另外的力量,第三种因素是超越人的世界的,即是对所有感性的拒绝:精灵。因而听到了完全不为人知的声音。然而这完全不为人知的声音又是完全熟悉的。声音的第二种意义被这种辨识的经验所阐明。我们联系歌剧的序曲已经说过,这出戏剧开始于超越个体范围和形而上世界的二重性态度:在唐璜·乔万尼的恶魔力量破碎的那一刹那,他就进入了舞台,他剥夺了代理圣职的个体生命,把他传递到精神世界,唐璜·乔万尼不明确地创造了他自己也不可能战胜的敌人。然而甚至在面临的瞬间,他也不能理解这点,因为感性认不出精神,因而这声音不是为他发出的。只有观众把他联系到序曲,这才就是它的意义。而且,观众把这警告进一步联系到序幕,因而照亮了唐璜·乔万尼完全不知的东西,即这个事实,代理圣职的被杀只是一个**战争借口**,他的转型只是"心烦的精神"的一次行为。我们在序幕的缓慢引入中,见到出现然后消失的幽灵,这精灵出现然后隐退,让感性世界的人诞生,体验他自己的生活,并自发而无意识地与之冲突,把他自己推向它的控制中,似乎陷入圈套之中,这在戏剧开始前就决定了戏剧结尾的精灵,现在以具体的戏剧形式出现了。为了复仇,并非因为代理圣职之死,并非为女人们的荣誉,并非为被贬损的人性,而是因为他拒绝的感性,这对他而言事实上(ipso facto)是有罪过的。因而,当幽灵般的警告在墓地响起来时,个体的、此岸的与形而上戏剧的二重圆圈再次联结起来了。

230

232

显然——这是声音响起的第三种意义——《唐璜·乔万尼》在双重意义上是一出普遍的戏剧。英雄主义时代与现代世界之间的决定性事件,发生在精灵与感性之间的历史性斗争框架中。在这巨大转折中,一些人失败了,一些人活下来了,但事实上,只有法律秩序才能得到贯彻。六重奏之后,演员们总结他们的命运,但他们没有事情做。进一步的行动是法庭的事。不过,这里精灵干预了;为了实现这个形而上 – 历史的戏剧。精灵没有执行弱小的人类不能做的事情,现在开始的戏剧不仅是目前发生过的延续。制度化的公共秩序能够处置一个唐璜·乔万尼。但同时,一个戏剧已在另一个维度上发展和上演。因而此时,精灵干涉了,唐璜·乔万尼客观上已经是一个迷失者,他的力量被耗尽了。此刻唐璜·乔万尼和精灵的相遇正是结构实质及其普遍概念的一部分。

不过,唐璜·乔万尼对此一无所知,他认为这只是一个恶作剧,因而他根本不理解这个声音,他认为这形势是完全正常的。另一方面,里波锐罗极端害怕。结果,正是他而不是假想恶作剧者或者形象成为唐璜·乔万尼的预备对象。在这点上,第二幕的 #15D 大调二重唱进行讨论的关系完全被揭示了出来:在里波锐罗看来,唐璜·乔万尼不是一个引诱性的感性天才,而是利用他人的无助来破坏人的力量;从唐璜·乔万尼个人主义的无条件性本质中得出,没有了色情和感性理想,它要求最大化剥削,把他人还原为一个纯粹的工具——对唐璜·乔万尼而言,里波锐罗只是一个客观对象,这以直接的残酷展现在这场景中。**诙谐歌剧**的基调必然就再现了。唐璜·乔万尼强迫他的仆人代表他邀请石头雕塑用餐。当然,里波锐罗强烈地反对,但他的主人以杀死他相威胁。#24E 大调二重唱就产生了这种情境(O statua gentilissima)。风格是**诙谐歌剧**的,仅在里波锐罗角色中的七度跳跃透露出真正的恐惧。在整个喜剧的、悲 – 喜剧的而令人感到威胁的情绪中,音乐过程是合乎比例的并且完整的。里波锐罗第一次不能完成他的任务。第二次尝试由 E 大调—B 大调转移推进到更具批判的光芒。

231

然后里波锐罗又退缩了。唐璜·乔万尼的声音以真正的不吉祥的音调响起(mori,mori),不幸的仆人感到他生命受到严重威胁。最后,第二次尝试,尽最后努力,以明显不受约束的诙谐声音传达了邀请,这声音揭露了他内心的骚乱。那时,这雕像点头了。莫扎特把日常的平庸的、接近喜剧的恐怖之声转变为唤起人类恐惧的表现的单纯性是值得钦佩的。里波锐罗不能意识到他更接近危险,不可测定的危险,以前他两次仅仅是怀疑的威胁。另一方面,唐璜·乔万尼没有看见雕像点头,他不理解里波锐罗声音的变化,并焦虑地持续演唱无情的诙谐剧的音调。几乎吓呆了的仆人为他展现了雕像的答复——它又点了点头。管弦乐直接地回响了这种姿态。直到现在,唐璜·乔万尼才目睹这种现象。他惊呆了,和里波锐罗一起重复了仆人以前的不可能的描述。管弦乐再次回响着雕像的姿态,但这次没有答复。同时,管弦乐打断了节拍,E大调—C大调转换暗示了一个明确的转向。对唐璜·乔万尼而言,这绝对是启蒙的时刻,尽管绝对不是在理智的意义上。正如我们已经看到,在序曲中,在代理圣职的尸体呈现时,他已经被一种新的经验抓住了,他的声音那时已揭露了一种隐藏的感觉。他无条件的力量已经被安娜打碎,从那时起一切事情被置于他陌生的、不能理解的关系之中,虽然这种关系影响着他存在的基础。以后,在第二幕的三连音中,这位色情天才最大表现的回忆性呈现,也预示了他生命的类似变化。唐璜·乔万尼生命的极度危机的氛围,对危机的无意识体验,在三连音中通过E大调—C大调转换最敏锐地表达了出来。

232 现在,看到点头的雕像,唐璜·乔万尼再次感受到了它从行为开始就无情地追随着他,直到结局,这种联系是神秘的。必须强调的是,我们不是在谈及有意识的恐怖,而纯粹是谈及不确定的本能,即一切事件正围攻着他的存在,他的存活的基础。正是由于这种感情,在他的答复中,他自己致命的实质无意地表达了出来。他的形象、他的声音,突然越过**诙谐歌剧**的框架,邀请雕像和他一起用餐,以唐璜·乔万尼为代表的近乎英雄的风格引入了。雕像的答案是肯定的。E音已经响彻在代理圣职的男低音和小号的声音中,它是压抑的强度音调(渐强),犹如一个冷静而害怕的最后警告。现在,里波锐罗自从三连音以来理解并体验了如此害怕的危险,在不同地点,为不同原因。甚至唐璜·乔万尼也被罪恶的警告征服了,自从序曲以来,他的声音第一次透出焦虑。但是这个场景不可能使人真正相信,它不可能有结果。里波锐罗恐惧性的思想瞬间消解了。他们的声音又带上了**诙谐歌剧**的风格,然而更兴奋、更纠葛。这场决斗以极度的绝望的心理状态而结束,尽管仍然带有**诙谐歌剧**的风格。唐璜·乔万尼和里波锐罗缥缈地分离,走向灾难。

我们早就陈述过,歌剧的六重奏之后的结构统一,再次陈述和概括了存在的问题。插在墓地场景和终曲中间的是安娜和奥塔特维奥的场景,它本质上属于这种场景的统一体,尽管墓地场景直接地导向终曲。不过,这种剧本的"组织结构"是完全有道理的。这种解决办法是有益的,不仅从效果机制、表达的角度,而且在歌剧中,在结构上表达了对安娜心理剧的偏爱意义。奥特塔维奥告知安娜,他已经完成了他的职责,唐璜·乔万尼将很快受到惩罚。然而,安娜仍然思念着她死去的父亲。奥特塔维奥安慰她,并表白他的爱,但是这痛苦地折磨着安娜。这种拒绝反过来伤害了奥特塔维奥,说她太残酷。他的责备震动了安娜,**#25宣叙调**和 F 大调咏叹调来自于她的心灵状态:"什么残酷,我心里是有爱情的!"(Crudele? Ah,nò,mio bene!;Non mi dir)安娜的绝望表达出明确的强和弦:"残忍。"她的声音马上变柔了,"我心里有爱情"。在毫无修饰的三小节中,另一个安娜透露了出来,这不同于我们第一次看到她的反抗,不同于在六重奏第一部分中遇到的安娜。然后,安娜事实上"退缩地走向坟墓"。对奥特塔维奥而言,她具有可爱而悲伤的告别(见例51)。但在六重奏第二部分,她经历了完全的净化。正如我们所看到的,她在自己生命的破产中看到了整个人性世界的破产。不过,他们正面临一个恶魔力量而并非一个日常个体的认识,在某种程度上,重新恢复了她的自尊。在宗教–道德经验中,

233

235

她能够获得力量来重构她对人性、对自己的信念,并重构对生命问题的有效性的信念。不管解决这些问题有多困难,它们至少是人类生命可触摸的问题,而不是在幻觉生命中不能表述的问题。安娜带着令人折磨的冲突和断断续续的苏醒的希望再次获得自己和世界。因而对她而言,有一条从她命运的深处返回的道路。在这场景中,我们目睹的不是一个可怜的安娜,而是与势不可当的生命冲突相搏击的安娜。面对奥特塔维奥指责而发生的爆炸与柔化一下就清楚了,死亡的意愿不再控制着她,她的激情再次转向人类的关系。她受苦的焦虑,一种安抚的温柔透视了她的爱。现在管弦乐演奏着一个高雅的感伤旋律,回应着来自贝尔蒙特《诱拐》的降 E 大调咏叹调,这将要成为咏叹调第一部分的主旋律:

例 61

《唐璜·乔万尼》的批评家经常提出这个问题:安娜真正爱她的未婚夫吗? 旋律本身就是一种回答。在**宣叙调**和咏叹调第一**小广板**(larghetto)部分中,莫扎特真正的爱情的旋律是核心的音乐的理念。它奠定了场景的基础情绪,并揭示了安娜情感的真实状态。然而她的爱是暗淡的,其标志是哀悼的,是她与父亲情感纽带不可解决的问题。我们看到,随着父亲之死,安娜基本的情感支点之一没有了,因而她人格的内心和谐被打破了。为了重建这种和谐,她必须在新的基础上建筑并重新安排她的整个生活。她自身重新体验了以前的破碎生命的完全垮塌。同时,她不断被奥特塔维奥的爱包围着,正如她知道的,这爱是生命中唯一真正的方向。然而她不能抓住这爱。随着她失去世界,她也失去了爱(在第一个终曲的 B 大调慢板是在这直线下滑中一个孤独的终曲)。但是,当她重获她的世界和她自己时,她的爱再次点燃了。看来奥特塔维奥的爱并非无效,即便它没有直接地有助于他的

234

所爱。不过,如果没有奥特塔维奥的情感和音乐世界,这种情爱音调是不可能想象的。如果在过去,情爱之声已经突破了哀婉之声,那么现在的哀婉之声仍然能够突破情爱之声。咏叹调的第一部分的第一段显然吟唱着爱情。以被引述的导论式的旋律开始,音乐的情绪是不可挑战的,最后,语词部分带着同第一终曲的 B 大调慢板一样多的幸福盛开:

例62

然而,第二个旋律引入之后,第二部分安娜的声音日益悲伤,充满了痛楚。她感觉到,她知道,她还没有完全认同事件,她还没有重新获得内心平衡,因而她还不能以适合他们关系的方式爱奥特塔维奥。好像她害怕因她的悲伤伤害到未婚夫,她回到了解放的爱情音乐情绪,但是她不能抵制内心的真实情感:她的声音日益悲伤,结果爱情音乐本身暗淡了,安娜没有走到第二个主旋律那么远。悲伤之情,悲剧性张力仍然未解决,在音乐上,咏叹调第一部分也仍然是没有解决的。

不过,这里发生了一种奇异的纠结。在咏叹调的**小快板**第二部[235]分,听见了希望之声,确信强烈的幸福感之声。起初是平静的,然而日益达到不可抵抗的力量。声音的释放和热烈而激情的音乐,正表达出我们可以称为托马斯·曼表述过的幸福意愿(Der Wille zum Glück)的东西。从这音乐中说出了爱的要求和爱的实现的承诺。当然,安娜现在意识到,她生命的真正基础并非在热琳娜的方式中,也并非在直接的色情满足中,而在人的关系中。

歌剧的终曲以唐璜·乔万尼的最后晚餐开始。克尔恺郭尔对这场景的解释直接切入核心:

就晚宴场景而言,这也许的确可以被看作一个抒情性的时刻,宴会迷醉的烈性酒,泛起泡沫的葡萄美酒,喜庆气氛的悠扬音乐,一切皆强化了唐璜的情绪,他自己的节日喜庆更增强了整个快乐,这种快乐如此强有力,以至于里波锐罗也在这奢华的瞬间发生了转变,这瞬间标志了最后的幸福之微笑,最后向愉悦告别。另一方面,这情景不仅仅是纯粹性情的瞬间。自然,这不是因为在场景中有吃有喝,而是因为这本身不是一个情境。邪恶的唐璜·乔万尼被整个世界追逐,他现在只得安身于一个小小的而隐蔽的房间。正是在生命颠簸的最高点,因为缺乏诱人的陪伴,他再次在胸中激起多种生命的诱惑。如果《唐璜·乔万尼》是一出戏剧,那么这情景中内心的不安只需极简单的处理。相反,正是在歌剧中这情景应该拉长,每一个可能的茂盛事物都要增添光辉,这听起来更具野性,因为对观众而言,它从唐璜·乔万尼盘旋的深渊产生出声响。①

爱尔维拉爆发了这种奢华的、最后的,因而更加强烈的情绪。她宣称自己已经转变成唐璜·乔万尼,但是她无限的激情引起了怀疑,即她是否想为自己唤醒他,而不是为道德性。瞬即,很清楚了,她语词部分的基本转向隐藏着现在熟悉的**欺骗**乐旨②:

---

① Kierkegaard, *Either/Or*, p. 132.
② Noske, *Musical Affinities*, p. 197.

例 63

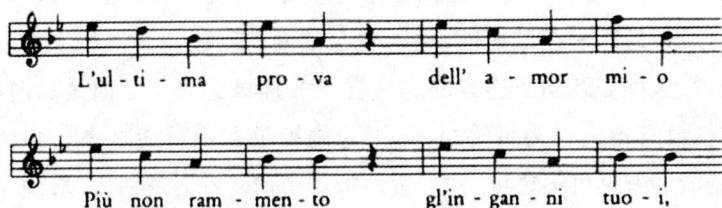

然后,随着突发的激情,旋律百花齐放:

例 64

虽然在歌剧文本中,爱尔维拉正在诉说,她感到可怜、痛苦、后悔,但是音乐正在言说着"我爱你"。这剥夺了所有道德内容,在道德上完全冷漠的色情之爱一会儿将更鲜明地暴露出来,几分钟后"生命"这个词虽然责备他罪孽的生活风格,但是这个词没有以前的转折,它呈现出繁荣辉煌:

例 65

在这场景中,我们能看到,爱尔维拉缺乏真诚。她想让每个人——包括她自己——相信,她正以道德之名行动,事实上这时她是被第一次出现在歌剧舞台上所展现的相同激情所刺激。她在六重奏之后形成的内心的妥协,由 #23 **宣叙调**和降 E 大调咏叹调所阐明了,如今这种妥协在她尖锐而不允许的、痛苦而羞辱的危机中可以看出来。

唐璜·乔万尼以唯一可能的方式对爱尔维拉的行为做出反应:完全没有理解。他告诉她,他不理解她想要他干什么,希望他做什么。他很惊讶,最后跪在她面前,她也跪在他面前。这并非世俗主义。客观地说,这种姿态同三连音的悲-喜剧一样极为卑俗。但是那时,爱尔维拉没有把它视为可笑之事,因为她渴求着不可能之事。当然现在,她能够看见可笑之事,并野蛮地责难唐璜·乔万尼。不过,他不理解,也不能理解她的责难,因为从主观上说,他不想模仿爱尔维拉,只是为了表达他缺乏理解。正是在这时,他性格的道德默契被最清晰地表达了出来。对唐璜·乔万尼而言,爱尔维拉行为的意义完全不可理喻。虽然他不理解这位不幸的妇人的言辞,但他完全懂得音调,他立即适应了。

在讨论这场景中,阿贝特正确地指出爱尔维拉和唐璜·乔万尼之间的亲似性:"在歌剧中,只在这里他们具有基本性质的内在亲似性,这如此清晰地呈现出来,似乎他自己的存在再次起来对抗他。"①当然,正是由于这种事实,唐璜·乔万尼完全不能理解爱尔维拉,尽管同时他们内心的近似性把爱尔维拉呈现为一个不能信赖自己的妇女,我们日益以不赞同的眼光看待她。唐璜·乔万尼邀请爱尔维拉加入他这一桌,这种邀请在自发性的粗俗而未加反思的低俗、真正自然本性中彰显了爱尔维拉不幸的命运。对唐璜·乔万尼而言,不管有多害怕,这只是对她行为的唯一的反应。爱尔维拉没有改变唐璜·乔万尼的基础。因为从本质上说,她也是非道德的,布道者的角色纯粹是自我欺骗,这是她为迷失的爱的再次征服而最后诉求的策略。她每个声音音阶都被感官激情点燃了。因而唐璜·乔万尼最后的生命小夜曲应该从她的音乐中形成,这是完全恰当的:

　　女人们活得多久啊!

---

① Abert, *Mozart*.

这儿有美酒！

快乐与支柱

所有的人类！

敬酒把我们带入了《盖森豪尔》(*Gassenhauer*)的基调世界。这个抒情时刻涉及"香槟酒"咏叹调堕落的变体,它是其更加粗俗的复制。表达的活力与浓度没有减弱,但它的特征更加粗俗与原始。唐璜·乔万尼生命的堕落不仅表现在他和里波锐罗的关系中,而且表现在其普遍性中。唐璜·乔万尼的生命祝酒词所表达的残酷性是如此突出,以至于爱尔维拉和里波锐罗都恶心地对抗唐璜·乔万尼。在三连音,他们在**欺骗**乐旨中,涉及语词部分的一些批判性时刻。这是他们第三次反对他①: ²³⁸

例 66

唐璜·乔万尼的祝酒词现在日益不受束缚,爱尔维拉的势力坚守不住,愈来愈成为他嘲弄的对象。

爱尔维拉的傲慢和里波锐罗的愤怒在这一瞬间更加值得同情。唐璜·乔万尼忠实于自己,仍然是没有反思地生活。这两个人已经和这个恶魔调情并不可抵挡地受他生活的风格吸引,现在他们有意识地反对他,拒绝他,因为他们不能与他相处。唐璜·乔万尼的确欺骗了他们,但是他们没有合理地责备他。唐璜·乔万尼对她的卑微处置恰

---

① Noske, *Musical Affinities*, p. 198.

恰实现了她的命运。这不幸的女人最终不能承受这种卑微,绝望地逃走了。她可怕的尖叫可以从外面听得到。唐璜·乔万尼让里波锐罗去看发生了什么事。这仆人也恐惧得尖叫起来。管弦乐飞翔在 D 小调调性的边缘。但突然的扭曲,回避了这音键,在主人和奴仆之间发生的**诙谐**插曲之后就是 F 大调。

里波锐罗报告说,雕像正站在外面,当然,唐璜·乔万尼不相信他,但他不再能够与害怕得躲在桌下的里波锐罗说话。现在代理圣职和雕像进来了。莫里克写道:"现在是漫长而可怕的对话,这对话甚至把最清醒的心灵带到人类想象力的世界,甚至超越了边界,直到我们好像看见和听见了不能被我们感觉领会的东西,我们感到,我们灵魂深处的东西使我们从一个极端走到了另一个极端。"我们在序曲的缓
239 慢序奏中已经熟知的主旋律在管弦乐队中响起。认定现在完成了:精灵,对感性的绝对拒绝,正面临着感性、色情天赋王国。

在这个场景第一部分行板部分,两种形而上的力量彼此缠绕,似乎从每个角度品评彼此。它们的声音也是互为价值的。莫里克概括了这个场景的特征:"不习惯于人类言语的死者代理圣职的不朽之声音,不再情愿说话。"但是在唐璜·乔万尼的声音里,我们听到一种义愤、力量和最终的清醒,在整个歌剧过程中,以前都没有从他那里听到过。从精灵声音中透露的情感完全不同于这个世界,莫扎特在这里以极度的尖锐性表达了这种情感,当精灵拒绝提供世俗食物时,他的语词部分在 8 个小节中扩展了所有 12 度变化音阶:

例 67

在维也纳古典主义音乐世界中,这种效果极为奇特。莫里克极正

确地写道:"带着多么奇异的恐怖,他的声音不规则地在由空气组成的恐怖梯级上徘徊。"莫扎特也把里波锐罗的声音编入这场景,这仆人**诙谐**的男低音时而在恐怖的对话后面嘀咕,时而打断对话。不过,这是一种极其奇异的,也可以说是启示性的**诙谐**风格。我们以前在三连音、六重奏和坟墓场景的二重唱中听到过这种声音。现在里波锐罗以其萌生的强度体验到危险,他害怕极了。

另一方面,唐璜·乔万尼根本不知道害怕。他的声音带着义愤,坚强地发出来,它带着以前歌剧中没有听到的近乎浪漫的强度发出来。好似这场景正在复制序曲的代理圣职——唐璜·乔万尼——里波锐罗的场景,但是处于更高的层面。的确,形而上的斗争也是以具 240有历史意义的骑士风格的音调持续的。精神与感性之间的决斗的描述没有道德的抽象性。这些不是抽象的而是真实的生命力量,本身在几个世纪前就为人知晓了。石头雕像和唐璜·乔万尼不是纯粹的抽象原则而是活生生的符号。情景慢慢被简化,冲突的主题压缩到邀请及其接纳。两种言辞部分直抵其实质。精灵声音是一次简短的宣言,而唐璜·乔万尼强调骑士风格。最后,唐璜·乔万尼骑士般的历史性声音再次辉煌得可怕起来:

例 68

Ho fer   mo il co-re in pet-to,   non ho ti-mor;   ver-rò!

这部分是对英雄时代的诀别。以类似的方式,相同的基调在一个世纪后会在圣·约翰·法尔斯塔夫(Sir John Falstaff)的口中听到,这位喜剧性时代错乱的骑士向英雄时代告别:

例 69

Al-lor   scom-pa-ri-rà   la ve-ra vi-ri-li-tà dal mon-do.

冲突达到了高潮。它的速度加快了(**更快**),回答更加简短。大提

琴和男低音日益上升的乐段正使人想起序曲中的决斗,完成了唐璜·
乔万尼戏剧的形而上的圆圈。现在,这场景纯粹是唐璜·乔万尼和精
灵相互拒绝的场景。两者都完成了道路,以完全一致的方式表达了自
身实质。这是"肯定"和"否定"的冲突,他们只有在他们的关系中才
能明白。他们却不能独自地宣称客观真理。精灵把唐璜·乔万尼推
向地狱,但这样做它也不再在地球上拥有一个空间。两者都在最后的
冲突中消失了,随着形而上戏剧的解决,感性与精神的冲突已经丧失
了其意义。感性王国和精神王国都同时毁灭了,结果一个统一的人性
世界秩序可以产生,最终取代分裂的世界。

241

犹如吹走恼人的"烟雾"的清风,这地狱般的 A 小调现在被解放
的 G 大调突然接替。人的世界、歌剧人物和法官出现了。成功的确定
再次回响在爱尔维拉、奥特塔维奥、热琳娜和马塞托的声音中,似乎呢
喃着:"现在展现你们的力量!"在无条件维护胜利的市民秩序中,安娜
也解放了,她又能自由地呼吸了。这时,文本只希望传达正义(Solo
mirandolo Stretto in catene, Alle mie pene Calma darò),但音乐已经谈到
真实的安慰,谈及自我的发现。优雅地飘扬着单纯的语词部分的管弦
乐伴奏,这伴奏柔化的旋律恰是安娜在第一个终曲中(见例 34)为奥
特塔维奥担忧的 G 小调旋律的大调变体:

例 70

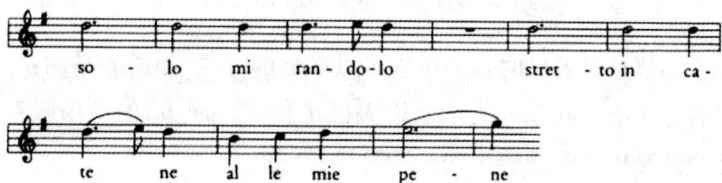

这种参照准确地表达了这种事实,即在维护合法秩序中,安娜最
终能够轻松地告别整个世界、她自己的过去以及人性的世界。"权威
者保护的亲密"以积极的声音出现,这在歌剧史上是第一次,尽管其本
质是有限的。

里波锐罗讲述了他主人的结束,演员们再次面临着超验,面临不可言说的东西瑟瑟发抖(Ah,certo è l' ombra Che l' incontrò)。这最后的神秘经验只为安娜构建一个个人的转折点,她语词部分再次导向痛苦,然而解放的变化音乐段,犹如哭叫一般(见例 4、23):

例 71

242

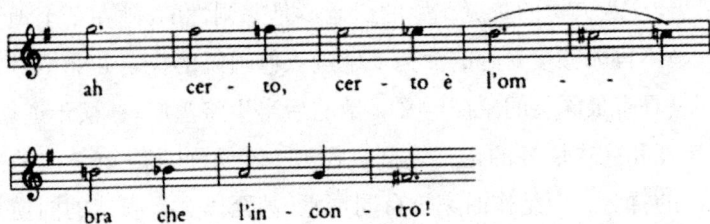

这**快板曲**的结尾事实上是六重奏第一部分结束的回响。他们现在得到了那时沉重地压在他们意识中的问题的最后答案。当然,我们不是在谈及意识的问题和答案。事实已经回答了事实,力量已经回复了力量。之前,他们已经体验了平衡的打破,现在他们体验了平衡的重新恢复。正是在这时刻,唐璜·乔万尼戏剧对他们来说成了过去。安娜现在踏入一个新的、令人满意的生活,她带着一些遗憾离开了。但这些不是直指唐璜·乔万尼,而是涉及她的父亲,她现在永远失去了他。在某种意义上,一个问题的解决始终也是一个困惑。

奥特塔维奥再也看不到实现爱情的任何障碍,但是安娜想守孝一年。《唐璜·乔万尼》的评论家们在分析音乐时普遍轻易而有意地抛开这个文本,这些人通常把这视为安娜和奥特塔维奥关系的轻薄的决定性证据。不过,在这里,音乐与文本具有矛盾性意义。这种 G 大调**小广板**是莫扎特最美、最辉煌的坎蒂莱那之一。音乐不懂得守孝,根本不懂哀悼:它知道的只是不拖延,它本身就是自我实现。相互交织的有机的男高音和女高音旋律,时而相互追随、时而融为一体,犹如奥特塔维奥和安娜音乐的精华,是他们真实关系的音乐概括。的确,"这是超越唐璜·乔万尼之上的世界的声音"。这里强调的是这种超越,强调的是即使没有唐璜·乔万尼的伟大和英雄主义,也仍然完整的而人性的世界。这种 G 大调**小广板**是第一幕序曲中 B 大调慢板纯洁而清晰的变体，只有现在，在唐璜·乔万尼毁灭之后，它才是本真的，摆脱了戏剧表演角度所提出的问题。它证实了，真正的爱情的确存在，只有在感性天才死亡之后，爱情才能达到。

只有就爱尔维拉而言，爱才是死的。当我们最后见到她时，她的存在已经变为人类的荒诞。她的命运不是悲剧性的，她在某个地方崩溃了，她不再能够接受她的命运。她进入修道院的决定并非惯常的姿态，而是具有最深层的象征意义。她的后半生将盘旋、摇摆于道德、宗教的迷狂和狂欢情爱的记忆之间。没有一个人如此没有希望地离开莫扎特的舞台。但是作曲家没有同情她，甚至以个人表达的同情拒绝给她荣耀。爱尔维拉自暴自弃，她可笑的戏剧性结局之后，她在人物等级中降低了，热琳娜和马塞托以**诙谐歌剧**风格宣告，她走进了修道院。

这对农民伴侣最后找到了避风港，里波锐罗自由地找到了一个新的更好的主人。

现在只有 D 大调急板乐段接下去，概括了歌剧的道德。几乎与所有关于《唐璜·乔万尼》主题的文学相反，我们从分析音乐中确信，莫扎特正描绘"日常生活的热烈时刻"，没有让他自己以无条件的肯定方式离开。

《唐璜·乔万尼》终曲的最后急板部分是"日常生活的热烈时刻"。道德秩序、法律秩序作为第二部分的持续或作为六重奏的尾曲，在这里彻底成为全知全能的，不仅仅作为一种制度，因为它在个体中被认为是真实可信的。新的中产阶级社会第一次完全有意识地说明了其有效性。如果说演员的声音是颤抖的，这不是因为对罪恶的同情，而是由于认识到，秩序产生于灾难，来自于世界的崩溃与危机。他们都参与了悲剧而升华的经验。动态的对比，旋律的独白，然后旋律的缓慢展开准确地阐明了令人感动的、日益快乐的礼赞。一个几乎没有时间性的赞美诗般的热情时刻明显出现于四个小节中，立足于 B 持

续音之上,小提琴乐段下降了。莫扎特在《诱拐》之后第二次表达了由正义确定性所激发的超验经验:

例 72

244

但这种高音点转变之后,悲剧记忆再次喷涌而出,安娜、奥特塔维奥、爱尔维拉和热琳娜的语词部分表达了号叫、哀悼的经验,12 小节的变化音下降了(见例 4、23、52、71)。

例 73

247

此刻,他们皆表达了这种认识,即他们的世界已经崩溃,另一个世界已经建立起来,即使这种崩溃几乎捣毁了他们。在这个过程中,没有人不受到伤害或留下伤口。每个人拥有悲情和痛哭的东西,拥有瞬间痛苦地记得住的东西,之后是更加自由的快乐欢呼、更加人性的世界,即使他们不会真正地在这世界中感到在家。我们不必忘记戏谑的小提琴形象,它几乎始终出现在幸福时刻和哀悼时刻:

例 74

这是在最后的急板乐段整个危机中听到的一种微小的而极具启示性的新生命情感符号,它是只在语词部分带着崇拜式的严肃而得以听到的。

《唐璜·乔万尼》是戏剧和歌剧作品中具有独特性的代表作,是18世纪唯一包含历史性的杰作。它本身作为基础性的样式必然消灭,当时的歌剧从潜能中创造了完全独特的形式,这形式几乎不能承受其自身的内在张力。当现代生命和戏剧的关系进入这种意识时,其独特的意义第一次变得明显,这并非偶然。我们想想歌德和席勒之间关于这一主题的著名的书信交往。在某种场合,席勒给歌德写道:

> 我始终希望,更高贵的悲剧形式会从歌剧中产生出来,虽然它曾经从古代酒神节的合唱中产生。歌剧摆脱了所有对自然的谦卑模仿,理念以这种方式能够潜入舞台。带着音乐的力量以及更加自由、更加和谐的感性激发,歌剧为接受更加高贵的伤感准备了性情。这里,自由的游戏甚至能够在同情中也变得显而易见,因为它由音乐伴随着;这里被容忍

的惊讶元素可以使我们漠视纯粹的主体。①

歌德带着对这个问题同样深刻的理解，以莫扎特的作品为例进行了回答：

> 就最近在《唐璜·乔万尼》中完全成功的歌剧而言，你可能已经看到了你的希望，不过遗憾的是，这歌剧是完全孤立的现象，随着莫扎特之死，所有对类似的东西的希望都化作泡影消失了。②

（托马斯·赛尔英译）

---

① 1797 年 12 月 29 日席勒写给歌德的信。*Der Briefwechsel zwischen Schiller und Goethe*，I. (Insel Verlag, 3 ausgabe), p. 460.

② 歌德在 1797 年 12 月 30 日给席勒的回信。*The Correspondence between Goethe and Schiller* (Gondolat, 1963), pp. 276–277.

撰稿者

费伦茨·费赫尔,1986 年前是澳大利亚墨尔本市拉筹伯大学政治学讲师。现在是纽约社会研究新学院人文系高雅讲师。他曾经是格奥尔格·卢卡奇的学生,1977 年之前是一位文学批评家和持不同政见者。他写作了《陀思妥耶夫斯基与个体的危机》(1972)、《匈牙利,1956 年回顾》(1982,与阿格妮丝·赫勒合著)和《对需要的专政》(1983,与阿格妮丝·赫勒、乔治·马尔库什合著),编辑《共产主义国家的政治合法化》(1982,与 T. H. 里格拜合编)和《赫鲁晓夫与共产主义世界》(1983, 与 R. F. 米勒合编)。他以几种语言广泛发表了关于审美和政治理论的著述。

格拉·弗多尔,以前是格奥尔格·卢卡奇的学生,在布达佩斯音乐学院教授音乐理论。他是匈牙利知名的歌剧批评家,著有《音乐与戏剧》。他后来写作了论莫扎特歌剧的著作,其中一章在本选集中发表。

阿格妮丝·赫勒,1986 年以前是澳大利亚墨尔本市拉筹伯大学社会学终身讲席。现在她是纽约社会研究新学院的哲学教授。她曾经是格奥尔格·卢卡奇最著名的学生,1977 年以前是匈牙利活跃的哲学家和持不同政见者。她著有《马克思的需要理论》(1977)、《文艺复兴的人》(1978)、《情感理论》(1978)、《历史理论》(1981)、《匈牙利,1956 年回顾》(1982,与费伦茨·费赫尔合著)、《激进的哲学》(1984)、《对需要的专政》(1983,与费伦茨·费赫尔、乔治·马尔库什 [249] 合著)、《日常生活》(1984)以及《羞愧的力量》(1985)。

米哈伊·瓦伊达,在匈牙利 15 年作为引领性的持不同政见者,以前是格奥尔格·卢卡奇的学生,现在是一位政治意义上没有工作的语言教师和翻译者。他写作了论胡塞尔哲学的两部书以及《作为大众运动的法西斯主义》(1978)和《国家与社会主义》(1981)。他以几种语言广泛发表了关于现代哲学和政治理论的著述。

山多尔·拉德洛蒂,以前是格奥尔格·卢卡奇的学生,在匈牙利是政治意义上没有工作的翻译者,是一位著名的持不同政见者。他用几种语言广泛发表了关于文学艺术理论和美学方面的著述。

G. M. 托马斯,起初在罗马尼亚,后来到了匈牙利,是一位哲学家和持不同政见者,目前在布达佩斯是在政治意义上没有工作的翻译者,是一位知名的持不同政见运动的积极分子。他广泛发表了关于文化哲学和政治理论的著述,(用法语)写作了《眼和手》。

主要术语译文对照表

(本表中页码为外文原书页码,即中译本边码)

252

253

255

国外马克思主义研究文库·东欧新马克思主义译丛

近期出版书目

1.《日常生活》 [匈]阿格妮丝·赫勒 著

2.《实践——南斯拉夫哲学和社会科学方法论文集》

[南]米哈伊洛·马尔科维奇,加约·彼得洛维奇 编

3.《法国大革命与现代性的诞生》 [匈]费伦茨·费赫尔 编

4.《当代的马克思——论人道主义共产主义》

[南]米哈伊洛·马尔科维奇 著

5.《激进哲学》 [匈]阿格妮丝·赫勒 著

6.《自由、名誉、欺骗和背叛——日常生活札记》

[波]莱泽克·科拉科夫斯基 著

7.《卢卡奇再评价》 [匈]阿格妮丝·赫勒 主编

8.《超越正义》 [匈]阿格妮丝·赫勒 著

9.《后现代政治状况》 [匈]阿格妮丝·赫勒,费伦茨·费赫尔 著

10.《理性的异化——实证主义思想史》 [波]莱泽克·科拉科夫斯基 著

11.《马克思主义与人类学——马克思哲学关于"人的本质"的概念》

[匈]乔治·马尔库什 著

12.《语言与生产——范式批判》 [匈]乔治·马尔库什 著

13.《现代性能够幸存吗?》 [匈]阿格妮丝·赫勒 著

14.《从富裕到实践——哲学与社会批判》 [南]米哈伊洛·马尔科维奇 著

15.《经受无穷拷问的现代性》 [波]莱泽克·科拉科夫斯基 著

16.《走向马克思主义的人道主义——关于当代左派的文集》

[波]莱泽克·科拉科夫斯基 著

1

17.《历史与真理》 [波]亚当·沙夫 著

18.《美学的重建——布达佩斯学派论文集》

[匈]阿格妮丝·赫勒,费伦茨·费赫尔 编

19.《人的哲学》 [波]亚当·沙夫 著

20.《社会主义的人道主义——布达佩斯学派论文集》

[匈]安德拉什·赫格居什等 著

21.《被冻结的革命——论雅各宾主义》 [匈]费伦茨·费赫尔 著

22.《马克思主义与社会主义》 [南]普雷德拉格·弗兰尼茨基 著

23.《道德哲学》 [匈]阿格妮丝·赫勒 著

24.《个性伦理学》 [匈]阿格妮丝·赫勒 著

25.《历史理论》 [匈]阿格妮丝·赫勒 著

26.《具体的辩证法——关于人与世界问题的研究》

[捷]卡莱尔·科西克 著

27.《作为社会现象的异化》 [波]亚当·沙夫 著

28.《作为群众运动的法西斯主义》 [匈]米哈伊·瓦伊达 著